水泥行业节能减排新技术丛书

氮氧化物减排

毛志伟　程　群　编著

中国建材工业出版社

图书在版编目（CIP）数据

氮氧化物减排/毛志伟，程群编著. —北京：中国建
材工业出版社，2014.8
（水泥行业节能减排新技术丛书）
ISBN 978-7- 5160-0893-5

Ⅰ．①氮… Ⅱ．①毛…②程… Ⅲ．①氮化合物-氧化
物-排污-控制-新技术应用 Ⅳ．①X511.06-39

中国版本图书馆 CIP 数据核字（2014）第 159704 号

内 容 简 介

本书广泛收集了国内外水泥行业烟气脱硝最新技术以及建设、设备运行和调试的相关资料，结合合肥水泥研究设计院在水泥厂烟气脱硝工程设计、建设、调试与运行管理上的丰富实践经验，全面系统地介绍了水泥行业烟气脱硝工程技术知识。本书的特点是突出烟气脱硝技术在水泥行业的工程应用，对脱硝的概念和原理不作深入介绍，重点对工程设计、安装、调试和运行维护等进行全面阐述，为水泥行业烟气脱硝工程的工程技术及管理人员提供直接帮助和指导，具有很强的实用性。

氮氧化物减排
毛志伟　程　群　编著

出版发行：中国建材工业出版社
地　　址：北京市西城区车公庄大街 6 号
邮　　编：100044
经　　销：全国各地新华书店
印　　刷：北京雁林吉兆印刷有限公司
开　　本：787mm×1092mm　1/16
印　　张：19.25
字　　数：478 千字
版　　次：2014 年 8 月第 1 版
印　　次：2014 年 8 月第 1 次
定　　价：**68.80 元**

本社网址：www.jccbs.com.cn　　微信公众号：zgjcgycbs
广告经营许可证号：京西工商广字第 8143 号
本书如出现印装质量问题，由我社发行部负责调换。联系电话：（010）88386906

前　　言

我国是水泥生产与消费大国，2012 年水泥产量占世界水泥产量的 56％，现有规模以上水泥生产企业约 4000 家，其中水泥熟料生产企业 2400 多家，新型干法水泥生产线 1600 多条。水泥工业在支撑国民经济快速发展的同时，也带来了环境污染。据统计，我国水泥工业颗粒物（PM）排放占全国排放量的 15％～20％，二氧化硫（SO_2）排放占全国排放量的 3％～4％，氮氧化物（NO_x）排放占全国排放量的 8％～10％，属污染控制的重点行业。水泥工业是氮氧化物的重要排放源，居火力发电和汽车尾气排放之后的第三位。

进入"十二五"后，环境形势变化对水泥工业大气污染防治、特别是 NO_x 总量减排提出了更高的要求。"十二五"规划的相关文件明确规定，2015 年水泥行业 NO_x 排放量控制在 150 万吨，淘汰水泥落后产能 3.7 亿吨；对新型干法窑降氮脱硝，新、改、扩建水泥生产线综合脱硝效率不低于 60％。

《水泥工业大气污染物排放标准》（GB 4915—2013）新标准确定氮氧化物排放限值为一般地区 $400mg/m^3$，重点地区 $320mg/m^3$。标准规定新建企业自 2014 年 3 月 1 日起执行新的排放限值，现有企业 2015 年 7 月 1 日后执行新标准。

欧美发达国家对水泥窑氮氧化物控制的研究在 20 世纪 70 年代就已经开始，水泥窑氮氧化物减排除了在工艺上控制，主要以烟气脱硝为主，主要采用 SNCR 技术。欧美各国水泥工业采用 SNCR 技术削减氮氧化物排放的共有一百余台水泥窑，其中德国就有五十多台，占德国现有回转窑总数的 80％以上。目前水泥窑 SCR 技术国外水泥企业已有成功应用案例。水泥窑烟气脱硝技术 SCR 技术在中国仅有高校作了实验室试验，目前尚无水泥厂应用实例。

我国水泥窑氮氧化物控制 2011 年起步，采用的方法初始主要以一次控制技术为主，即采用低氮燃烧器、分级燃烧及优化窑和分解炉的燃烧制度等方法。针对水泥窑烟气的二次治理技术，国内首先由都江堰拉法基水泥有限公司在其生产线上采用 SNCR 技术进行治理，2011 年底投入使用。

2012 年初至今，在国家政策、资金的引导下，各地水泥企业开始大范围建设以 SNCR 技术为主的脱硝项目。合肥水泥研究设计院承接德全汪清水泥有限公司 5000t/d 新型干法水泥生产线 SNCR 烟气脱硝工程于 2012 年 9 月投运，采用两段式 SNCR 烟气脱硝技术，连续运行至今，是国内水泥行业 SNCR 技术连续运行时间最长的企业之一，吨熟料氨水消耗量仅为 2kg 左右。迄今为止，合肥水泥研究设计院总包的五十余条新型干法水泥熟料生产线（1000～12000t/d）烟气脱硝工程均已投入使用，采用的脱硝技术主要是 SNCR 技术和（SNCR＋LNB）联合技术。其中 SNCR 技术有"两段式"和"一段式"两种方案，前者投资比后者高，但吨熟料氨水消耗量比后者低。上述技术均已取得了满意的脱硝效果。

　　水泥工业烟气脱硝技术在我国起步时间短，烟气脱硝技术方案尚没有统一标准，工程质量和实际脱硝效果千差万别。为使读者对水泥行业烟气脱硝技术有一个较深入的了解，本书对此作了全面详细介绍，以起到一个抛砖引玉的作用。

　　目前国内结合水泥工业工程实际，从工程的设计、建设、调试、运行、维护等方面全面、系统地介绍 SNCR（SCR）烟气脱硝技术的专著很少。鉴于此，本书广泛收集了国内外水泥行业烟气脱硝最新技术以及建设、设备运行和调试的相关资料，结合合肥水泥研究设计院在水泥厂烟气脱硝工程设计、建设、调试与运行管理上的丰富实践经验，较全面系统地介绍水泥行业烟气脱硝工程技术知识。

　　本书的特点是突出烟气脱硝技术在水泥行业的工程应用，材料的编写与组织也紧紧围绕此主题展开，对脱硝的概念和原理不作深入介绍，重点对工程设计、安装、调试和运行维护等进行全面阐述，为水泥行业烟气脱硝工程的工程技术及管理人员提供直接帮助和指导。

　　全书共分十二章，主要由主导和参加实际工作的人员编写。第一章为概论；第二章主要介绍水泥窑氮氧化物的生成机理和减排技术（第一和第二章由丁奇生、胡光和毛志伟编写）；第三章重点阐述选择性非催化还原法（SNCR）烟气脱硝技术（由甘昊编写）；第四章主要介绍还原剂为尿素的水泥窑 SNCR 工艺系统设计选型；第五章重点介绍还原剂为氨水的 SNCR 工艺系统设计选型（第四和第五章由廖玉云编写）；第六章介绍水泥窑 SNCR 附属系统设计（由杨斌编写）；第七章介绍 SNCR 脱硝系统安全措施与事故预防（由廖玉云和程群编写）；第八章介绍水泥窑 SNCR 系统施工与安装（由曹宗平编写）；第九章对水泥窑 SNCR 脱硝装置的调试、运行与维护进行较为详细的介绍；第十章对低氮燃烧脱硝技术作了介绍（第九、第十章由王梦雨编写）；第十一章对水泥窑选择性催化还原法（SCR）烟气脱硝技术作了初步介绍（由甘昊、毛志伟和程群编写）；第十二章列出部分工程应用实例（廖玉云、王梦瑜、邓飞飞、曹宗平、李文聪和廖晓樱编写）。全书由毛志伟和程群统稿并审核。

　　在本书的编写过程中，参阅了相关烟气脱硝工程技术资料、喷枪及相关设备的使用说明书、国内外发表的相关文献，引用了其中的部分资料，在此表示真诚的感谢。

　　限于作者水平，书中有不妥和疏漏之处，敬请读者批评指正。

编者

2014 年 4 月于合肥

目　　录

第一章　概论 ………………………………………………………………… 1

第一节　我国水泥工业发展现状 ………………………………………… 1

第二节　水泥生产工艺及主要环境问题 ………………………………… 3

第三节　氮氧化物的来源及环境危害 …………………………………… 6

第四节　发达国家水泥工业氮氧化物的控制标准 ……………………… 7

第五节　我国水泥工业氮氧化物的控制标准 …………………………… 11

第二章　水泥窑氮氧化物的生成机理和减排技术 ………………………… 14

第一节　水泥窑氮氧化物的生成机理 …………………………………… 14

第二节　水泥窑氮氧化物排放量的估算 ………………………………… 16

第三节　水泥窑脱硝技术分析 …………………………………………… 18

第四节　水泥窑低 NO_x 燃烧技术 ………………………………………… 18

第五节　水泥窑氮氧化物减排技术简述 ………………………………… 21

第六节　欧盟国家水泥工业氮氧化物减排概况 ………………………… 23

第三章　选择性非催化还原法（SNCR）烟气脱硝技术 ………………… 35

第一节　SNCR 烟气脱硝技术原理 ……………………………………… 35

第二节　水泥窑常用 SNCR 工艺系统 …………………………………… 37

第三节　SNCR 技术用于水泥窑的几个基本概念 ……………………… 40

第四节　SNCR 工艺系统还原剂的选择 ………………………………… 43

第五节　水泥窑 SNCR 设计需要的技术参数 …………………………… 44

第六节　水泥窑烟气脱硝用 SNCR 系统的反应计算 …………………… 45

第七节　影响水泥窑 SNCR 脱硝性能的几个因素 ……………………… 47

第八节　CFD 模拟技术在水泥窑 SNCR 系统的应用 …………………… 48

第九节　采用 SNCR 系统对水泥窑生产的影响 ………………………… 64

第四章　还原剂为尿素的水泥窑 SNCR 工艺系统 ………………………… 67

第一节　尿素 ……………………………………………………………… 67

第二节　尿素溶液的特性 ………………………………………………… 68

第三节　还原剂为尿素的 SNCR 系统设计规范 ………………………… 73

第四节　还原剂为尿素的 SNCR 工艺系统设计 ………………………… 77

第五节　还原剂为尿素的 SNCR 喷射装置 ……………………………… 89

第六节　还原剂为尿素的 SNCR 系统工艺布置 ………………………… 102

第七节　主要工艺设备和材料 …………………………………………… 111

第五章　还原剂为氨水的SNCR工艺系统…………………………… 114
　第一节　氨的基本特性 ……………………………………………… 114
　第二节　还原剂为氨水的SNCR系统设计规范 …………………… 118
　第三节　还原剂为氨水的SNCR工艺系统设计 …………………… 121
　第四节　还原剂为氨水的SNCR工艺系统布置 …………………… 131
　第五节　SNCR采用氨水与尿素的工艺系统的主要区别 ………… 136

第六章　水泥窑SNCR附属系统设计………………………………… 140
　第一节　SNCR系统电气设计 ……………………………………… 140
　第二节　采暖、通风、给排水、消防及安全部分 ………………… 147
　第三节　SNCR系统钢结构、平台及扶梯 ………………………… 148
　第四节　SNCR系统的保温、油漆及防腐 ………………………… 149

第七章　SNCR脱硝系统安全措施与事故预防……………………… 151
　第一节　SNCR脱硝系统危险因素分析及安全措施 ……………… 151
　第二节　SNCR脱硝系统安全对策和预防措施 …………………… 161

第八章　水泥窑SNCR系统施工与安装……………………………… 175
　第一节　水泥窑SNCR工程的施工与验收规定 …………………… 175
　第二节　主要安装设施及相关目标 ………………………………… 176
　第三节　还原剂为尿素的SNCR系统设备安装 …………………… 177
　第四节　还原剂为氨水的SNCR系统相关设备安装 ……………… 182

第九章　水泥窑SNCR脱硝装置的调试、运行与维护……………… 186
　第一节　水泥窑SNCR系统调试内容 ……………………………… 186
　第二节　水泥窑SNCR系统调试准备 ……………………………… 187
　第三节　还原剂为尿素的SNCR系统调试 ………………………… 190
　第四节　还原剂为氨水的SNCR系统调试 ………………………… 203
　第五节　SNCR脱硝系统热态试运行及性能验收 ………………… 210
　第六节　水泥窑SNCR系统的运行 ………………………………… 216
　第七节　水泥窑SNCR系统的检查和维护 ………………………… 222
　第八节　水泥窑SNCR系统的常见问题分析 ……………………… 225

第十章　低氮燃烧脱硝技术…………………………………………… 230

第十一章　选择性催化还原法（SCR）烟气脱硝技术……………… 240
　第一节　SCR烟气脱硝技术原理 …………………………………… 240
　第二节　水泥窑SCR系统用催化剂 ………………………………… 241
　第三节　水泥窑采用SCR与SNCR的比较 ………………………… 249
　第四节　水泥窑采用SCR应用实例 ………………………………… 250

第十二章　工程应用实例……………………………………………… 260
　第一节　德全汪清公司5000t/d生产线SNCR脱硝工程应用 …… 260
　第二节　天瑞集团郑州公司12000t/d生产线SNCR脱硝工程应用 … 266

第三节　安徽大江公司 4500t/d 生产线 SNCR 脱硝工程应用 ················ 271

第四节　湖州槐坎南方水泥以尿素为还原剂的 SNCR 脱硝工程应用 ········ 275

第五节　广德洪山南方水泥 5000t/d 生产线 SNCR 脱硝工程应用 ·········· 280

第六节　江西永丰南方水泥 5000t/d 生产线 LNB＋SNCR 脱硝工程应用 ···· 285

第七节　中铁物资巢湖铁道 4500t/d 生产线 SNCR 脱硝工程应用 ········· 289

第八节　资阳西南水泥有限公司以氨水为还原剂的 SNCR 脱硝工程案例 ·········· 293

参考文献 ·· 298

中国建材工业出版社
China Building Materials Press

我们提供

图书出版、图书广告宣传、企业/个人定向出版、设计业务、企业内刊等外包、
代选代购图书、团体用书、会议、培训，其他深度合作等优质高效服务。

编 辑 部	图书广告	出版咨询	图书销售	设计业务
010-88385207	010-68361706	010-68343948	010-88386906	010-68343948

邮箱：jccbs-zbs@163.com　　　网址：www.jccbs.com.cn

发展出版传媒　　服务经济建设

传播科技进步　　满足社会需求

第一章 概 论

第一节 我国水泥工业发展现状

水泥作为重要的基础原材料之一，以其数量大、用途广、耐久性强和具备许多其他材料不可取代的性能而在国民经济发展中处于非常重要的战略地位。

改革开放以来，随着我国经济的快速发展，水泥产业已达到相当大的规模，自 1985 年以来我国水泥年产量一直位居世界首位。特别是进入新世纪以来，我国水泥工业发生了突破性的变化：从单纯的数量增长型转向质量效益增长型；从技术装备落后型转向技术装备先进型；从劳动密集型转向投资密集型；从管理粗放型转向管理集约型；从资源浪费型转向资源节约型；从满足国内市场需求型转向面向国内外两个市场需求型。实现上述根本转变的原因，是进入新世纪以来新型干法水泥生产技术在我国得到快速发展和应用。

2012 年，我国水泥产量 22.1 亿吨，其中新型干法水泥产量占全国水泥总产量的 93%。2012 年，世界水泥总产量为 35 亿吨，中国水泥产量占 62.3%。

目前，我国水泥工业的发展呈现以下特点：

（1）确立了"新型干法水泥"的主导地位

新型干法水泥技术即现代水泥生产技术，是以悬浮预热和预分解技术装备为核心，以先进的环保、热工、粉磨、均化、储运、在线检测、信息化等技术装备为基础；采用新技术和新材料；节约资源和能源，充分利用废料、废渣，促进循环经济，实现人与自然和谐相处的现代化水泥生产方法。新型干法水泥生产技术代表着当今世界水泥生产的潮流。

我国新型干法水泥熟料的技术与装备研究起步于 20 世纪 70 年代初，经过三十余年的不懈努力，新型干法熟料水泥生产线新型干法熟料水泥生产线技术和装备已实现国产化，并且已在我国水泥工业中确立了主导地位，水泥大型装备设计、制造、安装等已达到国际先进水平。

截至 2012 年底，中国（不含台湾地区）共有新型干法熟料水泥生产线新型干法熟料水泥生产线 1637 条，水泥熟料产能达 16 亿吨。

图 1-1 为进入新世纪以来我国水泥总产量的增长情况。

图 1-2 为进入新世纪以来我国新型干法水泥占总产量的比例。

（2）水泥行业正在向绿色环保产业转型

通过淘汰落后，推广余热发电、节能粉磨、变频调速、水泥助磨剂、废渣综合利用、粉尘治理、温室气体和 NO_x 减排及协同处置等技术，我国水泥工业已成为支撑国民经济建设的重要原材料产业，正在向绿色环保产业转型。

截至 2012 年，约有 90% 的新型干法水泥熟料生产线应用了余热发电技术，取得了显著的节能效果。选择性非催化还原（SNCR）脱硝技术已在 128 条水泥熟料生产线上得到推广应用，在减排氮氧化物方面取得了明显的效果。

图 1-1 进入新世纪以来我国水泥总产量的增长情况

图 1-2 进入新世纪以来我国新型干法水泥占总产量的比例

水泥工业年利用工业废渣已超过 5 亿吨。

（3）水泥窑协同处置技术取得进展

我国水泥行业从 20 世纪 90 年代后期开始了水泥窑系统"协同处置"工业危险废物、生活垃圾、城市污泥的应用研究及工业试验工作，同时加强了与国外合作，在实用技术方面取得了很大进展。

我国参与水泥窑协同处置废弃物的水泥企业已达十余家，近 20 条水泥熟料生产线，建成了一批典型的示范生产线并实现了安全生产。国内开发的污泥处置技术及有毒有害工业废弃物的处置技术已基本成熟，生活垃圾的几种处置方式也获得了成功并在逐步完善中，我国社会民众已认识到水泥窑协同处置废弃物的重要作用，许多水泥企业也都对此提高了认知度和积极性。

（4）中国水泥技术及装备已走向世界

中国水泥工业近二十多年来，通过技术创新使主要装备技术、单线规模和工厂规模大型化、现代化，优质的新型干法水泥比例达到了总产量的 93%，承建国外水泥工厂建设项目的能力得到了明显提高，得到了全球水泥界同仁的认可。

特别是进入 21 世纪以来，我国水泥行业的大型装备设计、制造、安装等已达到国际先进水平，依托自主开发的成套技术，广泛参与海外水泥生产线建设的工程总承包，带动了大型成套水泥装备批量出口，以 EPC 和 EP 总承包模式迅速走向了国际舞台，完成和正在建设的国外水泥生产线已达一百多条，经营工程承包、技术与装备出口、劳务合作等多种业务，涉及西班牙、意大利、俄罗斯、法国、阿尔巴尼亚、沙特、苏丹、埃及、阿联酋、巴基斯坦、印度、越南、赞比亚、摩洛哥、坦桑尼亚、多米尼加、厄瓜多尔等五十多个国家。

2010 年以来，在国际水泥工程建设市场，我国承建的项目已占 40% 以上的份额。

（5）第二代新型干法水泥技术的研发

温家宝总理在十一届全国人大五次会议所作的《政府工作报告》中，提出了对水泥等行业控制增量、优化存量的要求。当前我国水泥产能已经绝对过剩，水泥工业必须加快转变发展方式，进一步调整结构，加强低碳技术开发，实现产业转型升级，把水泥产业打造成具有节能环保绿色功能的基础原材料产业和改善民生环境的重要产业，使水泥工业可持续发展。

目前，我国水泥工业发展已经进入了一个新阶段——第二代新型干法水泥技术的研发阶段。

第二代新型干法水泥技术，是指以悬浮预热和预分解技术为核心，利用现代流体力学、燃烧动力学、热工学、计算流体力学、粉体工程学等现代科学理论和技术，并采用计算机及其网络化信息技术进行水泥工业生产的综合技术。其主要产品为波特兰体系胶凝物质，具有"协同处置"废弃物、充分利用余热、发展低碳技术、高效防治污染物排放、减少 CO_2 排放的功能，其产业不单可为国民经济建设提供高质量的基础原材料，而且逐步发展成新型社会环保产业的一员，第二代新型干法水泥技术是发展循环经济的切入点。

① 第二代新型干法水泥技术的研发目标

以"加快转变发展方式、促进产业转型升级"为指导思想，加强基础理论研究，将现代科学技术和工业生产的最新成果深入用于水泥绿色制造过程中，推动工业化与信息化深度融合，利用信息技术改造提升水泥产业，开发一套具有低碳环保、节能减排以及具有"协同处置"废弃物特征的第二代新型干法水泥制造技术与装备，使我国由大变得更强，在引领和超越世界水泥发展的征途中快速发展。

② 第二代新型干法水泥技术的研发任务

将国内目前最先进的技术组合起来，与国外最先进的国家对标，并与国外最先进的企业对标，找出差距，从设计优化、工艺改革、自主创新、装备提升、低碳技术开发、节能减排、安全生产等方面进行攻关，用 5 年左右时间，全面提升新型干法熟料水泥生产线新型干法熟料水泥生产线的产品制造、协同处置废弃物、综合利用资源和减少 CO_2 排放等绿色产业功能，使我国第二代新型干法水泥技术达到世界领先水平。

随着社会文明的进步，中国水泥行业正向着"资源节约型、环境友好型"转变发展，中国发展绿色生态水泥工业的成果将为全世界共享。

第二节　水泥生产工艺及主要环境问题

一、水泥生产工艺

在水泥行业中，存在新型干法窑、立窑、干法中空窑、湿法窑、立波尔窑等多种生产工艺。随着我国经济、技术水平的提高，产业政策的调整，新型干法作为水泥生产的先进工艺技术在我国迅速发展，特别是进入新世纪以来，新型干法水泥熟料生产能力迅速提升。而对于传统水泥生产工艺，由于其能耗高、污染大、规模小、成本高等原因，逐渐被行业淘汰，所占的水泥产能比例越来越小。截至 2012 年底，我国已有新型干法熟料水泥生产线 1637 条，设计熟料产能为 16 亿吨，新型干法水泥占比已超过 93%。

水泥生产主要工艺过程可分为三个阶段：

（1）生料制备

石灰质原料、黏土质原料与少量校正原料经破碎后，按一定比例配合、磨细，并调配为成分合适、质量均匀的生料，称为生料制备。

（2）熟料煅烧

生料在水泥窑内煅烧至部分熔融所得到的以硅酸钙为主要成分的硅酸盐水泥熟料，称为熟料煅烧。

（3）水泥粉磨

水泥熟料加适当石膏，通常还加适量混合材料或外加剂，共同磨细为水泥，称为水泥粉磨。

新型干法水泥生产工艺流程详见图 1-3。

图 1-3　新型干法水泥生产工艺流程

二、水泥生产的主要环境问题

水泥生产过程中，对大气所产生影响的主要污染源是粉尘和废气。

粉尘主要是由水泥生产过程中原、燃料和水泥成品储运，物料的破碎、烘干、粉磨、煅烧等工序产生的废气排放或逸出而产生的。

水泥工业排放的废气中，污染物一般有 NO_x、SO_2、CO_2 等。

（1）氮氧化合物的排放

水泥工业的 NO_x 主要由以下两种途径产生：一是由空气中的 N_2 在高温有氧燃烧条件下产生，其生成量取决于燃烧火焰温度，火焰温度越高，则 N_2 被氧化生成的 NO_x 量越多；二是由原、燃料中的 N 氧化而成。水泥工业氮氧化物的排放量约占全国工业氮氧化物排放总量的 10%。

《水泥工业大气污染物排放标准》（GB 4915—2013）规定，现有企业和新建企业的水泥窑系统氮氧化物的排放限值为 $400mg/m^3$，重点地区水泥窑系统氮氧化物的排放限值为 $320mg/m^3$。

（2）二氧化硫的排放

水泥工业二氧化硫的来源主要有两个方面，一个是原料，另一个是燃料。它是由原料及燃料中的无机硫及有机硫氧化生成的。

原料及燃料中的无机硫和有机硫包括很多种硫化合物，有硫酸盐，也有硫铁矿，但能氧化生成 SO_2 的主要是低价态的硫化物或单质硫。

① 原料中产生的 SO_2

原料中的部分低价硫化物，在进入预热器时，在 400℃ 左右的时候，就开始氧化并释放出 SO_2，这个反应主要发生在第一级旋风筒和第二级旋风筒。

在该位置氧化释放出来的 SO_2 一部分被碱性物料吸收，另一部分则直接通过增湿塔、生料磨、除尘器等进入窑尾烟囱进行排放。

② 燃料中产生的 SO_2

与发电厂一样，水泥工业燃料中的低价硫化物在燃烧过程中，一部分直接氧化成 SO_3，并形成稳定的硫酸盐，另一部分则氧化成 SO_2，这部分 SO_2 绝大部分能再次与高温的碱性热生料和 O_2 发生反应生成硫酸盐，剩下很少的一部分 SO_2 将与生料中氧化释放出的二氧化硫汇合，进入烟囱排放。

在新型干法水泥熟料生产过程中，硫和钾、钠、氯一样，是引起预热器分解炉结皮堵塞的重要因素之一，是一种对生产有害，需要加以限制的一种组分。另外，二氧化硫对环境及人类的健康有极大的危害，它易被湿润的黏膜表面吸收生成亚硫酸、硫酸。对眼及呼吸道黏膜有强烈的刺激作用。大量吸入可引起肺水肿、喉水肿、声带痉挛而致窒息。SO_2 也是形成酸雨的主要污染物之一。

《水泥工业大气污染物排放标准》（GB 4915—2013）规定，现有企业和新建企业的水泥窑系统二氧化硫的排放限值为 $200mg/m^3$，重点地区水泥窑系统二氧化硫的排放限值为 $100mg/m^3$。

（3）二氧化碳的排放

二氧化碳被称为温室气体，具有吸热和隔热的功能，大气中的 CO_2 气体增多，使太阳辐射到地球上的热量无法向外层空间发散从而使地球气候变暖。

水泥生产过程的二氧化碳排放可分为直接二氧化碳排放和间接二氧化碳排放两类：

① 直接二氧化碳排放

企业拥有或控制的二氧化碳气体源产生的二氧化碳排放为直接二氧化碳排放，包括水泥窑炉中碳酸盐原料矿物分解和各种燃料燃烧产生的二氧化碳排放。

② 间接二氧化碳排放

企业外购电力和外购水泥熟料导致的二氧化碳排放为间接二氧化碳排放，其他间接二氧化碳排放则包括企业租用社会车辆进行运输等产生的二氧化碳排放。

第三节　氮氧化物的来源及环境危害

一、氮氧化物的来源

氮氧化物（nitrogen oxides）的种类很多，常见的氮氧化物有一氧化二氮（N_2O）、一氧化氮（NO）、二氧化氮（NO_2）、三氧化二氮（N_2O_3）、四氧化二氮（N_2O_4）和五氧化二氮（N_2O_5）等多种化合物。除二氧化氮以外，其他氮氧化物均极不稳定，遇光、湿或热变成二氧化氮及一氧化氮，一氧化氮又变为二氧化氮。因此，职业环境中接触的是几种气体混合物，通常称为硝烟（气），主要为一氧化氮和二氧化氮，并以二氧化氮为主。一氧化氮和二氧化氮是常见的大气污染物。氮氧化物都具有不同程度的毒性。

天然排放的 NO_x，主要来自土壤和海洋中有机物的分解，属于自然界的氮循环过程。人为活动排放的 NO_x，大部分来自化石燃料的燃烧过程，如汽车、飞机、内燃机及工业窑炉的燃烧过程；也来自生产、使用硝酸的过程，如氮肥厂、有机中间体厂、有色及黑色金属冶炼厂等。

根据国家统计局的数据，2011 年，我国氮氧化物排放量 2404.3 万吨。其中，工业氮氧化物排放量 1729.7 万吨，占全国氮氧化物排放总量的 71.9%；生活氮氧化物排放量 674.5 万吨，占 28.1%，其中居民生活氮氧化物排放量 36.6 万吨，占全国氮氧化物排放总量的 1.5%，机动车氮氧化物排放量 637.6 万吨，占全国氮氧化物排放总量的 26.5%；集中式污染治理设施氮氧化物排放量 0.3 万吨。

在水泥熟料烧成过程中，排放的 NO_x 主要来源于两个途径：一是高温燃烧时，燃烧空气中的 N_2 在高温状态下与 O_2 化合生成；二是燃料中的氮元素在高温燃烧过程中氧化成 NO_x。水泥窑中 NO_x 的生成量取决于燃烧火焰温度与空气过剩系数，火焰温度越高、空气过剩系数越大，则 N_2 被氧化生成的 NO_x 量越多。

二、氮氧化物的环境危害

人为活动排放的 NO_x，大部分来自化石燃料的燃烧过程，燃料燃烧过程中所形成的 NO_x，通常含 95% 的 NO 和 5% 的 NO_2。一氧化氮（NO）为无色气体，NO 本身对人类和环境的危害性并不太大（主要是影响人的红血球载血功能），但性质不稳定，当其进入大气后，可通过一系列光化学氧化反应转化为 NO_2（$2NO+O_2 \longrightarrow 2NO_2$）。

二氧化氮（NO_2）在 21.1℃ 温度时为红棕色刺鼻气体，在 21.1℃ 以下时呈暗褐色液体，在 −11℃ 以下温度时为无色固体，加压液体为四氧化二氮。NO_2 溶于碱、二硫化碳和氯仿，微溶于水，性质较稳定。NO_2 对人的眼睛和呼吸系统有强烈的刺激作用，可导致严重的支气管炎和肺气肿等疾病；NO_2 可以经过一系列光化学连锁反应在大气中形成臭氧，对人体的中枢神经产生极大的伤害。

氮氧化物可刺激肺部，使人较难抵抗感冒之类的呼吸系统疾病，呼吸系统有问题的人士如哮喘病患者，会较易受二氧化氮影响。对儿童来说，氮氧化物可能会造成肺部发育受损。研究指出，长期吸入氮氧化物可能会导致肺部构造改变，但目前仍未确定导致这种后果的氮氧化物含量及吸入气体时间。

氮氧化物对植物的毒性较其他大气污染物要弱，一般不会产生急性伤害，而慢性伤害能抑制植物的生长。危害症状表现为在叶脉间或叶缘出现形状不规则的水渍斑，逐渐坏死，而后干燥变成白色、黄色或黄褐色斑点，逐步扩展到整个叶片。NO_x 可通过反应导致光化学烟雾的产生，光化学烟雾中对植物有害的成分主要是臭氧、过氧乙酰硝酸酯（PAN）等。臭氧对植物的危害主要是从叶背气孔侵入，通过周边细胞、海绵细胞间隙，到达栅栏组织，使其首先受害，然后再侵害海绵细胞，形成透过叶片的密集的红棕色、紫色、褐色或黄褐色的细小坏死斑点。同时，植物组织机能衰退，生长受阻，发芽和开花受到抑制，并发生早期落叶、落果现象。一般臭氧浓度超过 $0.1 \times 10^{-6} mg/m^3$ 时，便对植物造成危害。

NO_x 对环境的损害作用极大，总结起来主要有三点：

（1）氮氧化物是形成酸雨的主要物质之一。氮氧化物是硝酸和亚硝酸的前驱体，可进行反应形成酸雨。

（2）氮氧化物是形成大气中光化学烟雾的重要物质。NO_x 和烃类化合物在阳光作用下，易生成光化学烟雾等比一次污染物毒性更大的二次污染物。光化学烟雾具有明显的致癌作用，它和酸雨可引起农作物和森林的大面积枯死，改变大气气候。

（3）氮氧化物是消耗大气臭氧层中 O_3 的一个重要因子。NO_x 也会对臭氧层起破坏作用，使紫外线因失去臭氧层的屏蔽作用而过于强烈，危害地面生物和人类健康。

第四节　发达国家水泥工业氮氧化物的控制标准

一、欧洲水泥工业氮氧化物控制标准

在欧洲，对于氮氧化物的控制是根据欧盟标准 2000/76/EC 来执行的，其中对于带有垃圾掺烧的水泥工厂，氮氧化物排放限值为 $500mg/Nm^3$；对于没有应用垃圾掺烧的水泥工厂，欧盟没有限额规定，而是根据各个国家自己的规定。

瑞士、奥地利等欧洲国家都执行 $500mg/Nm^3$ 的排放标准。

但是，在德国，水泥企业氮氧化物的排放是由清洁空气法案和第 17 联邦污染保护条例控制的。其中，规定采用二次燃料替代率≤60% 时，其氮氧化物排放浓度不得超过 $500mg/Nm^3$；二次燃料替代率在 60%～100% 之间时，采用混合法则计算出的排放限值；二次燃料替代率为 100% 时，排放浓度不得超过 $200mg/Nm^3$。

混合法则的氮氧化物排放限值计算公式如下：

$$C = \frac{C_{Abfall} \cdot V_{Abfall} + C_{konv} \cdot V_{konv}}{V_{Abfall} + V_{konv}}$$

其中：C_{Abfall}——全部采用替代燃料的氮氧化物排放限值；

V_{Abfall}——采用替代燃料的数量；

C_{knov}——替代燃料利用率在 60% 以下时的氮氧化物排放限值；

V_{knov}——采用传统燃料的数量。

可见，在《水泥工业大气污染物排放标准》（GB 4915—2013）发布前，德国的水泥工业氮氧化物排放标准是全球最为严厉的。

二、美国水泥工业氮氧化物控制标准

美国 1990 年通过的《清洁大气法案》修正案要求美国环保署（EPA）制定并在全国范

围内执行酸雨计划，并将大型电厂的 NO_x 排放控制纳入到该计划之中。该修正案还将美国划分为 O_3 达标区和 O_3 非达标区，并对非达标区的达标期限做出规定。为解决地面 O_3 问题，美国东北部各州制定并参与了臭氧输送委员会（Ozone Transport Commission，OTC）计划，通过在各成员州削减大型固定点源的 NO_x 排放减少该区域内的臭氧破坏。2003 年，该计划被一个在更大范围内实施的氮氧化物州执行计划（NO_x SIP Call）取代。这两个计划都引入了排污许可证交易制度，并获得了成功。2005 年，EPA 发布了州际清洁空气法案（Clean Air Interstate Rule，CAIR），该法案旨在通过同时削减 SO_2 和 NO_x 帮助各州的近地面 O_3 和细颗粒物达到大气环境质量标准。

美国酸雨计划在《清洁空气法》修正案（CAAA）的指引下，分两阶段减排锅炉氮氧化物。第一阶段（1996—1999 年）重点在第一类锅炉（燃煤墙式锅炉和切向燃烧锅炉）安装低氮燃烧器（LNB），削减氮氧化物排放；第二阶段（2000 年以后）进一步严格排放标准，安装更先进的 LNB，采取与 LNB 成本相当的氮氧化物控制技术，实现第一类锅炉进一步减排和第二类锅炉（湿底锅炉、旋风炉、蜂窝式燃烧器锅炉和垂直燃烧锅炉）氮氧化物减排。

美国现有 143 家水泥厂，分别隶属意大利水泥、德国海德堡、法国拉法基、瑞士豪瑞、日本太平洋等国际水泥企业集团。近几年来，美国水泥工业得到较快发展，传统的湿法生产和干法生产基本被以预分解窑为核心的新型干法生产技术所代替，一大批约为 5000t/d 的水泥熟料生产线相继投入。目前，全美水泥生产总产能约为 8000 万吨，2010 年实际生产水泥 6000 万吨。随着经济复苏和产业结构的调整，美国波特兰水泥协会预测到 2015 年的产量需求可达 1.4 亿吨。因此，美国水泥工业还有较大的发展空间。

节能减排是水泥工业发展的共同主题。由美国环境总署主持的"能源之星"评审项目，通过对水泥厂能效评审、分级，最终评定低能耗的优秀生产企业。即通过对标，引领水泥生产企业不间断地节能降耗。美国波特兰水泥协会也设有"环境改善引领者"评选项目，以表彰水泥生产企业在节能减排活动中做出的成就。例如，拉法基 Tulsa 水泥厂通过控制和优化运行，减少了 9% 用电量和 50% SO_2 排放；豪瑞 Theodore 水泥厂大量使用替代燃料，并通过环保设备更新，使颗粒物和 NO_x 排放浓度大大低于联邦政府和州政府颁布的环保标准。

美国材料与试验学会制定有水泥产品标准，而水泥生产环境保护标准则由美国环保总署空气和放射司主持制定。空气和放射司是位于华盛顿之外的美国环保总署下属的司局级管理及研究机构，包括空气质量和计划标准等 4 个处室。空气质量和计划标准处室的主要职能包括编制和检查空气污染数据、制定规范以限制和减少空气污染、协助地方政府机构管理和控制大气污染、发布空气质量报告等。制定行业部门污染物排放限额标准也是空气质量和计划标准处的一项重要职能。

关于水泥生产有害污染物排放限额，空气质量和计划标准处室制定并发布有"波特兰水泥工业有害气态污染物排放标准（National Emission Standards for Hazardous Air Pollutants from the Portland Cement Manufacturing Industry）"及"波特兰水泥厂新排放源运行标准（The New Source Performance Standards）"，即对主要排放源要增加汞、全碳氢化合物、颗粒物、氯化氢的测定，对 2008 年后投产的水泥厂要增加颗粒物、氮氧化物和二氧化硫的测定。各污染物排放限额指标列于表 1-1 中。

表 1-1　水泥工业有害气态污染物排放限额

污染物	既有排放源（2008 年 6 月前）	新增排放源（2008 年 6 月后）
汞	0.025g/t 熟料	0.009g/t 熟料
全碳氢化合物	24mg/Nm³	11mg/Nm³
颗粒物	0.018kg/t 熟料	0.0045kg/t 熟料
氯化氢	3mg/Nm³	3mg/Nm³
烟尘阻光度	20%	
NO_x		0.68kg/t 熟料
SO_2		0.18kg/t 熟料

目前美国部分水泥厂已采用了替代燃料，还有十多家水泥厂进行有害废物协同处置。针对协同处置有害废物的窑炉，由美国环保总署资源保护和恢复司能源回收和废物处理处支持制定了相应的排放标准，并将在 2013 年发布、实施，其主要排放指标列于表 1-2 中，其他同表 1-1。

表 1-2　处置有害废物水泥窑炉有害气态污染物排放限额

污染物/排放源	既有排放源	新增排放源
颗粒物/篦冷机	0.018kg/t 熟料	0.0045kg/t 熟料
全碳氢化合物/烘干机	24 mg/Nm³	24 mg/Nm³
烟尘阻光度/烘干机	10%	10%
烟尘阻光度/生料磨	10%	10%
烟尘阻光度/水泥磨	10%	10%
二噁英/呋喃	0.4 ng TEQ/Nm³	0.4 ng TEQ/Nm³
颗粒物	64 mg/Nm³	16 mg/Nm³
Hg	3.0mg/kg（废物） 120 μg/ Nm³	1.9mg/kg（废物） 120μg/ Nm³
Cd + Pb	330μg/ Nm³	180μg/ Nm³
As + Be + Cr	56μg/ Nm³	54μg/ Nm³
HCl + Cl	120mg/Nm³	86mg/Nm³
CO 或 THC	100mg/Nm³ 或 20mg/Nm³	100mg/Nm³ 或 20mg/Nm³
焚毁率	99.99% 或 99.9999%	99.99% 或 99.9999%

2011 年 11 月，国家环保部考察团先后访问了意大利水泥集团位于西弗吉尼亚州马丁斯堡的 Essroc 水泥厂和德国海德堡水泥集团位于马里兰州佐盟桥镇的 Lehigh 水泥厂。

Essroc 水泥厂和 Lehigh 水泥厂均是设计能力为 5000t/d 的新型干法水泥熟料生产线。Essroc 水泥厂由于采用高含硫页岩作为原料，导致二氧化硫超标排放，因而安装了烟气脱硫装置，既保证了达标排放，又实现了脱硫石膏的综合利用。Lehigh 水泥厂采用干化污泥颗粒作为替代燃料，同时采用 SNCR 技术对烟气进行脱硝处理。处理后 NO_x 由 0.80kg/t 熟料下降至 0.60kg/t 熟料，实现了达标排放，但运行成本增加 0.58 美分/t 熟料，约为 3.65元/t 熟料。

三、日本水泥工业氮氧化物控制标准

日本具有比较完备和规范的环境法规标准体系，并依据经济发展需要和环境污染主要矛盾及其变化情况，适时地制定、调整和完善相应的环境保护法规和标准。日本环境保护的基本法规为《环境基本法》，它规定了国家对环境保护的基本管理制度和措施，确立了对整体环境（包括环境污染、生态环境、自然资源等）进行保护的法律框架。在《环境基本法》中，涉及氮氧化物控制的法规主要有《大气污染防止法》和《汽车氮氧化物、PM 法》。

日本于 1973 年制定了有关二氧化氮的环境标准，同时在《大气污染防止法》中根据烟气排放设备种类不同设定了不同的排放标准，至 1983 年先后 5 次修订，排放限制不断加严。在移动源氮氧化物排放标准方面，日本从 1966 年开始对汽车排放进行控制，1971 年在《大气污染防止法》中增加了机动车氮氧化物排放控制指标，根据机动车类型、短期目标和长期目标规定了不同的限值。日本机动车排放法规限值分最高值和平均值两种。1981 年，日本将氮氧化物增加为总量控制指标。

日本不是按行业排污特点制定各行业污染物的排放标准。日本《大气污染防止法》中将氮氧化物排放来源分为固定源与移动源。日本规定水泥氮氧化物的国家排放标准为 480ppm。

日本水泥窑氮氧化物的控制技术主要为低氮燃烧技术，第一种是在水泥窑头应用低氮氧化物燃烧器。日本开发了一种太平洋多用途（TMP）燃烧器，通过燃料快速升温促进挥发成分释放，来源于挥发部分的中间物质使还原氮氧化物的区域得到扩大，在不影响产量、炉渣品质的情况下比普通低氮燃烧器降低 $25\%\sim30\%$ 的氮氧化物产生量。目前，低氮燃烧器已实现产业化。第二种是预热器的低氮氧化物技术。对于 SF 型的分解炉，主要是在窑尾分解炉和管道中应用阶段燃烧技术来降低氮氧化物的生成。对于 RSP 型分解炉，主要是通过旁通管降低炉内空气比来还原氮氧化物，从而降低其浓度。目前，此种技术已经成熟，但成本将会很高，日本仍处于试验阶段。此外，应用化学脱硝法减少水泥行业氮氧化物排放。

太平洋水泥熊谷工厂在氮氧化物控制方面，主要采取以下 3 种方式降低水泥窑氮氧化物的排放：一是空气分级燃烧；二是采用高效率的 TMP 燃烧器；三是尾部添加尿素。太平洋水泥熊谷工厂的实际排放浓度在 340ppm 以下。

四、各国水泥大气排放标准比较（表1-3）

表1-3 水泥大气排放标准比较

排放物	中 国	美 国	日 本	德 国	欧盟（2000/76/EC）
NO_2	320～400	200～400	360	200/400	800/500（08 年 1 月 1 日新建厂）
SO_2	100～200	200	200	＜400	200
CO		100	100	100	90
HF	3～5	—	5	5	1
HCl		—	30	30	10
Pb 铅		*		5	1.0（Tl＋Cd＋Pb＋A 计）
Cu 铜				5	0.5（以 Be＋Cr＋Sn＋Sb＋Cu＋Mn＋Ni＋V）
Hg 汞	0.05	—	—	0.2	0.05
Ti 铊		0.1		5	—
粉尘	20～30	20～50	30～50	15～25	

国外的标准主要体现在多污染排放控制，要求指标较多。我国刚发布《水泥工业大气污染物排放标准》（GB 4915—2013）排放控制指标已接近国外标准，但是由于各方面的原因，加上水泥总量大，我国水泥工业实际排放还是远高于国际上先进国家的要求，见表1-4。

表1-4 中德水泥工业主要排放物的比较

项 目	2011年德国	2012年中国	中国/德国倍数
熟料产量	2478万吨	14.3亿吨	57.7
粉尘排放量	368吨	368万吨	10000
吨熟料粉尘排放量	15.6g/t	2573g/t	165
国际粉尘排放限值	30～90g/t. cl 10～30mg/Nm³	50/150g/t. cl 30～50mg/Nm³	2～3
SO_2排放量	5500吨	137万吨	280
吨熟料SO_2排放量	222g/t	958g/t	4.3
SO_2排放国际限值	150/600g/t. cl 50/200mg/Nm³	300/600g/t. cl 100/200mg/Nm³	1.2～2.0
NO_x排放量	20350	240万吨	118
吨熟料NO_x排放量	821g/t	1790g/t	2.2
NO_x排放国际限值	600/1200g/t. cl 200/400mg/Nm³	960/1350g/t. cl 320/400mg/Nm³	

由上表可知：在欧盟，德国的排放标准最严，中德二国的排放标准已接近。但实际情况是：吨熟料粉尘排放中国是德国的165倍，SO_2排放量是4.3倍，NO_x排放量是2.2倍。现实是所有污染物都超标。图1-4为德国水泥行业NO_x排放标准的发展历程。

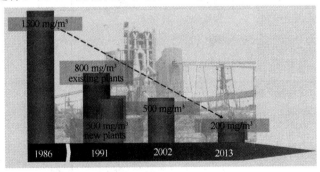

图1-4 德国水泥行业NO_x排放标准的发展历程

第五节 我国水泥工业氮氧化物的控制标准

我国是水泥生产与消费大国，2012年水泥产量达到22.1亿吨，约占世界水泥产量的60%。水泥工业在支撑国民经济快速发展的同时，也带来了严重的环境污染。据统计，我国水泥工业颗粒物（PM）排放占全国排放量的15%～20%，二氧化硫（SO_2）排放占全国排放量的 3%~4%，氮氧化物（NO$_x$）排放占全国排放量的 8%~10%，属污染控制的重点行业。水泥工业 NO$_x$ 排放量已是居火力发电、机动车尾气排放之后的第三大排放源。

水泥工业执行的现行标准为《水泥工业大气污染物排放标准》（GB 4915—2004），主要控制 PM，要求水泥生产企业在各种通风生产设备及作业点采取高效除尘净化措施；SO$_2$、NO$_x$、氟化物等控制指标在原（燃）料品质较好、运行工况稳定的条件下基本可实现达标排放。

进入"十二五"后，环保形势的变化对水泥工业的大气污染防治、特别是 NO$_x$ 总量减排提出了更高要求。《"十二五"节能减排综合性工作方案》（国发〔2011〕26 号）、《国家环境保护"十二五"规划》（国发〔2011〕42 号）、《节能减排"十二五"规划》（国发〔2012〕40 号）、《重点区域大气污染防治"十二五"规划》（环发〔2012〕130 号）、《关于执行大气污染物特别排放限值的公告》（环境保护部公告 2013 年第 14 号）等文件明确规定 2015 年水泥行业 NO$_x$ 排放量控制在 150 万吨，淘汰水泥落后产能 3.7 亿吨；对新型干法窑降氮脱硝，新、改、扩建水泥熟料生产线综合脱硝效率不低于 60%；在大气污染防治重点地区，对水泥行业实施更加严格的特别排放限值。

国务院《大气污染防治行动计划》要求通过制定、修订重点行业排放标准"倒逼"产业转型升级，排放标准作为控制污染、减排总量、调整结构、优化布局的重要推手，需要紧紧围绕中心、服务大局，及时提高控制要求。为此，环境保护部于 2012 年启动了《水泥工业大气污染物排放标准》（GB 4915—2004）修订工作，修订草案经多方征求意见、反复论证，通过技术和行政审查之后会同国家质检总局正式公布《水泥工业大气污染物排放标准》（GB 4915—2013）。

现有与新建水泥生产企业大气污染物排放限值详见表 1-5。

表 1-5 现有与新建水企业大气污染物排放限值 （mg/m³）

生产过程	生产设备	颗粒物	二氧化硫	氮氧化物（以 NO₂ 计）	氟化物（以总 F 计）	汞及其化合物	氨
矿山开采	破碎机及其他通风生产设备	20	—	—	—	—	—
水泥制造	水泥窑及窑尾余热利用系统	30	200	400	5	0.05	10[1]
	烘干机、烘干磨、煤磨及冷却机	30	600[2]	400[2]	—	—	—
	破碎机、磨机、包装机及其他通风生产设备	20	—	—	—	—	—
散装水泥中转站及水泥制品生产	水泥仓及其他通风生产设备	20	—	—	—	—	—

注：1）适用于使用氨水、尿素等含氨物质作为还原剂，去除烟气中氮氧化物。

　　2）适用于采用独立热源的烘干设备。

水泥生产企业大气污染物特别排放限值详见表 1-6。

表 1-6 大气污染物特别排放限值　　　　　　　　　　　　　(mg/m³)

生产过程	生产设备	颗粒物	二氧化硫	氮氧化物 (以 NO₂ 计)	氟化物 (以总 F 计)	汞及其化合物	氨
矿山开采	破碎机及其他通风生产设备	10	—	—	—	—	—
水泥制造	水泥窑及窑尾余热利用系统	20	100	320	3	0.05	8[1]
	烘干机、烘干磨、煤磨及冷却机	20	400[2]	300[2]	—	—	—
	破碎机、磨机、包装机及其他通风生产设备	10	—	—	—	—	—
散装水泥中转站及水泥制品生产	水泥仓及其他通风生产设备	10	—	—	—	—	—

注：1）适用于使用氨水、尿素等含氨物质作为还原剂，去除烟气中氮氧化物。

　　2）适用于采用独立热源的烘干设备。

可见，新标准将一般地区的 NOₓ 排放限值由 800mg/m³ 降低到 400mg/m³，重点地区则降低到 320mg/m³。考虑到现有企业需要进行脱硝除尘改造，标准规定新建企业自 2014 年 3 月 1 日起执行新的排放限值，现有企业则在标准发布后给予一年半过渡期，过渡期内仍执行原标准，到 2015 年 7 月 1 日后执行新标准。

《水泥工业大气污染物排放标准》于 1985 年首次发布，1996 年、2004 年分别进行了修订，本次为第三次修订。这一标准的第三次修订受到了众多水泥企业及一些行业内知名人士的质疑，质疑的关注点就在于水泥行业氮氧化物排放要求是不是过于严厉，会不会不利于行业的健康发展。但新版标准伴随着质疑声还是于 2013 年 12 月 27 日走到了发布实施的这一步，并于 2014 年 3 月 1 日实施。据测算，实施《水泥工业大气污染物排放标准》（GB 4915—2013）新标准后，预计水泥工业 NOₓ 年排放将在目前 190 万～220 万吨基础上削减约 98 万吨，削减 44.5%～51.6%，使行业 NOₓ 年排放量控制在 100 万～120 万吨。

第二章 水泥窑氮氧化物的生成机理和减排技术

第一节 水泥窑氮氧化物的生成机理

煤粉燃烧过程中，所产生的 NO_x 主要是 NO 和 NO_2，其中 NO 占 90％以上，而 NO_2 只占 5％～10％，因而在研究燃煤产生的 NO_x 时，一般主要讨论 NO 的生成机理，从 NO 的生成机理来看，主要有热力型、燃料型和瞬时型三部分。热力型 NO_x 是由燃烧空气中的 N_2 与氧反应而形成。燃料型 NO_x 是由燃料中的氮化合物被氧化而形成。瞬时型 NO_x 是由碳氢类燃料在过剩空气系数＜1 的富燃料条件下，碳氢化合物和 N_2 在火焰面内快速反应而形成。

水泥窑烧成过程中，产生 NO_x 的来源主要有两方面：热力型 NO_x，燃料型 NO_x。其中，燃料型 NO_x 大约占全部 NO_x 的 75％～95％，当燃烧温度高于 1500℃时，热力型 NO_x 生成量显著增加。

水泥熟料生产过程中，分解炉和回转窑是两个主要的热工设备。分解炉的主要作用是加热使原料中的 $CaCO_3$ 分解，大约 60％的煤粉进入分解炉，炉内的温度一般在 880～980℃范围内。在此温度下，基本可以不考虑热力 NO_x 的形成，主要是燃料型 NO_x。回转窑的主要作用是完成熟料高温烧结过程，固相物料的温度必须达到 1400℃以上，为了满足固相烧结要求，水泥窑主燃烧器形成的火焰温度应控制在 1800～2000℃，在此温度范围内，极易形成热力型 NO_x 和燃料型 NO_x。

一、燃料型 NO_x 生成机理

燃料型 NO_x 是燃料中含有的氮化物在燃烧过程中氧化而生成的，煤中氮含量一般在 0.5％～2.5％左右，以氮原子的状态与各种碳氢化合物结合的环状或链状，属于胺族（N—H 和 N—C 链）或氰化物族（C≡N 链）等，煤中的氮主要是有机氮。煤中氮有机化合物的 C—N 结合键能比空气中氮分子 N≡N 键能小很多，氧容易首先破坏 C—N 键并与其中的氮原子生成 NO，这种从燃料中的氮化合物经热分解和氧化反应而生成的 NO_x，称为燃料型 NO_x。

燃料型 NO_x 的生成和分解过程不仅和煤种特性、煤的结构、燃料中的氮受热分解后在挥发分和焦炭中的比例、成分等有关，而且大量的反应过程还和燃烧条件如温度、氧及其他各种成分的浓度等密切相关。燃料型 NO_x 的生成过程，大致有以下规律：

（1）燃料中的氮有机化合物首先被热解成 HCN、NH_3 和 CN 等中间产物，它们随挥发分一起从燃料中析出，称之为挥发分 N。挥发分 N 析出后仍残留在焦炭中的氮化合物，称为焦炭 N。煤粉受热后，煤中的挥发分首先热解析出，其中挥发分 N 和焦炭 N 的比例，与煤种、热解温度和煤粉加热速率等有关。当煤种的挥发分增加，焦炭 N 相应地减少。

（2）挥发分 N 中最主要的氮化合物是 HCN 和 NH_3。两者所占比例大小，不仅取决于煤种及其挥发分的大小，而且与氮及煤中碳氢化合物的结合状态有关，同时还与燃烧工况有关。据研究，NH_3 向 NO_x 的转化率较 HCN 少，因此，要对不同煤种找出影响 NO_x 的主要

因素。大致情况如下：

①对于烟煤，HCN 在挥发分 N 中的比例比 NH_3 大，而贫煤的挥发分 N 中以 NH_3 为主，无烟煤的挥发分中 HCN 和 NH_3 均较少。

②在煤中，当燃料氮与芳香环结合（N—6）时，HCN 是主要的热解产物；当燃料氮是以（N—S）形式存在时，则 NH_3 是主要的热解初始产物。

③挥发分 N 中，HCN 和 NH_3 的量随温度增加而增加，但温度超过 1100℃时，NH_3 含量达到饱和。

④随温度上升，燃料氮转化成 HCN 的比例大于转化成 NH_3 的比例。

（3）煤粉颗粒的细度对燃料氮转化成挥发分 N 和焦炭 N 的比例影响较大，煤粉越细，挥发分 N 与燃料 N 的比例越高。过剩空气系数越大，NO_x 的生成浓度和转化率越高。弗尼摩尔提出燃料 NO 的反应过程模式为：氮化物向 NO 的转化，取决于氮化物对 NO 的生成和分解反应的综合影响。氮化物在反应带分解，产生含有 N 原子的中间产物 I，之后，I 和含有 O 原子的化学成分 R 起反应生成 NO，或者 I 与 NO 起反应使 NO 分解为 N_2，即反应按两条路线进行。

$$\text{Fuel N} \longrightarrow \text{I} \left\{ \begin{array}{l} \text{I} + \text{R} \longrightarrow \text{NO} + \cdots \\ \text{I} + \text{R} \longrightarrow \text{N}_2 + \cdots \end{array} \right.$$

这些中间产物 I 就是 N、CN、HCN 和 NH 等化合物，反应中的含氧化合物 R 是 O、O_2 和 OH 等。燃料型 NO_x 受温度影响很小，这是因为，燃料 N 的分解温度低于现有燃烧设备中的燃烧温度。有资料介绍，NHi 向 NO 的转变率在温度（700±100）℃的范围内最高；而超过 900℃时，将急剧降低，认为燃料型 NO 具有中温生成特性，是在经过 600～800℃的生成带时生成而保存下来的。现有燃烧设备中的燃烧温度都在 1200℃以上，所以温度的影响很小。

根据上述分析，控制燃料型 NO 生成的方法有：

①使用燃料 N 含量低的燃料；

②采用燃料过浓燃烧；

③扩散燃烧时，抑制燃料与空气的混合。

燃料型 NO_x 的生成机理非常复杂，它的生成和破坏过程与燃料中的氮受热分解后在挥发分和焦炭中的比例有关，随温度和氧分等燃烧条件而变。氮化合物首先转化成能够随挥发分一起从燃料中析出的中间产物如氰（HCN）、氨（NH_3）和 CN，这部分氮称之为挥发分 N，生成的 NO_x 占燃料型 NO 的 60%～80%。而残留在焦炭中的含氮化合物称之为焦炭 N。

煤中氮转化为挥发分 N 和焦炭 N 示意图详见图 2-1。

二、热力型 NO_x 生成机理

热力型 NO_x 是由于燃烧空气中的 N_2 在高温下氧化而产生的，其生成机理是由原苏联科学家策尔多维奇提出的。按这一机理，N 的生成速度可用如下一组不分支链锁反应来说明：

图 2-1 煤中氮转化挥发分 N 和焦炭 N 示意图

15

$$N_2 + O = NO + N \tag{2-1}$$

$$N + O_2 = NO + O \tag{2-2}$$

式（2-1）是吸热反应，反应的活化能由式（2-1）和氧气离解反应的活化能组成，式（2-1）反应所需的活化能为 $286 \times 10^3 J/mol$。所以，升温有利于 NO 的转化率，同样降温会使热力型 NO_x 的形成受到明显的抑制。

NO 的生成反应，当燃烧温度低于 1500℃时几乎观测不到，热力型 NO_x 的生成量极少；当燃烧温度高于 1500℃时，这一反应才变得明显，随温度升高，反应速度根据阿累尼乌斯定律，指数规律迅速增加。实验表明，温度在 1500℃附近变化时，温度每增大 100℃，反应速度将增大 6～7 倍。由此可见，温度对这种 NO 的生成有决定性的影响，故称为热力型 NO_x。

按策尔多维奇机理，燃烧过程中，氮的浓度基本上是不变的。因而，影响 NO 生成量的主要因素是温度、氧气的浓度和停留时间。综上所述，可得如下控制 NO 生成量的方法：

（1）降低燃烧温度水平；

（2）降低氧气的浓度；

（3）使燃烧在远离理论空气比之下进行；

（4）缩短在高温区的停留时间。

第二节　水泥窑氮氧化物排放量的估算

水泥行业从 2005 年才开始在少数环监部门进行 NO_x 的监测，2006 年的环境统计年报中增加了 NO_x 排放量的内容。2008 年全国污染源的普查工作也促进了 NO_x 的监测。由于是起步阶段，受条件所限，实际上很多单位没有进行实测，而是按照排放系数进行估算。

2009 年，中国建筑材料科学研究总院和合肥水泥研究设计院共同对我国有代表性的 9 座 1500～5000t/d 熟料新型干法水泥窑进行了氮氧化物排放量的检测。结果表明：

（1）$P \geqslant 5000t/d$ 熟料新型干法水泥窑的氮氧化物排放浓度平均为 $600mg/m^3$；

（2）$2500t/d \leqslant P < 5000t/d$ 熟料新型干法水泥窑的氮氧化物排放浓度平均为 $1100mg/m^3$；

（3）$P \leqslant 1500t/d$ 熟料新型干法水泥窑的氮氧化物排放浓度平均为 $1600mg/m^3$。

合肥水泥研究设计院在起草《水泥工业污染防治最佳可行技术指南》时进行了大量的调研，根据 2010 年对 150 多家水泥企业的调研，水泥厂的大气污染物基本上得到了控制，但是氮氧化物已成为主要的废气污染源。如对于每条 5000t/d 新型干法熟料水泥生产线而言，企业每年需缴纳的排污费中，NO_x 排污费约占 85%。国内新型干法窑已达 90%，但水泥工业废气脱氮技术当时还未被列入议事日程，2012 年开始，国家将水泥企业氮氧化物减排作为各级政府的首要任务。最后统计不同规模新型干法熟料水泥生产线氮氧化物排放统计见表 2-1。

表 2-1　新型干法熟料水泥生产线氮氧化物排放统计

序号	生产线规模（t/d）	条　数	排放浓度（mg/m³）		
			最小	最大	平均
1	1000	1	500～800		
2	1500	1	500～800		

续表

序号	生产线规模（t/d）	条　数	排放浓度（mg/m³）		
			最小	最大	平均
3	2500	7	698	856	792
4	4500	8	719	913	765
5	5000	6	685	831	782
		1	600～1000		
6	10000	1	525		

2012 年 3 月开始，环保部下达了修订 2004 版的《水泥工业大气污染物排放标准》的任务，在由中国环境科学院和合肥水泥研究设计院起草修订时，收集和整理了 NO_x 排放调研结果，其结果见表 2-2。

表 2-2　新型干法熟料水泥生产线 NO_x 排放调研结果

数据来源 统计项目	本次标准修订抽样调查	与 2003 年抽样调查对比	中国建材院2009 年数据	欧洲 2004 年监测数据
水泥窑数量	148	20	9	258
平均排放浓度（mg/m³）	621.5	508.6	868.7	784.9
最大值（mg/m³）	1233	920	1619.5	2040
最小值（mg/m³）	234	105	376.38	145

2012 年上半年当时国内水泥窑 NO_x 控制技术应用状况见表 2-3。

表 2-3　2012 年上半年当时国内水泥窑 NO_x 控制技术应用状况

NO_x 控制措施	样本数	平均排放浓度（mg/m³）	削减效率（%）	最大值（mg/m³）	最小值（mg/m³）
原始浓度	17	929.1	—	1827	706
低 NO_x 燃烧器	17	668.1	28.1%	798	525
分级燃烧	6	670.8	27.8%	761	520
低 NO_x 燃烧器＋分级燃烧	9	584.6	37.1%	707	470
SNCR	10	384.3	58.6%	475	267
低 NO_x 燃烧器＋SNCR	2	260.5	72.0%	273	248
分级燃烧＋SNCR	1	234.0	74.8%	—	—

此外已知水泥立窑的氮氧化物排放一般为 $360mg/m^3$，即吨熟料排放氮氧化物为 0.58kg。加权计算可得水泥工业 2009 年氮氧化物排放总平均值约为 $700mg/m^3$，如吨熟料废气量按 $1600～2000m^3$ 计，则吨熟料氮氧化物排放为 $1.12～1.40kg$。2009 年，我国熟料产量 10.1 亿吨。于是，2009 年水泥工业氮氧化物排放量估算为 113 万～141 万吨。

国家环保部公布的数据，我国 2009 年和 2010 年的 NO_x 总排放量分别是 1692.7 万吨和 2273.6 万吨，我国 2010 年水泥行业的 NO_x 总排放量 220 万吨，约占全国 NO_x 总排放量的 10%，是继火电厂、机动车之后的第三大排放源。

第三节　水泥窑脱硝技术分析

水泥窑炉降低 NO_x 的方法有两类：一类属于前期控制技术，即在水泥熟料生产过程中抑制 NO_x 的生成，称为低 NO_x 燃烧技术；另一类属于后期治理技术，即在水泥熟料烧成系统产生含有 NO_x 的烟气后，采取措施对烟气中的 NO_x 进行脱除的技术，称为烟气脱硝技术。

氮氧化物的生成与燃料种类、燃烧温度、燃烧风量、燃烧速度、燃烧控制水平等密切相关。因此，针对 NO_x 生成的原因，新型干法水泥回转窑应改进熟料煅烧设备及燃烧技术，以求在燃烧过程中减少 NO_x 的生成，减少 NO_x 的排放量，同时也减轻后面烟气脱硝的负担。

对于水泥熟料生产企业，采用低 NO_x 燃烧技术是最经济的，只需要初期投资，不需要增加运行费用，采用这种技术通常能使 NO_x 的生成量减少 20％～40％，水泥熟料生产企业应优先选择低 NO_x 燃烧技术。但即使全面采用低 NO_x 燃烧技术，新型干法水泥窑的 NO_x 排放也很难达到 $\leqslant 400mg/Nm^3$，即达到《水泥工业大气污染物排放标准》（GB 4915—2013）的要求。要进一步降低 NO_x 排放，只有采取第二类方法，即在采用第一类方法的基础上，再采用烟气脱硝技术对 NO_x 进行脱除，达到烟气净化的理想目标。

目前，可用于水泥窑炉烟气脱硝的主要技术有：选择性非催化还原技术（SNCR）和选择性催化还原技术（SCR）。选择性非催化还原技术通常可以降低 40％～70％的 NO_x 排放。选择性催化还原技术可以降低约 70％～90％的 NO_x 排放，可以满足更严格的排放标准。

第四节　水泥窑低 NO_x 燃烧技术

凡通过改变燃烧条件来控制燃烧关键参数，以抑制生成或破坏已生成的 NO_x 来达到减排目标的技术，称为低氮燃烧技术。低 NO_x 燃烧技术主要包括低氧燃烧、采用低 NO_x 燃烧器、分级燃烧、烟气再循环等，这些技术都是着力于两点：一是降低燃烧温度（或者是减少气体在高温区域的停留时间），二是降低着火区域的氧气浓度，以形成还原气氛。也就是从反应机理上改变反应条件，以不利于 NO_x 的生成。这几项低 NO_x 燃烧技术往往组合运用，脱硝效率通常可达到 20％～40％。

一、优化熟料烧成工艺，稳定烧成系统操作

正确掌握水泥窑系统的设计和操作，NO_x 的生成量是可以较好地得到控制的。因此，减少 NO_x 生成量的首要措施就是优化窑和分解炉的燃烧制度，保持适宜的火焰温度和形状，控制过剩空气量，确保喂料量和喂煤量均匀稳定，保障篦式冷却机运行良好，探求水泥窑系统的最佳操作参数。在稳定烧成系统操作的基础上，应结合原、燃料成分性能分析，尽量采用含氮元素低的原、燃料，另外应提高生料易烧性，降低熟料烧成温度，在减排 NO_x 上也会取得明显的效果。

二、采用低 NO_x 燃烧器

保持一次空气动量不变的前提下，改变燃烧器的燃料供风比例和风速，减少一次风用量。采用大推力燃烧器，增大轴流空气的喷出速度达到或超过音速，适当调节旋流空气的旋流速度，控制燃烧器火焰形状和适宜的煅烧温度，在不影响熟料质量的前提下，精心操作、适当调整窑系统的各项操作参数，就可以取得相应的 NO_x 减排效果。

Pillard & Heidelberger 水泥公司为水泥回转窑开发了一种低 NO_x 燃烧器，利用废气代替一次空气。该燃烧器有 4 个通道，其中两个是输送固体燃料的通道，可使用粉状褐煤或石油焦炭，或两者的混合物。

新燃烧器安在旋风预热器窑上，开始没有把废气引入喷嘴，排出废气中 NO_x 的量很高，月平均接近 700ppm。将废气引入喷嘴后，喷嘴各通道的参数如下：

第一通道（最外层）是轴流废气，含 O_2 为 4%～21%，风速 40～90m/s，体积占燃烧空气的 2%～5%，气温为 150～350℃。

第二通道为煤粉，风速 30m/s，一次空气量占 3.4%。

第三通道是旋流空气或废气，含 O_2 为 4.21%，风速 65～130m/s，风量占 3%～8%，气温 150～350℃。

第四通道为煤粉（或另一品种煤），风速 25m/s，风量占燃烧空气总量的 2%。

全部一次风含 O_2 为 5%～6%，占燃烧空气的 11%。采用 De-NO_x 燃烧器后，NO_x 约降低 200～250ppm，即降低 32% 左右。

三、分级燃烧脱氮技术

分级燃烧技术也称为阶段燃烧法，其主要意图在于让烧成系统的燃烧过程分几个阶段进行，而让燃烧不会同时具备过剩的空气量和高温，从而抑制 NO_x 的大量产生。

（1）分级燃烧原理

分级燃烧是将燃料、燃烧空气及生料分别引入，以尽量减少 NO_x 形成并尽可能将 NO_x 还原成 N_2。分级燃烧涉及四个燃烧阶段：

①回转窑阶段，可优化水泥熟料煅烧；

②窑进料口，减少烧结过程中 NO_x 产生的条件；

③燃料进入分解炉内煅烧生料，形成还原气氛；

④引入三次风，完成剩余的煅烧过程。

（2）空气分级燃烧

传统的燃烧器要求燃料和空气快速混合，并在过量空气状态下进行充分燃烧。从 NO_x 形成机理可以知道，空气燃烧比对 NO_x 的形成影响极大，空气过剩量越多，NO_x 生成量越大。空气分级燃烧降低 NO_x 几乎可用于所有的燃烧方式，其基本的思路是希望避开温度过高和高过剩空气系数同时出现，从而降低 NO_x 的形成。

空气分级燃烧技术是将燃烧所需的空气分级送入炉内，使燃料在炉内分级分段燃烧。燃烧区的氧浓度对各种类型的 NO_x 生成都有很大影响。当过量空气系数 $\alpha < 1$，燃烧区处于"贫氧燃烧"状态时，抑制 NO_x 的生成有明显效果。根据这一原理，把供给燃烧区的空气量减少到全部燃烧所需用空气量的 70%～80%，降低燃烧区的氧浓度，也降低燃烧区的温度水平。因此，第一级燃烧区的主要作用就是抑制 NO_x 的生成，并将燃烧过程推迟。燃烧所需的其余空气则通过燃烧器上面的燃尽风喷口送入炉膛，与第一级所产生的烟气混合，完成整个燃烧过程。

新型干法水泥熟料生产线中，分解炉内空气分级燃烧包括：空气分级将燃烧所需的空气分两部分送入分解炉。一部分为主三次风，占总三次风量的 70%～90%；另一部分为燃尽风（OFA），占总三次风量的 $10\%\sim30\%$。炉内的燃烧分为 3 个区域，即热解区、贫氧区和富氧区。空气分级燃烧是与在烟气流垂直的分解炉截面上组织分级燃烧的。空气分级燃烧存在的问题是二段空气量过大，会使不完全燃烧损失增加；分解炉会因还原性气氛而易结渣、腐蚀；由于燃烧区域的氧含量变化引起燃料的燃烧速度降低，在一定程度上会影响分解炉的总投煤量的最大值，也就是说会影响分解炉的最大产量。

空气分级燃烧是目前普遍使用的低氮氧化物燃烧技术之一。助燃空气分级燃烧技术的基本原理为：将燃烧所需的空气量分成两级送入，使第一级燃烧区内过量空气系数小于 1，燃料先在缺氧的条件下燃烧，使得燃烧速度和温度降低，因而抑制了燃料型 NO_x 的生成。同时，燃烧生成的一氧化碳与氮氧化物进行还原反应，一级燃料氮分解成中间产物（如 NH、CH、HCN 和 NH_x 等）相互作用或与氮氧化物还原分解，抑制燃料氮氧化物的生成。

$$2CO + 2NO \longrightarrow 2CO_2 + N_2 \qquad (2\text{-}3)$$

$$NH + NH \longrightarrow N_2 + H_2 \qquad (2\text{-}4)$$

$$NH + NO \longrightarrow N_2 + OH \qquad (2\text{-}5)$$

在二级燃烧区（燃尽区）内，将燃烧用空气的剩余部分以二次空气的形式输入，成为富燃烧区。此时，空气量多，一些中间产物被氧化生成氮氧化物：

$$CN + O_2 \longrightarrow CO + NO \qquad (2\text{-}6)$$

但因为温度相对常规燃烧较低，氮氧化物生成量不大，因而总的氮氧化物生成量是降低的。

（3）燃料分级燃烧

燃料分级，也称为"再燃烧"，是把燃料分成两股或多股燃料流，这些燃料流过三个燃烧区发生燃烧反应。第一燃烧区为富燃区；第二燃烧区通常为再燃烧区，空气过剩系数小于 1，为缺氧燃烧，在此燃烧区，第一燃烧区产生的 NO_x 将被还原，还原作用受过剩空气系数、还原区温度以及停留时间的影响；第三燃烧区为燃尽区，其空气过剩系数大于 1。

燃料分级燃烧技术是将分解炉分成主燃区、再燃区和燃尽区。主燃区供入全部燃料的 $70\%\sim90\%$，采用常规的低过剩空气系数（$\alpha\leqslant1.2$）燃烧生成 NO_x；与主燃区相邻的再燃区，只供给 $10\%\sim30\%$ 的燃料，不供入空气，形成很强的还原性气氛（$\alpha=0.8\sim0.9$），将主燃区中生成的 NO_x 还原成 N_2 分子；燃尽区只供入燃尽风，在正常的过剩空气（$\alpha=1.1$）条件下，使未燃烧的 CO 和飞灰中的碳燃烧完全。

新型干法水泥窑燃料分级燃烧技术是指在窑尾烟室和分解炉之间建立还原燃烧区，将原分解炉用燃料的一部分均布到该区域内，使其缺氧燃烧以便产生 CO、CH_4、H_2、HCN 和固定碳等还原剂，这些还原剂与窑尾烟气中的 NO_x 发生反应，将 NO_x 还原成 N_2 等无污染的惰性气体。此外，煤粉在缺氧条件下燃烧也抑制了自身燃料型 NO_x 产生，从而实现新型干法水泥窑生产过程中的 NO_x 减排。

基于以上分级燃烧原理，已经有不少分解炉系统供应商开发出相应分级燃烧低氮分解炉型，如丹麦 FLS 史密斯公司的低 NO_x-ILC 分解炉、OKMB 分解炉、洪堡公司的低 NO_x 分解炉、日本石川岛的 F.F 分解炉等。另外，在传统的分解炉上，也可以运用上述原理对分解炉进行分级燃烧改造，国内已做过较多尝试，效果良好。

第五节　水泥窑氮氧化物减排技术简述

一、选择性非催化还原脱硝技术（SNCR 脱硝技术）

20 世纪 70 年代初期，有技术人员研究发现，在炉膛温度 850～1100℃这一狭窄的温度范围内，在无催化剂作用下，喷入 NH_3 或尿素等氨基还原剂可选择性地还原烟气中的 NO_x，生成 N_2 和 H_2O，还原剂基本上不与烟气中的 O_2 作用，将氨作为还原剂的方法称为 Exxon 法，美国称为 De-NO_x，德国称此为热力 NO_x 法，据此将这项技术发展成为现在为世人熟悉的选择性非催化还原技术（英文名称：Selective Non-Catalytic Reduction），即为 SNCR 脱硝技术。水泥行业 SNCR 脱硝技术的工业应用是在 20 世纪 70 年代中期日本的一些水泥厂开始的，20 世纪 80 年代末一部分欧盟水泥厂也开始 SNCR 脱硝技术的工业应用。美国的 SNCR 脱硝技术在水泥工业应用是在 20 世纪 90 年代初开始的，这些应用尝试取得了成功，目前世界上水泥工业烟气脱硝装置使用 SNCR 脱硝技术的占 90％以上。SNCR 脱硝技术是一种性价比比较高、建设周期短、投资省、脱硝效率中等的烟气脱硝技术，该技术是用氨水、尿素溶液等还原剂喷入炉内与 NO_x 进行选择性反应。还原剂喷入分解炉温度为 850～1100℃的区域，还原剂迅速与烟气中的 NO_x 进行反应生成 H_2O 和 N_2，以分解炉为反应器。在温度窗口内，氨水（质量浓度为 15％～25％）或尿素溶液（质量浓度为 10％～20％）还原 NO_x 的主要反应为：

氨水为还原剂时：
$$4NH_3 + 4NO + O_2 \longrightarrow 4N_2 + 6H_2O \tag{2-7}$$

尿素为还原剂时：
$$2NO + CO(NH_2)_2 + 1/2O_2 \longrightarrow 2N_2 + CO_2 + 2H_2O \tag{2-8}$$

不同还原剂有不同的反应温度范围，此温度范围称为温度窗口。氨水的最佳反应窗口为 850～1100℃，尿素溶液的最佳反应窗口为 900～1050℃。当反应区温度过低时，反应效率会降低；当反应区温度过高时，氨会直接被氧化成 N_2 和 NO。氨的逃逸会造成新的环境污染。SNCR 烟气脱硝技术在水泥工业运用的脱硝效率一般为 40％～70％。

SNCR 脱硝技术其性能受多种因素影响，主要有温度窗口、停留时间、氨氮比（NSR）、还原剂与烟气混合的程度、烟气氛围以及还原剂种类等等。这些影响因素最关键是还原剂在合适的温度窗口喷射以及喷入的还原剂与烟气能够进行充分混合，从而实现较高的脱硝效率，提高还原剂利用率，降低还原剂耗量和尾部氨逃逸。

对于水泥窑，无论还原剂喷入分解炉或烟室之后的烟道内，较之其他大型工业锅炉，烟气在适合脱硝反应的温度窗口内停留的时间更长，且混合效果更好，从国内外工程运行的经验看，脱硝效率通常至少可以达到 40％以上。

SNCR 系统烟气脱硝过程由以下四个基本过程完成：

（1）接受和储存还原剂；

（2）还原剂的计量输出、与水混合稀释；

（3）在分解炉合适位置喷入稀释后的还原剂（喷吹位置，喷嘴数量及布置需根据数值模拟来初步确定）；

（4）还原剂与烟气混合进行脱硝反应。

较高的氨逃逸率是限制 SNCR 脱硝技术发展的制约因素之一。从 SNCR 系统逃逸的氨可能来自两种情况，一是由于喷入点烟气温度低影响了氨与 NO_x 的反应；另一种可能是喷入的还原剂过量或还原剂分布不均匀。

因此，还原剂喷入系统必须能将还原剂喷入到分解炉内最有效的部位，因为 NO_x 的分布在分解炉对流断面上是经常变化的，如果喷入控制点太少或喷到分解炉内某个断面上的氨不均匀，则会出现较高的氨逃逸量。在较大规格的分解炉中，还原剂的均匀分布则更困难，因为较长的喷入距离需要覆盖相当大的炉内截面。为保证脱硝反应能充分地进行，以最少的喷入 NH_3 量达到最好的效果，必须设法使喷入的 NH_3 与烟气良好的混合，若喷入的 NH_3 不能充分参与反应，则逃逸的 NH_3 不仅会使烟气中的粉尘容易沉积在余热锅炉尾部的受热面上，而且烟气中 NH_3 遇到 SO_3 会产生 $(NH_4)_2SO_4$，易造成余热锅炉堵塞，并有遭受腐蚀的危险。

二、选择性催化还原脱硝技术（SCR 脱硝技术）

近几年来，选择性催化还原烟气脱硝技术发展较快，在欧洲和日本得到了广泛的应用，目前选择性催化还原烟气脱硝技术主要应用于燃煤、燃油、电厂及玻璃制造等领域。

水泥工厂 SCR 脱硝技术的工艺通常为在预热器出口的管道上把烟气（300～400℃）引入 SCR 反应器，在反应器前的管道上加入还原剂氨，氮氧化物在催化剂作用下被氨还原为无害的氮气和水：

$$4NO + 4NH_3 + O_2 \longrightarrow 4N_2 + 6H_2O \tag{2-9}$$

$$4NH_3 + 2NO_2 + O_2 \longrightarrow 3N_2 + 6H_2O \tag{2-10}$$

$$NO_2 + NO + 2NH_3 \longrightarrow 2N_2 + 3H_2O \tag{2-11}$$

SCR 脱硝技术具有较高的反应效率，可以保证废气中 NO_x 浓度降到 100～200mg/Nm^3。NO_x 的减排效果高达 80％以上，但 SCR 脱硝技术需要使用和消耗价格昂贵的金属催化剂。与电力行业相比，由于水泥生产企业废气的粉尘浓度很高，碱金属含量较高，易使催化剂中毒和堵塞，一次性投资成本和运行成本均较高，因此成熟的工程实例较少。

目前，世界上流行的 SCR 脱硝技术主要分为氨法 SCR 和尿素法 SCR 两种。此两种方法都是利用 NH_3 对 NO_x 的还原作用，在催化剂的作用下将 NO_x（主要是 NO）还原为 N_2 和 H_2O。还原剂均为 NH_3，其不同点则是在尿素法 SCR 中，先利用一种设备将尿素转化为氨之后输送至 SCR 触媒反应器，它转换的方法为将尿素注入一分解室中，此分解室提供尿素分解所需之混合时间，驻留时间及温度，由此室分解出来的氨基产物即成为 SCR 的还原剂通过触媒实施化学反应后生产氮和水。尿素分解室中分解成氨的方法有热解法和水解法，主要化学反应方程式为：

热解法：
$$CO(NH_2)_2 \longrightarrow NH_3 + HNCO \tag{2-12}$$

$$HNCO + H_2O \longrightarrow NH_3 + CO_2 \tag{2-13}$$

水解法：
$$NH_2CONH_2 + H_2O \longrightarrow 2NH_3 + CO_2 \tag{2-14}$$

在整个工艺的设计中，无论采取何种原料作为还原剂，通常是先提取出氨气，然后和稀释空气或烟气混合，最后通过喷氨格栅喷入 SCR 反应器上游的烟道中。

在水泥行业脱硝项目中，SCR 反应器可以有三种不同的安装位置，即高温/高尘、高温/中尘、低温/低尘。

目前，水泥窑主流的 SCR 脱硝工艺布置是高温/高尘布置法：反应器布置在悬浮预热器之后的位置。此时，烟气中的全部粉尘均会通过反应器，反应器的工作条件是在"原始"的高尘烟气中。由于这种布置方案的烟气温度通常在 300～380℃ 的范围内，非常适合于催化剂的反应温度，所以脱硝反应的效率很高，而且增加的设备较少。

对 SCR 系统的限制因素因运行环境和工艺过程而变化。这些制约因素包括系统阻力、烟道尺寸、空间、烟气微粒含量、逃逸氨浓度控制、SO_2/SO_3 氧化率、温度和 NO_x 浓度，都影响催化剂寿命和系统的设计。因此，需要结合企业状况及政策慎重选择 SCR 脱硝技术，另外 SCR 脱硝技术在水泥工业上应用还需要在催化剂选用技术上进行优化设计。

SCR 脱硝技术与 SNCR 脱硝技术所不同的是：在烟气温度 350℃ 下使 NH_3（气体或液体）在催化剂表面与 NO_x 发生化学作用。这样不仅能消除 NO_x，同时还能消减废气中的碳氢化合物，如二氧杂环己烷和二氧己烷等。

SCR 脱硝技术的废气净化效果很好，但装备较复杂，费用也高。在热电厂的废气脱氮中应用较多。对水泥工厂来说，在国内还处于试验中。而在国外已有数家水泥企业投入了使用，国外一些著名大公司正在研究开发更经济高效的脱氮装置。

第六节 欧盟国家水泥工业氮氧化物减排概况

一、概况

在 21 世纪前几年，欧洲水泥窑排放的 NO_x 平均值为 785mg/Nm³（以 NO_2 表示），最大值 2040mg/Nm³，最小值为 145mg/Nm³。如在 2004 年，NO_x 的排放数据是从欧盟 23 个国家中的 27 个不同的厂收集来的，并通过热力替代速率来分类，且显示在图 2-2 和图 2-3 中。年平均报告是 24 小时连续测量的。测量值是以标准状态下的一立方干空气为准。

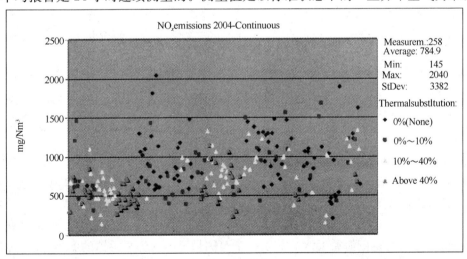

图 2-2 来自 2004 年欧盟 23 个国家和 27 个地区水泥窑的 NO_x 排放分类

在奥地利，2004 年 NO_x 排放平均值为 645mg/Nm³（年平均值，基于在标准状态下的连续测量，NO_x 排放数值的变化范围为 313～795mg/Nm³，所测为一年平均值。最高和最低数值范围在不同厂测得）。所有奥地利水泥厂使用的是基本测量技术，三台窑有火焰冷却技术，二台窑采用分级燃烧技术，五台窑装有 SNCR 技术。到 2007 年，所有奥地利水泥窑

图 2-3　通过 NO_x 标准热力替代速率将测量值分布分类［97，欧洲水泥工业协会，2007］

都装有了 SNCR 技术。

在 2006 年的德国，为了减少 NO_x 排放，有八台窑采用分级燃烧技术，34 台窑采用了 SNCR 技术。对 43 台窑测量所得到 NO_x 排放年平均值在 $200\sim800mg/Nm^3$ 范围内。自 2007 年起，由于采用国际法规，德国水泥窑 NO_x 排放必须低于 $500mg/Nm^3$。德国大多数的水泥窑都设计装有 SNCR 技术，使得 NO_x 减排效率在 $10\%\sim50\%$，NO_x 的排放低于 $500mg/Nm^3$。将各种测量技术结合起来，按照所允许的各自排放限值，能够达到日平均排放值 $200\sim500mg/Nm^3$ 的范围内。

在瑞典，自 1997 年开始，已有三个水泥厂采用了高效的 SNCR 技术。自那时起，NO_x 排放长期低于 $200mg/Nm^3$；2004 年的年平均值在 $221\ mg/Nm^3$，月平均值在 $154\sim226mg/Nm^3$ 范围内。NO_x 的负荷在 $130\sim915t/yr$。

芬兰水泥厂的 NO_x 排放，经测得年平均在 $500\sim1200mg/Nm^3$ 范围内。捷克经测得 NO_x 排放年平均在 $400\sim800mg/Nm^3$ 范围内。2001 年法国从 33 个水泥厂测得的 NO_x 排放平均值为 $666mg/Nm^3$。丹麦一个湿法长窑，采用了 SNCR 技术，NO_x 的减排效率在 $40\%\sim50\%$，所报告 NO_x 排放低于 $800mg/Nm^3$。

对于西班牙的白水泥厂，由于原料煅烧成熟料难度加大，根据结晶和矿物的情况，需要较高的火焰温度。白水泥一个特殊情况是缺少金属的熔入，导致熟料烧成温度要高于普通水泥约 150 度。较高的火焰温度导致较多的热力型 NO_x 产生。

2011 年 11 月，国家环保部考察团先后访问了意大利水泥集团位于西弗吉尼亚州马丁斯堡的 Essroc 水泥厂和德国海德堡水泥集团位于美国马里兰州佐盟桥镇的 Lehigh 水泥厂。

Essroc 水泥厂和 Lehigh 水泥厂均是设计能力为 5000t/d 新型干法水泥生产线。Essroc 水泥厂由于采用高含硫页岩作为原料，导致二氧化硫超标排放，因而安装了烟气脱硫装置，既保证了达标排放，又实现了脱硫石膏综合利用。Lehigh 水泥厂采用干化污泥颗粒作为替代燃料，同时采用 SNCR 技术对烟气进行脱硝处理。处理后 NO_x 由 0.80 kg/t 熟料下降至 0.60kg/t 熟料，实现了达标排放，但运行成本增加 0.58 美分/t 熟料，约为 3.65 元人民币/t 熟料。

为于减少或者控制 NO_x 的排放，欧洲选用一种技术方法——前端处理方法或二次处理方法，或选用这两种组合方法。

前端处理方法/技术：

① 火焰冷却，如高含水量，液体/固体废弃物；

② 低 NO_x 燃烧器；

③ 窑中燃烧；

④ 增加矿化剂来改善生料的易烧性（矿化熟料）；

⑤ 分级燃烧（常规或废弃的燃料）也可以结合预分解炉和使用优化的混合燃料；

⑥ 过程优化。

用于减少 NO_x 二次方法/技术：

① SNCR（选择性非催化还原法）技术

② SCR（选择性催化还原法）技术

2008 年统计欧盟 23 个国家和 27 个水泥厂采用安装的 NO_x 减排技术的完整的数据，显示在表 2-4 和表 2-5 中。

表 2-4　欧盟国家水泥行业的 NO_x 减排放的方法/技术

国家		减少或者控制 NO_x 排放的方法/技术				
		火焰冷却	熟料矿化	分级燃烧	SNCR	SCR
比利时	BE	2	—	—	2	—
保加利亚	BG	—	—	—	—	—
捷克共和国内	CZ	—	—	—	2[3]	—
丹麦	DK	—	2	—	1	—
德国	DE	—	—	7	33	1[1]
爱沙尼亚	EE	—	—	—	—	—
希腊	EL	—	—	1	—	—
西班牙	ES	—	4	2	3+5（试验阶段）	—
法国	FR	2	—	7	14+4[6]	—
爱尔兰	IE	—	—	1	2[5]	—
意大利	IT	2	—	7	16[1]	1[2]
塞浦路斯	CY	—	—	—	—	—
拉脱维亚	LV	—	—	—	—	—
立陶宛	LT	—	—	—	—	—
卢森堡	LU	—	—	—	—	—
匈牙利	HU	—	—	—	3	—
马耳他	MT	—	—	—	—	—
荷兰	NL	—	—	—	1	—
奥地利	AT	3	—	2	8[3]	—

减少或者控制 NO_x 排放的方法/技术

国家		火焰冷却	熟料矿化	分级燃烧	SNCR	SCR
波兰	PL	—	—	9	—	—
葡萄牙	PT	6	—	—	4	—
罗马尼亚	RO	—	—	—	—	—
斯洛文尼亚	SI	—	—	—	—	—
斯洛伐克	SK	—	—	—	—	—
芬兰	FI	—	—	—	2	—
瑞典	SE	—	—	—	3	—
英国	UK	—	—	1	9[4]	—
瑞士	CH	2	1	1	4	—
挪威	NO	—	—	—	—	—
土耳其	TR	1	1	2	—	—

1) 据报道已运行但持续报告仍不足;

2) 一号厂是从 2006 年年中开始运行,二号厂是从 2007 年开始;

3) 预定在 2008 年;

4) 在 2007 年投入运行;

5) 预定在 2007 年试车;

6) 预定在 2008 年。

表 2-5 欧盟国家水泥厂生产过程中采用的 NO_x 的减排方法/技术

方法/技术	窑炉系统的适用性	降低效率	排放数据[15]		费用数据[3]	
			mg/Nm³[1]	kg/t[2]	投资（百万欧元）	运行（百万欧元）
火焰冷却[5]	全部	0～35	基本降到<500～1000[9]	1.15～2.3	高达 0.2	高达 0.5
低 NO_x 燃烧器	全部	0～35	500～1000	1.15～2.3	高达 0.45	0.07
前端技术EGTEI2003[4]	全部	25	1400 降至 1050	2.4	0.25	0.056
窑中燃烧	长的	20～40	没有资料	—	0.8～1.7	没有资料
熟料矿化	全部	10～15	没有资料	—	没有资料	没有资料
分级燃烧	预分解炉	10～50	<450～1000[9]	1.04～2.3	0.1～2	没有资料
	预热器				1～4	
SNCR[4)5)6)12]	预热器和预分解炉	30～90[10]	<200[10)11]500[14]	0.4～1.15	0.5～1.2	0.1～1.7
	炉排预热器	35	<500[16]8005[6]	1.15～1.84	0.5	0.84

续表

方法/技术	窑炉系统的适用性	降低效率	排放数据[15]		费用数据[3]	
			mg/Nm^3 [1]	kg/t[2]	投 资（百万欧元）	运 行（百万欧元）
SCR[7]	也许是全部预热器和预分解炉	43～95[13]	＜200～500[8]	0.23～1.15	2.2～4.5	0.33～3.0

1) 一般引用日平均值，干空气，273K，101.3kPa 和 10%O_2；

2) kg/t 熟料：是以 2300m^3/t 熟料为基础；

3) 一般引用一个窑炉为 3000 吨熟料/天的产量，最初的排放浓度达到 2000mgNO_x/Nm^3；

4) EGTEI 在 2000 年为一台产量为 1100t/d 的窑炉做成本估计；

5) 在 2000 年与 ADEME 和 ATILH 等法国环保部门合作进行实验（2003 年发行）；

6) 欧洲水泥工业协会在 2006 年为减排 NO_x 而作出的贡献，年平均值；

7) 德国和意大利，费用数据以一台产量为 1500 吨熟料/天的窑炉为基础；

8) 来自德国，意大利和瑞典的初步实验结果及 2007 年（200mg/Nm^3）一个使用 SCR 的意大利水泥厂的实验结果；在 1997 年，两家欧洲供应商提供给水泥工业全尺寸 SCR 并保证性能水平在 100～200mg/Nm^3 之间；

9) 来自法国水泥厂的实验结果（工程 10），预分解窑，最初的 NO_x 水平为 1000mg/Nm^3；完成的 NO_x 水平为 800mg/Nm^3；

10) 瑞典水泥厂，年平均值，最初的 NO_x 水平为 800～1000mg/Nm^3，氨泄漏 5～20mg/Nm^3，使用高效的 SNCR 时氨泄漏是不得不考虑的；

11) 德国：日平均值为 200～350mg/Nm^3 时，氨泄漏是不得不考虑的；

12) 降低 NO_x 的排放范围也许会导致增加 NH_3 的排放（氨泄漏），这取决于未净化气流中 NO_x 的水平；

13) 示范厂的初步试验以及长期的运行结果；

14) 联合工艺综合技术；最初的 NO_x 水平为 1200mg/Nm$_3$；法国水泥工业指导的 NO_x 减排方法/技术；

15) 这一章节中的相应段落中会给出排放数据；

16) ［92，Austria，2006］，［185，Hackl und Mauschitz，2003］

二、欧盟各国各种减排技术应用

1. 火焰冷却的应用

使用不同的加注方法在燃料中或者直接对火焰加水，详见图 2-4。如单相（液体）或两相流（液体和压缩空气或固体），或者加入高水分液体/固体废物以满足降低温度和升高氢氧根自由基的浓度。这对减少燃烧区中 NO_x 有积极作用。

火焰冷却被用来减排 NO_x，根据报告，减排效率在 10%～35% 内。采用火焰冷却达到上述减排目的统计报告见图 2-5。达到 500mg/Nm^3 水平有 2 个厂，NO_x 排放在 500～800mg/Nm^3 范围内有 7 个水泥厂，NO_x 排放在 800～1000mg/Nm^3（年平均值）范围内有 11 个水泥厂。图 2-6 显示的是没有采用火焰冷却技术时，所达到的 NO_x 排放范围。还是有少部分水泥厂达到较低 NO_x 排放范围。据报道运行效果看，减排效率在 10%～35%，排放范围为 500～1000mg/Nm^3。不足的是，也许会需要额外热量用于蒸发水分，与窑炉总 CO_2 排放量相比，这样会导致稍多 CO_2 排放（大约 0.1%～1.5%），从而降低窑炉燃烧过程能源效率。让人注水会导致窑炉的运行问题，如降低熟料的产量或影响熟料质量。

火焰冷却技术能够应用于水泥工业所有窑型。详见图 2-7，将近 40 台悬浮预热器窑装备

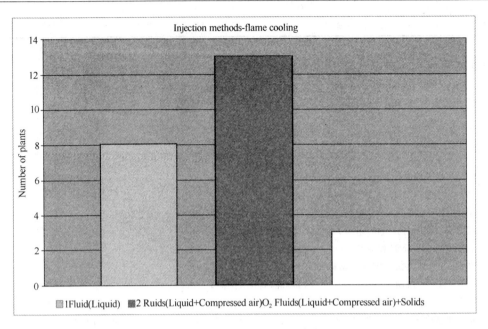

图 2-4　欧盟水泥厂中用于火焰冷却加注方法

注：蓝柱代表单相流体（液体），红柱代表两相流体（液体＋压缩空气），白柱代表多相流体（液体＋压缩空气）＋
固体，纵轴为工厂的数量。

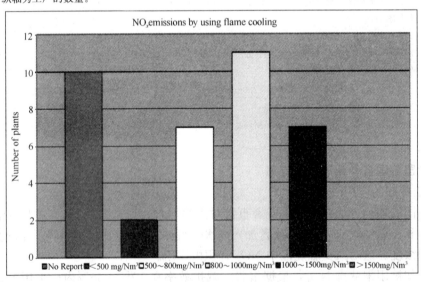

图 2-5　欧盟 23 国一些水泥厂使用火焰冷却达到的 NO_x 排放范围

有火焰冷却技术。

2. 低 NO_x 燃烧器的应用

设计低 NO_x 燃烧器时在细节方面存在差异，但是本质上都是通过同心管将燃料和空气注入窑炉。为了按计量燃烧（传统燃烧器的代表值为 10％～15％），一次空气比例要求减小为 6％～10％。在外通道内轴向空气在高动能下被注入。煤会通过中心管或中间通道通入。第三通道是用于涡旋空气的，它的旋涡是由装在燃烧管出口处的叶片诱发的。

这种燃烧器设计的净效应是为了产生提前点火，尤其是对燃料中的挥发性混合物，在缺

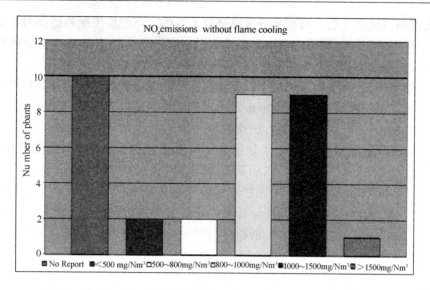

图 2-6　欧盟 23 国一些水泥厂未使用火焰冷却达到的 NO_x 排放范围

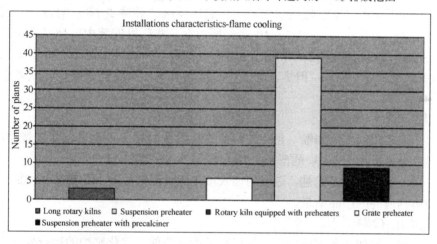

图 2-7　欧盟国家的火焰冷却技术安装特性

注：蓝柱代表长回转窑，绿柱代表悬浮预热器，红柱代表带预热器的回转窑设备，白柱代表炉
箅预热器，紫柱代表预分解悬浮预热器，纵坐标为工厂数量。

氧环境下这将会利于减少 NO_x 的生成。

　　低 NO_x 燃烧器可以用于所有的回转窑，用于窑及分解炉中。然而，应用低 NO_x 燃烧器常常不是总有 NO_x 减排的效果。

　　燃烧器的设置必须优化。如果初期的燃烧器在低百分比的一次空气下运行，燃烧器低 NO_x 效果将微弱。

　　3. 分级燃烧的应用

　　分级燃烧技术一般只用于带有预分解炉的窑。许多厂对没有预分解炉的旋风预热器进行改造。如果没有与增产结合，制造商会提供一个带有三次风管的微型分解炉的解决方案。这种情况下，只有一小部分热量，约占窑总需热量的 10%～25%，通过分解炉，但是这已足够为分解氮氧化物产生一还原区。

成块废燃料（例如轮胎）可能是分级燃烧技术变体，当成块废燃料燃烧时，建立起一个还原区。在窑炉的预热器/预分解炉中，成块废燃料可以从窑炉出口或者预分解炉引进。据报道，成块废燃料的燃烧对 NO_x 的减少有明显效果（降幅为 20％～30％）。

根据西班牙经验，在多阶段燃烧下以及使用适当的混合燃料时，例如高热燃料，经优化的现代工厂获得 NO_x 排放水平在 $450mg/Nm^3$（日平均值）以下，然而使用低热燃料也许会得到 $800～1000mg/Nm^3$（日平均值）的排放水平。

2002 年在法国测试期间（例如预分解器在阶段燃烧过程时 100％使用硫化焦油），在 NO_x 初始水平为 $1000mg/Nm^3$ 下，成功获得 NO_x 降幅约为 $200mg/Nm^3$。然而，这仅仅是在测试的短周期中获得，而且为了可燃性使用了最佳的生料。更多恶劣运行条件也许会允许获得低的 NO_x 排放水平，然而，这些运行条件往往会导致运行问题，例如增加窑炉和分解炉中的结皮。随着相对短的停留时间和没有优化燃烧，CO 排放会增加，却只有很少的工厂在设计时注意到这点。

在英国，长窑和中窑的阶段燃烧已经运行了很多年。

4. 中窑烧制的应用

在长湿窑和干窑中，由燃烧块状燃料产生的还原区能够减少 NO_x 的排放。因为长窑往往不能够进入到约为 900～1000℃的温度带，所以在一些厂里安装中窑烧制系统是为了使用那些不能通过主燃烧器的废燃料（例如轮胎）。据报道，在某些情况下有些设备的存在会使 NO_x 的排放减少 20％～40％。但是，废燃料的燃烧速率会导致链条被烧坏或者会影响产品的质量。

5. 矿化熟料

给原料添加矿化剂，例如氟，是一种调整熟料质量的技术，也可以降低烧结区的温度。降低燃烧温度也可以减少 NO_x 的形成。NO_x 的减少量可能介于 10％～15％，但是据报道 50％的减少量也是可能的。但是，过多的加入氟化钙可能会导致 HF 排放的增加，降低能量需求，从而影响最终的产品质量。

6. 工艺优化（NO_x）

过程的优化，例如缓和和优化窑炉的运行及煅烧条件，优化窑炉的运行控制或者均化燃料的供给，能够减少 NO_x 的排放。一般已经被应用的优化方法/技术有过程控制方法/技术、改良间接点火技术、优化冷却器连接和燃料选择以及优化含氧量。在欧洲，直到 2007 年，才观测到使用过程控制方法/技术来降低 NO_x 排放的效果。

7. 选择性非催化还原法（SNCR）

在 2008 年，欧洲国家中有将近 100 个大型 SNCR 设备投入运行。选择性非催化还原法（SNCR）包括注入氨水（高于 25％的 NH_3），生成氨的化合物或者尿素溶液进入燃烧气体中来使 NO 变为 N_2。这个反应在温度为 830～1050℃时达到最佳效果，而且为了保证注入的药剂与 NO 反应必须有充分的停留时间。

室内试验和大型化尝试一样都必须以运行来确定尿素和氨水的最优化温度窗口。准确的温度窗口往往在悬浮预热窑炉、预分解窑以及立波尔窑中获得。然而，也有厂家使用配备有 SNCR 的长回转窑来减少 NO_x 的排放。图 2-8 给出了应用 SNCR 的水泥厂特性概述。

8. 选择性催化还原（SCR）

（1）概况

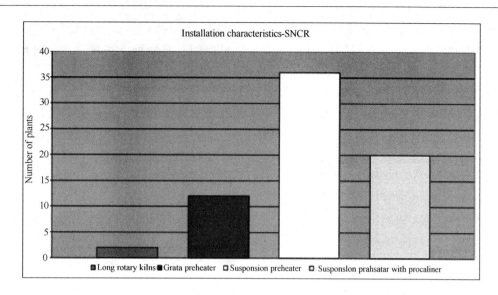

图 2-8　应用 SNCR 技术欧盟水泥厂特征 [85, CEMBUREAU, 2006]

注：蓝柱代表长回转窑，红柱代表炉篦预热器，黄柱代表悬浮预热器，绿柱代表有预分解器的悬浮预热器，纵轴为厂子的数量。

SCR 法可将 NO 和 NO_2 转化为 N_2。这种技术广泛用于其他行业氮氧化物的去除中（燃煤电厂，垃圾焚化炉）。在水泥行业，主要考虑两个系统：除尘单元和烟道之间的低粉尘配置，预热器和除尘单元的高粉尘配置。低粉尘尾气系统要求除尘后的废气要进行预热，这可能导致额外的能源消耗和压力损失。高粉尘系统在考虑到技术和经济因素时被认为是最好的。这些系统不需要预热，因为在预热器系统的出口废气温度通常是在 SCR 操作的适宜温度范围内。

通过 SCR 高粉尘系统可以减少 85%～95%氮氧化物排放量，到 2008 年，只有高尘系统在水泥行业进行了测试。

2008 年在欧盟 27 国，共有两个完整的规模化生产经营已经实行，为消除技术和经济前景不明确因素，通过试验 SCR 技术来积累经验。主要的不确定因素涉及气体中高达 100g/Nm^3 高粉尘浓度、除尘措施/技术、类型和催化剂的寿命，总投资和运行成本。经验还表明，适当的设计和化学催化剂的组成是非常重要的。

SCR 对水泥工业来说是一个有趣的技术。在欧洲至少有两个供应商为水泥行业提供有完整规模的 SCR 并保证排放浓度为 100～200mg/Nm^3。然而，SCR 费用开支仍然高于 SNCR。

由于催化剂也去除碳氢化合物，如果该技术是专为 SCR 设计，一般而言，还可以减少 VOC 和 PCDD/Fs 的排放量。

因为 SCR 反应器内部的除尘系统和额外的压力损失，电力能源的需求可能增加。低粉尘尾气排气系统需要加热除尘后的气体，这可能导致额外的能源消耗和压力损失。催化剂必须回收或处置。

（2）应用

SCR 技术的使用结果表明，费用为 1.25～2.00 欧元/吨，取决于工厂规模和脱硝效率要求。SCR 技术和 SNCR 技术相比，占主导地位的是投资成本，投资成本是 SNCR 系统 4～9 倍。催化剂的使用增加了运行成本。此外，能源消耗主要取决于压降和清洁催化剂的空气。具体的 SCR 费用已经下降到每吨 1.75 欧元左右。

瑞典斯利特的 CementaAB 公司，有一个 5800 吨熟料/日新型干法预热器分解窑。1993年，他们运行的高粉尘 SCR 法试点，同时也设有 SNCR 法，大约一年时间就得出了全套 SCR 法和 SNCR 法安装成本。这意味着经过 SCR 处理后初始氮氧化物的浓度低于 200 mg/Nm^3。投资成本估计为 1120 万欧元，运行成本约每吨熟料 1.3 欧元，总成本 3.2 欧元每吨熟料。SCR 法去除附加每公斤氮氧化物的费用为 5.5～7.3 欧元。3000 吨熟料/天预热器窑投资成本估计为 3.5～450 万欧元。可行性研究已经在奥地利、德国、荷兰和瑞典进行。SCR 技术在水泥行业中费用差别很大，生产成本和催化剂寿命是主要影响因素。

9. 各种 NO_x 减排方法/技术的费用数据实例

表 2-6 为某参考水泥厂的 NO_x 减排方法/技术的成本计算，该厂的生产量代表 1995 年欧洲 15 国的平均生产能力（1100t/d），以及不同生产量的范例工厂。通过调研所得的 NO_x 减排方法/技术为 SNCR（选择性非催化还原法）和 SCR（选择性催化还原法）。

表 2-6　各种 NO_x 减排方法/技术的费用实例

参　数	单位	减排方法/技术[1]				
		NO_x 主要方法/技术[0]	火焰冷却[8]	阶段燃烧[7]	SNCR[0]	SCR
参考设施的描述	—	—	—	—	—	—
生产能力	每吨熟料/d	1100	3000	3000	1100	1500[7]
生产能力	每吨熟料/yr	352000	—	35	—	—
寿命	yr	35			35	
设备利用率	h/yr	7680			7680	
投资成本	EUR 百万	0.25	高达 0.2	0.1～2[8] 1～4[9] 15～20[10]	0.6	—
特定投资成本	EUR/吨熟料	—		—	0.08～0.14[7]	0.83～0.87[7]
年度资本成本	k EUR					
利率	%/100/yr	4			4	
控制设备的寿命	yr	8			10	
总计	k EUR	37.13			166.97	
总计	k EUR/吨熟料	1.05E－04	高达 2.5E－04	70	4.74E－04	—
固定运营成本	%/yr[2]	4			4	
总计	k EUR	10			24	

续表

参　数	单位	减排方法/技术[1]				
	—	NOx 主要方法/技术[0]	火焰冷却[8]	阶段燃烧[7]	SNCR[0]	SCR
总计	k EUR/吨熟料	2.84E−05	—	—	6.82E−05	—
可变运营成本	k EUR/吨	2.64E−05	—	—	5.69E−04	—
每吨熟料的成本	k EUR/吨熟料	1.60E−04	—	—	1.11E−03	—
减少每吨 NOx[2] 的费用	k EUR/吨 NOx 减少量	—	—	—	330~450[7]	470~540[7]
未衰减的排放系数[1]	吨 NOx/吨熟料	0.00322 1400 mg/Nm³	—	—	0.002415 1050 mg/Nm³	—
衰减率[1]	%	25	—	—	62	—
总计	k EUR/吨 NOx 减少量	0.2	—	—	0.74	—
催化剂更换成本	EUR/吨熟料	—	—	—	—	0.01~0.13[7]
可变运营成本的测定						
电力成本[3]	—	—	—	—	—	—
附加电力需求 (λe)[4]	kWh/吨熟料	0.44 20kW	—	—	0.13 5.96kW	—
电价 (ce)	EUR/ kWh	0.0569	—	—	0.0569	—
总计	k EUR/吨熟料	2.48E−05	—	—	7.40E−06 0.03~0.06[7]	0.01~0.11[7]
氨气成本[6]	—	—	—	—	—	—
氨水储量	EUR 百万	—	—	—	—	—
efunabated	吨污染物/吨熟料	—	—	—	0.002415	—
NH₃/NOx (mol/mol) NOx 排放率	—	—	—	—	1.5	—
特定 NH₃ 需求量 (λs)	t/t 已去除的污染物	—	—	—	0.89	—
NH₃ 价格 (cs)	k EUR/吨熟料	—	—	—	0.26~0.64[7] 400	0.13~0.26[7]
去除效率 (η)	%/yr[2]	—	—	—	62	—
总计	k EUR	—	—	—	5.36	—
劳力成本[5]	k EUR/吨熟料	—	—	—	—	—
劳力需求 (λl)	k EUR/吨熟料	7.10E−07	—	—	7.10E−07	—
工资 (cl)	k EUR/吨 PM 减少量	37.234	—	—	37.234	—

NOx 减排方法/技术的投资和成本

33

NOₓ 减排方法/技术的投资和成本

参 数	单位	减排方法/技术[1]				
	—	NOₓ 主要方法/技术[0]	火焰冷却[8]	阶段燃烧[7]	SNCR[0]	SCR
总计	吨 PM/吨熟料	2.64E−05	—	—	2.64E−05	—
合计可变运营成本	吨 PM/吨熟料	2.48E−05	—	—	5.69E−05 0.30~0.70[7]	0.33~0.70[7]
合计成本（投资和运营）	k EUR/吨 PM 减少量	—	—	—	0.38−0.62[7] 0.85[11]	0.83~0.87[7] 2.3[11]

k EUR＝ 千 EUR

0) 2000 年的数据，引用生产量为每天 1100 吨的水泥厂，代表 1995 年欧洲 15 个国家的平均值；

1) 10％的 O_2 和干燥气体；

2) 对于投资；

3) 电力成本＝$\lambda^e \cdot c^e/10^3$ （k EUR/t）；

4) 附加电力需求＝新总消耗量－旧总消耗量；

5) 劳力成本＝$\lambda^l \cdot c^l$ （k EUR/t）；

6) 氨气＝$\lambda^d \cdot c^e \cdot ef_{unabated} \cdot \eta/10^3$ （k EUR/t）；

  $ef_{unabated}$：污染物中为衰减的排放系数 （t 污染物/t）；

  λ^d：粉尘去除要求 （t/t 去除的污染物）；

  c^d：特定粉尘处理成本 （EUR/t）；

  η：去除效率 $[=(1- ef_{unabated}/ ef_{unabated}]$；

7) 德国，取决于 NOₓ 浓度，降低到 500 或 200mg/Nm³；

8) 回转式窑炉；

9) 一个 3000t/d 带有篦式冷却机的预热窑炉变成回转式窑炉；

10) 将一个带有多筒冷却器的 3000d/t 的预热窑炉转换成带有篦式冷却机的回转式窑炉；

11) 澳大利亚

上表中可变操作成本包括电力和劳力费用以及用于 SNCR 的氨气的费用，这些都分别在此表中加以描述。此外一家德国工厂的 SNCR 和 SCR 减少 NOₓ 排放的方法/技术费用比较见表 2-6。不同浓度 NOₓ 的投资和运行成本预算都已得出，即 200 和 500mg/Nm³。SNCR 和 SCR（包括更换催化剂）的运行费用——粗略估计与 NOₓ 目标浓度为 500mg/Nm³ 时的费用相同，其用于 SCR 的特定费用大约比 SNCR 高 50％。对于 NOₓ 目标浓度为 200mg/Nm³，SCR 的运行成本似乎更有效，但是总特定费用仍然与 SNCR 处于同一水平。

第三章 选择性非催化还原法(SNCR) 烟气脱硝技术

第一节 SNCR 烟气脱硝技术原理

SNCR 技术是 Selective Non-Catalytic Reduction 的缩写，中文名称为选择性非催化还原。20 世纪 70 年代初期，有技术人员研究发现，在炉膛温度 800～1100℃这一狭窄的温度范围内，在无催化剂作用下，喷入 NH_3 或尿素等氨基还原剂可选择性地还原烟气中的 NO_x，生成 N_2 和 H_2O，还原剂基本上不与烟气中的其他成分发生作用。作为脱硝方法的一种，选择性非催化还原（SNCR）工艺被广泛应用于燃烧系统中以减少 NO_x 的排放。SNCR 过程不需要催化剂参与，因此脱硝还原反应的温度比较高。

SNCR 工艺是一种性价比较高的、建设周期短、投资省、脱硝效率中等的烟气脱硝技术，也属于末端治理技术。SNCR 技术是用氨水、尿素溶液等还原剂喷入炉内与 NO_x 进行选择性反应，还原剂喷入烟气温度合适的区域，还原剂迅速与烟气中的 NO_x 进行反应生成 H_2O 和 N_2。在温度窗口内，氨水（质量浓度 15%～25%）或尿素溶液（质量浓度 10%～20%）还原 NO_x 的主要反应为：

氨水为还原剂

$$4NH_3 + 4NO + O_2 \longrightarrow 4N_2 + 6H_2O \tag{3-1}$$
$$4NH_3 + 2NO_2 + O_2 \longrightarrow 3N_2 + 6H_2O \tag{3-2}$$

尿素为还原剂

$$2CO(NH_2)_2 + 4NO + O_2 \longrightarrow 3N_2 + 2CO_2 + 4H_2O \tag{3-3}$$
$$6CO(NH_2)_2 + 8NO_2 + O_2 \longrightarrow 10N_2 + 6CO_2 + 12H_2O \tag{3-4}$$

一、氨作为还原剂原理

经典理论认为当以氨为还原剂时，SNCR 脱除 NO 的详细反应机理是由 NH_3 转化为 NH_2 基元开始的，在此过程中，OH 是关键的基元。在过低的温度（低于 1000K）下，反应过程中不能产生足够的 OH，导致 OH 基元湮灭，SCNR 反应无法进行；合适的温度（1250K 左右，约 150K 的区间温度范围）下，随着 OH 基元的增加，NH_3 大量转化为 NH_2，引发 SNCR 链式反应，主要反应途径见图 3-1，随着温度升高，反应产生的 OH 基元

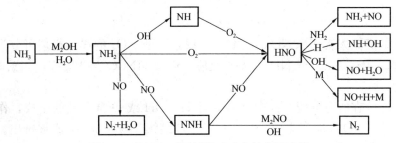

图 3-1 以氨为还原剂脱硝反应的主要途径

积累，大量的 OH 会使 NH_2 基元继续脱氢形成 NH、N 等，这些基元则会被烟气中的氧氧化成 NO_x，从而导致加入的氨不能降低 NO_x 反而增加 NO_x 的量。

NO 脱除是从 NH_3 生成 NH_2 自由基开始的，反应式为：

$$NH_3 + OH \rightleftharpoons NH_2 + H_2O \qquad (3\text{-}5)$$

当不存在水蒸气时，NH_2 也可通过 NH_3 与 O 原子反应生成，反应式为：

$$NH_3 + O \rightleftharpoons NH_2 + OH \qquad (3\text{-}6)$$

NH_2 基对 NO 有很强的还原性，导致即使在氧化性气氛下，也可在适宜的温度内达到总体还原 NO 的效果。机理可由 OH 基浓度的变化或由链终止还是支链反应占主导地位来决定。NO 首先由以下反应脱除：

$$NH_2 + NO \rightleftharpoons N_2 + H_2O \qquad (3\text{-}7)$$

$$NH_2 + NO \rightleftharpoons NNH + OH \qquad (3\text{-}8)$$

由于反应（3-7）和反应（3-8）取决于由反应（3-5）和反应（3-6）生成的 NH_2，因此，反应程度取决于 OH 和 O 的浓度。在机理中，由于反应：

$$NNH + NO \rightleftharpoons N_2 + HNO \qquad (3\text{-}9)$$

$$HNO + M \rightleftharpoons H + NO + M \qquad (3\text{-}10)$$

上述反应生成的 H 与 O_2 反应生成 OH 与 O，反应式为：

$$H + O_2 \rightleftharpoons OH + O \qquad (3\text{-}11)$$

氧（O）或使反应（3-6）继续进行，也可在 H_2O 的存在下继续反应生成 OH，反应式为：

$$O + H_2O \rightleftharpoons OH + OH \qquad (3\text{-}12)$$

可见，OH 就是整个反应机理中的链载体，在每个反应链的四分之一周期中，只要有支链反应发生，生成 OH，整个反应就可以维持下去。

二、尿素作为还原剂反应过程

尿素还原 NO_x 的反应是尿素还原和被氧化的两类反应相互竞争的结果，总包反应为：

$$CO(NH_2)_2 + H_2O \longrightarrow 2NH_3 + CO_2 \qquad (3\text{-}13)$$

$$4NH_3 + 4NO + O_2 \longrightarrow 4N_2 + 6H_2O \qquad (3\text{-}14)$$

$$8NH_3 + 6NO_2 \longrightarrow 7N_2 + 12H_2O \qquad (3\text{-}15)$$

在尿素还原 NO_x 的同时，也会发生从尿素溶液挥发出来的 NH_3 分子与 O_2 的反应：

$$4NH_3 + 5O_2 \longrightarrow 4NO + 6H_2O \qquad (3\text{-}16)$$

$$4NH_3 + 3O_2 \longrightarrow 2N_2 + 6H_2O \qquad (3\text{-}17)$$

在大多数的高温尿素还原 NO 的研究中，尿素还原 NO_x 的详细机理可分为以下三个部分：尿素分解、NH_3/NO（或 NH_2/NO）反应，以及 HNCO/NO 反应，如图 3-2 所示的主要反应途径。

尿素还原 NO 在所有反应途径中都需要有 H、OH 或 O 自由基的生成，作为链载体驱动反应连续进行。NO 反应产生 N_2 和 N_2O，N_2O 继续反应生成 N_2 或被排出。在相当高的温度下，含氮自由基可能被氧化生成附加 NO；在低温下反应链无法生成足够多的自由基来

图 3-2　尿素为还原剂脱硝过程的主要反应途径

维持 NO 脱除转化过程。目前，详细的尿素分解以及尿素与 NO 的反应机理还没有完全被人们所认知。

第二节　水泥窑常用 SNCR 工艺系统

在 20 世纪 70 年代中期日本的一些水泥厂开始水泥窑 SNCR 的工业应用研究，并于 1979 年第一次在水泥工业的回转窑上进行了 SNCR 技术脱硝试验，20 世纪 80 年代末一部分欧盟水泥厂也开始 SNCR 技术的工业应用。美国的 SNCR 技术在水泥工业应用是在 20 世纪 90 年代初开始的，这些应用尝试取得了成功，目前世界上水泥工业烟气脱硝装置使用 SNCR 工艺的占 90％以上。我国目前水泥生产基本都采用新型干法熟料水泥生产线。窑外分解技术是目前先进和主流的水泥生产工艺，典型的窑外分解技术的热工设备包括窑、分解炉和预热器。煤粉和助燃空气由喷煤嘴喷出在窑内燃烧，火焰温度约 1800 ℃，窑内烟气温度约 1400 ℃，窑内煅烧产品温度约 1450 ℃，分解炉处烟气温度约 880 ～980 ℃。

SNCR 的硬件设备的安装相对比较简单而易于完成。SNCR 系统施工工期短，而且对于炉窑需要的停工期很短。虽然在概念上比较简单，但是在实际设计 SNCR 系统时比较关键的问题是系统可靠、经济、控制简单，并且和其他的技术、环境、调整标准相适合。从其控制 NO 生成原理来看，SNCR 脱硝技术可用于分解炉和回转窑煤粉燃烧过程中 NO 的控制口，即在窑尾分解炉及上升烟道某些部位喷入氨水或尿素溶液，在合适的反应温度下，使烟道中的 NO 得到还原，生成 N_2 和 H_2O，这样就可以大幅度地降低 NO_x 排放浓度，使 NO_x 排放浓度降低。目前，这种技术在水泥行业得到了较广泛的推广。在应用中，水泥窑 SNCR 系统的工艺布置有以下三种：单独 SNCR 系统工艺；与低氮燃烧工艺（LNB）联合应用；与 SCR 技术联合应用。

一、单独 SNCR 系统工艺

目前单独使用 SNCR 系统进行脱硝是水泥窑脱硝最常见的一种方式，原因是 SNCR 脱硝系统的建设为一次性投资，运行成本低。在脱硝过程中不存在增加系统的压力损失等其他烟气脱硝技术引起的弊端；SNCR 脱硝系统的设备占地面积小，整个反应过程都在炉窑内部进行，不需要另外设立反应器；SNCR 脱硝受烟气条件、反应区尺寸等因素影响较大，脱硝效率一般在 40％～70％之间，能满足环保标准要求。一套完整的水泥窑 SNCR 脱硝系统一般由以下部分组成：

（1）还原剂储存区；

（2）喷射系统

（3）电气、控制系统；

（4）CEMS 系统；

（5）防护系统。

SNCR 系统烟气脱硝过程是由下面四个基本过程完成：

（1）接收和储存还原剂；

（2）还原剂的计量输出、与水混合稀释；

（3）在分解炉合适位置喷入稀释后的还原剂（喷吹位置、喷嘴数量及布置需根据数值模拟来初步确定）；

（4）还原剂与烟气混合进行脱硝反应。

图 3-3 为以尿素溶液为还原剂的 SNCR 系统一般流程图，图 3-4 为以尿素溶液为还原剂的 SNCR 系统流程示意图。

图 3-3　以尿素溶液为还原剂的 SNCR 系统一般流程图

系统主要工作流程：还原剂经过输送泵组的加压、计量和控制后进入混合器。来自厂区的工艺水注入稀释水储罐，出稀释水储罐的稀释水经稀释水输送泵组的加压、计量和控制后进入混合器。根据窑系统运行工况，进入混合器的还原剂和稀释水调配、混合成合适浓度的还原剂溶液，分配到安装在分解炉上的喷枪组。喷雾系统采用空气介质雾化内混式喷枪，将还原剂雾化成平均粒径为几十微米的细小液滴，增大烟气 NO_x 与还原剂液滴之间的汽液传质面积，加快反应速度，提高反应效率。喷枪围绕分解炉周向均布，通常布置两层喷枪组，每组设置 4～6 支喷枪（视窑系统规模），以保证更高的脱硝效率，整个喷雾系统都有自反馈和自动调节功能。

图 3-4　以尿素溶液为还原剂的 SNCR 系统流程示意图

二、低氮燃烧（LNB）＋ SNCR 联合应用

20 世纪 90 年代后期，一些研究者将 SNCR 技术和再燃、空气分级燃烧技术有机结合起来，以比较低的代价达到脱硝率的进一步提高。分解炉与电厂的煤粉锅炉有很大不同，在分解炉内能做到降低 NO_x 与生产工艺的相容性，分解炉的分级燃烧降低 NO_x 的作用大小，关键还在合理结构的确定，以及低氮控制与水泥熟料煅烧的平衡点。分解炉部位有很大的可调节性。可以处置回转窑内产生的绝大部分 NO_x，同时可以和生料煅烧的热力要求结合起来，使水泥的生产过程和氮氧化物的降低有机结合。目前通过低氮燃烧降低水泥窑氮氧化物初始浓度，再使用 SNCR 进行脱硝的工艺系统已在国内很多水泥生产线应用，其最大的优点是通过前段低氮燃烧降低了初始氮氧化物浓度，从而减少了后段 SNCR 系统还原剂的喷入量，降低了 SNCR 系统的运行成本。

目前，分解炉分级燃烧技术包括空气分级燃烧和燃料分级燃烧。空气分级燃烧是指将燃烧所需的空气量分成两级送入，使第一级燃烧区内过剩空气系数 α 在 0.8 左右，燃料先在缺氧的富燃料条件下燃烧，使得燃烧速度和温度降低，且燃烧生成的 CO 与 NO 进行还原反应。将燃烧用空气的剩余部分输入二级燃烧区内，保证燃料的完全燃烧。燃料分级燃烧是指在烟室和分解炉之间建立还原燃烧区，将原分解炉用燃料的一部分均布到该区域内，使其缺氧燃烧以便产生 CO、CH_4、H_2、HCN 和固定碳等还原剂。这些还原剂与窑尾烟气中的 NO_x 发生反应，将 NO_x 还原成 N_2 等气体。此外，煤粉在缺氧条件下燃烧也抑制了自身燃料型 NO_x 的产生，从而实现水泥生产过程中的 NO_x 减排。

三、SNCR-SCR 联合脱硝工艺

在水泥窑排放标准严格的地区，SCR/SNCR 联合，是一种经济节省的技术，通过增加 SNCR 的氨还原剂的喷入量，提高廉价的 SNCR 技术的脱硝效果，同时尾部产生的氨泄漏由 SCR 催化器进行脱除。也可采用单独为后段 SCR 设置喷氨系统的方案。在达到同样脱硝率的情况下可以减少 SCR 催化剂的尺寸。SNCR/SCR 联合脱硝工艺是把 SNCR 工艺的低投资费用特点同 SCR 工艺的高效率及低的氨逃逸率进行有效结合。该联合脱硝工艺于 20 世纪 70 年代首次在日本的一座燃油装置上进行试验，试验表明了该技术的可行性。理论上，

SNCR 工艺在脱除部分 NO_x 的同时也为后面的催化法脱硝提供所需要的氨。SNCR 体系可向 SCR 催化剂提供充足的氨，但是控制好氨的分布以适应 NO_x 的分布的改变却是非常困难的。为了克服这一难点，混合工艺需要在 SCR 反应器中安装一个辅助氨喷射系统。准确地试验和调节辅助氨喷射可以改善氨在反应器中的分布。

第三节　SNCR 技术用于水泥窑的几个基本概念

准确理解和把握以下水泥窑 SNCR 技术相关的基本概念和术语，有利于更好地掌握水泥窑 SNCR 烟气脱硝技术。

一、选择性非催化还原法（SNCR）

选择性非催化还原法（SNCR）是指利用还原剂在不需要催化剂的情况下有选择性地与烟气中的氮氧化物（NO_x，主要是 NO 和 NO_2）发生化学反应，生成无害的氮气和水，从而脱除烟气中 NO_x 的方法。在水泥窑上 SNCR 系统还原剂喷射点位一般设置在窑尾预热器分解炉部分相关位置。

二、还原剂

还原剂是指烟气脱硝工艺中用于脱除氮氧化物的物质。

适用于 SNCR 工艺的还原剂一般是一些含氨的氨基物质，包括氨水、尿素、液氨、氰尿酸和各种铵盐等。

水泥窑脱硝工艺中常用的还原剂为氨水、尿素溶液。

三、氨逃逸率

SNCR 系统在正常运行时，喷入炉膛内的还原剂不能全部与 NO_x 进行反应，未参加化学反应的还原剂随烟气从炉膛的出口被带入到下游工艺过程中最后排到大气中，这种现象称为氨的逃逸。

水泥窑 SNCR 工艺中通常所说的氨逃逸率是指窑尾烟囱排放口处烟气中氨的浓度（单位 mg/Nm^3），转换成 10％ 氧量、标态、干基的数值。

氨逃逸率是脱硝系统性能的重要指标之一，在实际工程中氨的逃逸量一般采用烟气氨分析仪在系统的出口测量得出。通常氨逃逸率越小越好，氨逃逸率过高增加了脱硝系统运行成本，在一定情况下对下游设备会有影响。另外，多余的 NH_3 逃逸进入大气，也造成了对空气的污染。

目前最新的《水泥工业大气污染物排放标准》（GB 4915—2013）对水泥窑脱硝系统氨逃逸有了明确的控制指标，水泥窑 SNCR 脱硝系统氨的逃逸率应控制在 $10mg/Nm^3$（标态）以下。

四、系统可用率

系统可用率是指脱硝系统每年正常运行时间与水泥窑系统每年总运行时间的百分比，可按下列公式计算，即：

$$可用率 = \frac{B}{A} \times 100\% \qquad (3-18)$$

式中　A——水泥窑每年的总运行时间，h；

　　　B——SNCR 脱硝装置每年运行时间，h。

五、脱硝效率

脱硝效率是指脱除的 NO_x 量与未经脱硝前烟气中所含 NO_x 量的百分比，计算式为：

$$脱硝效率 = \frac{C_1 - C_2}{C_1} \times 100\% \tag{3-19}$$

式中 C_1——脱硝前烟气中 NO_x 折算浓度（干基、10% O_2、以 NO_2 计，标态），mg/Nm^3；

C_2——脱硝后烟气中 NO_x 的折算浓度（干基、10% O_2、以 NO_2 计，标态），mg/Nm^3。

脱硝效率是脱硝系统性能的重要指标之一，在实际水泥窑脱硝工程中用 NO_x 分析仪通过测量脱硝系统投运前后的 NO_x 浓度，经 DCS/PLC 控制系统计算比较后将信号反馈给氨流量调节阀，回流阀根据反馈信号来控制喷入分解炉反应区的氨量，从而保证设计的脱硝效率，以及排放指标。

六、温度窗口

SNCR 其反应的能量必须来自高温加热，NH_3 基还原剂还原 NO 的反应只能在 800～1050℃的温度区间内才能以一个合适的速率进行，一般称这个温度范围为 SNCR 反应"温度窗口"。

NO_x 的还原是在特定的温度下进行的，这个温度能够提供所需要的热量。在较低的温度下，反应速率非常慢，会造成大量氨逃逸，在高温情况下，氨会氧化生成 NO_x。根据试验及目前水泥窑 SNCR 工程实践对以氨水作为还原剂的水泥窑 SNCR 系统来说，理想的温度是 850～1100℃，对于以尿素溶液作为还原剂的 SNCR 系统来说，理想的温度范围是 900～1050℃，在理想的温度范围内将还原剂注入进行还原，反应可以顺利高效地进行。根据水泥窑生产情况，窑尾分解炉处的温度符合 SNCR 反应的温度窗口。同时，经过试验研究，在还原剂中还可以添加一些附加成分以扩大还原的温度范围。一般来说，SNCR 反应的温度窗口制约了喷射点位的选择。

七、停留时间

SNCR 技术原理是基于化学反应之上，任何化学反应都需要时间，还原剂必须与氮氧化物在合适的温度区域内停留一定的时间，才能保证烟气中的氮氧化物还原率。整个 SNCR 反应过程必须在还原剂离开温度窗口前完成，这样才能达到理想的脱硝效果。以尿素溶液为例，反应主要包括以下几个过程：

（1）从喷枪中喷出的尿素溶液与烟气混合；

（2）尿素溶液中的水蒸发；

（3）尿素分解出 NH_3；

（4）NH_3 再分解为 NH_2 及自由基；

（5）NO_x 与 NH_2 反应。

停留时间是指还原剂和烟气中的氮氧化物在发生反应区域内的存在时间，SNCR 的所有反应步骤必须在这里完成。加大停留时间有利于还原剂与烟气的混合发生化学反应，可提高反应效率。一般停留时间可从 0.001s 到 10s，国外学者研究得出 SNCR 工艺中的反应是非爆炸性的，反应时间在 100ms 左右，但考虑到（1）～（4）步骤需要的时间，实际情况下 SNCR 反应停留时间一般不低于 0.5s。停留时间的长短取决于合适温度区间内烟气管路的长度和烟气流速。因此，延长还原剂在温度窗口下的停留时间，脱硝反应就会更加充分。水泥窑 SNCR 脱硝工艺中，若想获得理想的脱硝效率，还原剂的停留时间应不低于 0.5s。

八、氨氮反应摩尔比

氨氮反应摩尔比是指反应体系中氨的摩尔数与烟气中需要脱除 NO_x 的摩尔数之比。

根据基本的化学反应方程式，还原 2mol 的 NO_x 需要 1mol 的尿素或者 2mol 的氨。在实际中，需要注入比理论量更多的还原剂以达到所需的还原水平，这是由实际反应的复杂性和注入试剂与烟气混合的限制所造成的。NH_3/NO_x 摩尔比增大，虽然有利于 NO_x 还原率的增大，但氨逃逸加大又会造成新的问题，同时还会增加运行费用。因为氨的消耗涉及运行的费用问题，所以所选用摩尔比一般为临界值。

NSR 与 ASR 均是评价脱硝运行成本中物料消耗的重要指标。NSR 是 Normalized Stoichiometric Ratio 的缩写，为理论氨氮当量比，NSR 的计算公式为：

$$NSR = \frac{\text{还原剂折算成 } NH_3 \text{ 的摩尔数}}{\text{入口 } NO_x \text{ 折算成 } NO_2 \text{ 的摩尔数}} \qquad (3-20)$$

ASR 是 Actual Stoichiometric Ratio 的缩写，为还原剂与氮的当量比，ASR 的计算公式为：

$$ASR = \frac{\text{还原剂的摩尔数}}{\text{入口 } NO_x \text{ 的摩尔数}} \qquad (3-21)$$

一般来说在水泥窑 SNCR 脱硝系统中，典型的 NSR 为 1.2～1.8，脱硝效率随着 NSR 的增加而增加，但当 NSR 超过 2 以后，脱硝效率就不会明显增加，而且氨逃逸加大。

九、还原剂利用率

在 SNCR 脱硝中一个直接反应还原剂利用情况的指标为还原剂利用率，它反映了还原剂是否尽可能地发生有效反应，还原剂利用率的计算公式为：

$$\text{还原剂利用率} = \frac{\text{脱硝效率}}{NSR} \qquad (3-22)$$

十、还原剂与烟气的混合程度

SNCR 系统中喷入的尿素等还原剂必须与 NO_x 充分混合才能发挥出比较好的选择性还原 NO_x 的效果，如果混合需要的时间太长或者混合不充分，反应的选择性都会降低，因为局部的 NO_x 浓度低，过量的氨等物质会与氧气发生反应，使还原剂的效率降低，整体脱硝效率也会降低。

还原剂与 NO_x 的充分混合是保证反应充分的又一个技术关键，是保证在适当的 NH_3/NO_x 摩尔比下得到较高的 NO_x 还原率的重要环节。在 SNCR 系统中，混合是通过喷射系统来实现的，喷射器不仅能雾化还原剂，而且还能调整喷射角、速度和方向。一套好的喷射系统是至关重要的。在反应温度区间内，还原剂的雾化效果和炉膛内还原剂与烟气的混合均匀度直接关系到整个脱硝系统的脱硝效率。喷枪是 SNCR 脱硝的关键设备。目前，绝大多数厂家都是采用双流体喷枪，依靠压缩空气的推动力使还原剂雾化。

十一、添加剂

在 SNCR 系统中，为改变脱硝反应的温度特性而加入系统的一些物质，称为添加剂。不同的燃烧烟气气氛对 SNCR 脱硝反应的影响是非常大的，O_2、CO、H_2O、H_2、CH_4 等气体都可以作为添加剂。除此以外，有研究人员经过试验脂、酚、酸、醛、醚和醇各类有机氧化剂，得出的结论是在保持相同效率的情况下，有机氧化剂可以把有效的反应温度向低温方向扩展，但温度窗口宽度基本不变。

十二、喷射策略

喷射策略简单地说就是喷枪数量和布置方式的组合。水泥窑 SNCR 系统在选取喷枪时，通过对分解炉外观尺寸、中控画面分析、喷枪冷态喷射试验结合 CFD 流场模拟对喷枪的选型、投运数量和布设位置进行确认，布置出适合水泥窑系统的高效喷射策略。如：在分解炉采用多层喷枪布置；每层喷枪长短枪交替配置，两层喷枪长短枪投影相互交替的喷射策略。每支喷枪可单独投运，可组合搭配出数种喷射策略，可根据水泥窑氮氧化物排放情况适时调整，找到最经济的运行模式。

第四节　SNCR 工艺系统还原剂的选择

SNCR 脱硝反应使用的还原剂主要是一些含氨的氨基物质，包括氨水、尿素、液氨、氰尿酸和各种铵盐等。目前水泥窑 SNCR 烟气脱硝系统最普遍使用的还原剂为氨水，主要是使用 20%～25% 的氨水，但近年来使用尿素溶液作为还原剂也在逐渐增多。

一、还原剂选择原则

烟气脱硝系统在选择何种还原剂进行脱硝时，一方面要考虑其投资和运转成本，另一方面也要充分考虑还原剂储存有关的其他成本（如风险成本）。

若还原剂使用液氨，则优点是脱硝系统储罐容积可以较小，还原剂用量最小；缺点是氨气有毒、可燃、可爆，储存的安全防护要求高，需要经相关消防安全部门审批才能大量储存、使用。液氨属于危险化学品（危险品编号 23003），随着人们对安全的逐渐重视，国家安全生产管理监督总局逐渐出台一系列针对液氨的规章制度，这些规章制度从各个方面限制液氨的使用，这些限制措施包括：液氨储罐与周围建筑物的防火间距不小于 15m，即使按最紧凑的方式布置，液氨储罐区也需要近 500m² 的布置场地；而且储罐区需配备一整套完备的安全监控预警系统和应急事故处理系统，且系统的性能和布置需严格符合规范，这将使脱硝项目的安全投资大幅增加；另外，每年的设备检测、检验与维护、人员培训、事故应急救援演练等将大幅增加项目的运行费用；重大危险源与周围人口密集区域（居民区）之间的距离必须符合安全防护距离最小 500m，否则必须拆迁。以上所列限制措施仅是其中的一部分，所有这些措施的原则是：在有替代品的情况下尽量选用安全的替代品，而不能将一个绿色环保工程变成一个重大危险源工程。另外，输送管道也需特别处理；需要配合能量很高的输送气体才能取得一定的穿透效果。从安全角度讲，液氨属于乙类危险品，对储存车间的建筑要求（耐火等级、防火间距、厂房防爆措施、疏散措施指标等）高；从采购角度讲，液氨的采购及运输存在较大困难。

尿素和氨水都可以用作 SNCR 工艺中的脱硝还原剂，但两种还原剂所适合的最佳温度窗口范围略有不同，尿素溶液为 850～1050℃，而氨水则为 800～1000℃。一般分解炉中上部平均温度值为 800～980℃，符合两种还原剂的反应温度区间。近年来，由于系统紧凑，工艺相对简单，安全性高，操作人员工作量较少，运行维护简单，以尿素和氨水为还原剂的 SNCR 装置在国内外水泥窑上有大量应用。

尿素需要经过溶解制成 50% 以下的尿素溶液，需要蒸汽加热，且存在结晶等问题。

三种脱硝常用还原剂比较见表 3-1。

表 3-1　烟气脱硝还原剂比较

还原剂类型	优　点	缺　点
液氨	1. 成本最低； 2. 体积最小； 3. 投资最低	1. 有危险，氨站设计须多方面考虑安全； 2. 占用场地，要留足够的隔离距离； 3. 运输成本高
氨水	1. 安全，无危险； 2. 易于采购及运输，价格低； 3. 工艺成熟，投资较低	1. 还原剂体积较大； 2. 运输成本高
尿素	1. 没有危险； 2. 易于运输和储存	1. 脱硝系统运行能耗高

　　水泥厂在选择 SNCR 脱硝还原剂时应根据厂内设施条件、窑系统烟气工况、窑系统增加热耗、安全、还原剂购买便利程度、还原剂到场价格因素等进行综合选择考虑。

二、水泥窑脱硝用还原剂对合成氨工业的影响

　　水泥窑 SNCR 烟气脱硝以氨水或尿素为还原剂，还原剂是最大消耗品，尿素、氨水属于合成氨工业的产品，水泥窑脱硝还原剂的消耗对合成氨工业影响，以及合成氨生产过程中排放的污染物和能耗与水泥窑脱硝之间是否真正达到减排目的，应进行相应比较。

　　以我国 2011 年熟料产量为例，熟料产量为 11.28 亿 t，按照每吨熟料脱硝 NH_3 用量需要 0.8kg（折算成纯氨），假设所有水泥厂都采用 SNCR 脱硝技术，则一年水泥窑脱硝需氨量为 9.024 万 t。2011 年 1～12 月，全国合成氨的产量达 5068.97 万 t（折算成纯氨），水泥窑脱硝用氨占到全国合成氨产量百分比为 0.18%，所占比例非常小，可见水泥脱硝还原剂用量对合成氨工业基本没有影响。

第五节　水泥窑 SNCR 设计需要的技术参数

　　为了便于脱硝系统的设计，工程建设方或投资方，应尽可能完整地提供现场相关数据，以便脱硝总包方对系统做出优化的设计和选型，水泥窑 SNCR 系统在设计时，需要对工况和相关参数进行确认和核实，主要需要确认的技术参数有：

一、生产线情况

（1）生产线数量、生产线规模。

（2）厂址及平面布置情况。

（3）厂区水文气象地质资料。

（4）生产线相关设备表及运行情况，包括：

a. 回转窑、预热器、分解炉、篦式冷却机、窑尾高温风机型号；

b. 生产线熟料热耗及烟煤工业分析；

c. 窑产量、预热器系统温度及压力，窑尾系统正常运行工况下中控画面；

d. 余热锅炉发电情况，余热锅炉运行画面。

（5）企业当地还原剂的供给条件。

（6）生产线年运行时间，窑系统开启次数。

（7）水、电、气等消耗品供应能力及品质。

（8）当地交通运输条件。

（9）各消耗品价格。

通过建设方或投资方提供的以上相关数据，脱硝系统总包方可以初步判断相关数据的合理性。对于还原剂的合理选择，SNCR 系统的制定，系统的启停方案拟订等都很有帮助。

二、设计输入相关数据

（1）生产线最大产量。

（2）设计烟气流量。

（3）烟气温度范围。

（4）分解炉断面温度。

（5）窑尾框架及各平面施工图纸。

（6）厂区总平面布置图。

（7）初始烟气氮氧化物浓度。

（8）厂区地勘报告。

以上数据对于系统的安全高效运行起着决定性的作用。为了保证设计工况与实际运行工况的一致性和系统的适用性，以上提供数据应真实可靠，偏离实际工况的设计既增加运行调整的难度，又可能增加无谓的投资和运行成本。

第六节　水泥窑烟气脱硝用 SNCR 系统的反应计算

根据质量守恒定律，任何一个生产过程，其原料消耗量应为产品量与物料损失量之和。通过了解 SNCR 工艺过程的物料平衡估算，可以知道输入系统的原料转变为脱硝产物及流失的情况，以便寻求改善这一转变过程的途径。在 SNCR 系统设计中需进行物料平衡的初步估算，确定原料、产出物和损失物的数量关系，理论上的物料平衡计算是 SNCR 系统设计和运行管理的参考数据。

一、还原剂消耗量估算

由于实际水泥窑脱硝工程中，烟气中 NO_x 主要以 NO 为主，基本占到 95% 左右，据此可通过式（3-23）对还原剂用量进行估算（以 NH_3 为例）：

$$q_{mNH_3} = \frac{17}{46} M C_{NO_x} q_{vg} \frac{21-\alpha}{21-10}\left(1 - \frac{C_{H_2O}}{100}\right) \times 10^{-6} / \left(1 - \frac{\beta}{100}\right) \tag{3-23}$$

$$C_{NO_x} = C_{NO} + C_{NO_2} \tag{3-24}$$

式中　q_{mNH_3} ——NH_3 流量，kg/h；

M——氨与 NO_x 的摩尔比，根据 SNCR 脱硝效率而定，一般选择 1.2～1.8；

C_{NO_x} ——NO_x 含量（标态、干基、10% O_2），mg/m³；

C_{NO} ——NO 含量（标态、干基、10% O_2），mg/m³；

C_{NO_2}——NO_2 含量（标态、干基、10% O_2），mg/m^3；

C_{H_2O}——烟气中 H_2O 含量，%；

q_{vg}——烟气流速（标态、湿基），m^3/h；

α——实际氧含量；

β——氨逃逸率。

二、相关单位基准的转换

在水泥窑烟气排放标准中，烟气污染物的浓度给定的状态是标况、干基、10% O_2，以 NO_2 计，而初始烟气给出的状态是标态、湿基、实际氧含量，因此在实际估算中，要注意烟气的状态、污染物浓度的状态及氧含量的情况，必须统一到同一个基准上来。

1. NO_x 浓度计算方法

NO_x 浓度计算式为：

$$C_{NO_x} = \frac{C_{NO}}{0.95} \times 2.05 \tag{3-25}$$

式中　C_{NO_x}——标准状态下，实际干烟气含氧量下 NO_x 的浓度，该浓度实际是折算成 NO_2 的浓度，mg/m^3；

C_{NO}——实测干烟气中 NO 体积分数，ppm；

0.95——按照经验选取 NO 占 NO_x 的百分数；

2.05——NO_2 的体积分数（ppm）转化为标态质量浓度（mg/m^3）。

2. 不同含氧量的 NO_x 数值换算

对于水泥窑 SNCR 系统不同含氧量的 NO_x 数值换算为：

$$C_{基} = \frac{21 - O_{实}}{21 - O_{基}} \times C_{实} \tag{3-26}$$

式中　$C_{基}$——NO_x 含量（实际氧量，标态），mg/m^3；

$C_{实}$——NO_x 含量（10% O_2，标态），mg/m^3；

$O_{基}$——10% O_2；

$O_{实}$——实际 x% O_2。

3. 质量-体积浓度与体积浓度之间的换算

每立方米大气中污染物的质量数来表示的浓度叫做质量-体积浓度，单位是 mg/m^3 或 g/m^3；体积浓度使用每立方米的大气中含有的污染物体积数（立方厘米或毫升）来表示的，常用的表示方法是 ppm，即 $1ppm = 1cm^3/m^3 = 10^{-6}$。质量-体积浓度与 ppm 的换算关系为：

$$X = \frac{MC}{22.4} \tag{3-27}$$

$$C = \frac{22.4X}{M} \tag{3-28}$$

式中　X——污染物以每标准立方米的毫克数表示的浓度值；

C——污染物以 ppm 表示的浓度值；

M——污染物的分子量。

46

第七节　影响水泥窑 SNCR 脱硝性能的几个因素

影响水泥窑 SNCR 运行过程中的关键因素：水泥窑分解炉内 NO_x 的初始浓度、还原剂喷入的温度窗口、氨氮比（NSR）、停留时间、还原剂和烟气的混合程度、烟气中氧含量、氨逃逸率和添加剂。

一、还原剂的温度窗口

SNCR 脱硝技术对于还原剂的反应温度条件非常敏感，分解炉上喷入点的选择，可在一定程度上决定 NO_x 的脱除效率。不同的还原剂的最佳温度范围与具体的分解炉内烟气环境有关。从目前掌握的水泥窑 SNCR 实际经验来看，氨水作为还原剂的反应温度窗口为 $800\sim1000℃$，尿素作为还原剂的反应温度窗口 $850\sim1050℃$，温度窗口是一个非常窄的范围，水泥窑窑尾烟室至分解炉的控制温度刚好在这两个反应温度窗口内，因为分解炉内温度场比较复杂，选择合适的喷入点尤为重要，当温度低于反应窗口下限时，还原剂反应速度减慢以至于还原剂失效，大部分 NH_3 未反应，造成氨逃逸；而温度高于温度窗口上限时，会发生 NH_3 的氧化，产生额外的 NO_x。

由于分解炉运行中烟气含有大量生料，且烟气流具有多样性，需要通过 CFD 流场模拟和现场反复测定后确定还原剂的喷入点数量及位置。为了提高脱硝效率和降低氨逃逸量，SNCR 常采用多层喷射策略（一般采用两层），一般根据运行情况确定各层喷枪系统的投运。

二、氨氮比

所谓的氨氮摩尔比是指反应中氨与 NO 的摩尔比值。按照 SNCR 反应，还原 1mol NO 需要 1mol 氨气或 0.5mol 尿素。但在实际应用中还原剂的量要比这个量大，因为实际反应比较复杂且气体混合不均匀。想达到较好的脱硝效果，需要增大还原剂的量。随着氨氮比的增加，脱硝效率增加。但同时氨逃逸增加，成本也较高。当氨氮比小于 2 时，随着氨氮比增加，脱硝效率有明显提高，若氨氮比超过 2 以后，脱硝效率不再有明显增加。目前，水泥窑 SNCR 系统的氨氮比一般控制在 $1.2\sim1.8$ 之间。

三、反应停留时间

任何化学反应都需要经历一段时间才能完成，反应完成情况随反应时间的不同是有差异的。对于 SNCR 反应，还原剂和 NO_x 在合适的反应区域有足够的停留时间才能保证反应充分进行，达到良好的脱硝效果。停留时间较短时，随着停留时间的增加，脱硝效率增加，当停留时间达到一定尺度时再增加，对脱硝效率的影响就不明显了。停留时间与分解炉的尺寸、内部结构形式及烟气的流动状况有关。还原反应在分解炉内的停留时间取决于分解炉的尺寸和反应窗口内烟气路径的尺寸和速度，一般控制在 0.5s。

四、还原剂与烟气的混合程度

还原剂和烟气两者的充分混合是保证充分反应的一个技术关键，是保证在适当的氨氮摩尔比下得到较高的 NO_x 还原率的重要环节。分解炉由于尺寸并不大、且温度变化范围较小，从而对这些因素控制的难度较小，国内外的实际运行结果表明，应用于新型干法熟料水泥生产线中分解炉的 SNCR 的 NO_x 还原率可以达到 $40\%\sim70\%$。随着反应区容量的增大，SNCR 的 NO_x 还原率呈下降的趋势。为了使还原反应进行，在氨基还原剂喷入后需要立即扩散并与烟气混合。由于氨基还原剂的挥发性，混合要快速，滞留区和流速较高的区域必须被适应。在分解炉上，由于较小的空间尺度和模式，混合是相对容易控制的。混合的实现是通过喷射系统，喷射器能够雾化还原剂，并且调整喷射角、速度和方向。

五、还原剂类型

水泥窑 SNCR 脱硝还原剂主要使用氨水和尿素溶液。目前研究发现两种还原剂在不同的氧量和温度下还原 NO 的特性不一样，氨水的合适反应温度最低，尿素的合适反应温度最高，氨水、尿素溶液还原剂分别在 1%、5% 的氧量下脱硝效果最好。尿素在反应过程中先发生热解，等量的生成 NH_3 和 HCN，因此，尿素的脱硝过程应该是异氰酸和氨的组合。虽然不同还原剂的反应机理各有不同，但是其脱硝过程的主要特性是相似的。总体来说水泥窑使用氨水作为还原剂从脱硝效率和运行成本上比使用尿素要低。

六、烟气中氧含量

从上述 SNCR 主反应式中可知，SNCR 反应需要氧气的参与。没有氧气的条件下不发生 NO_x 的还原反应，微量的氧有利于 SNCR 反应的进行，并且降低了适合的反应温度，提高了脱硝效率。氧浓度的上升使反应温度窗口向低温方向移动，但也使最大脱硝效率下降。为提高脱硝效率，分解炉中氧浓度控制范围为 1%～4%。

七、氨逃逸的影响

在 SNCR 脱硝技术中，还原剂雾化颗粒进入分解炉后，大部分与烟气中的 NO 和 NO_2 进行还原反应，少量的还原剂在烟气中未发生反应就逃逸出去，这些在反应温度区内未反应的还原剂（NH_3），称为氨逃逸。未反应排出的氨会造成环境二次污染，也增加了脱硝成本。为减少氨逃逸，可采取合理选择温度窗口和喷射点，减少还原剂的喷入量，优化还原剂的喷射策略，以保证还原剂与烟气的混合程度，保证反应在温度窗口停留足够长的时间。

第八节　CFD 模拟技术在水泥窑 SNCR 系统的应用

一、CFD 模拟技术的作用

水泥窑分解炉是 SNCR 脱硝反应的反应区，分解炉是新型干法水泥生产的核心设备，属高温气-固多相反应器，炉内为气固两相流动、煤粉燃烧、生料化学反应，同时伴有旋流、回流的复杂流场，为了更好地了解水泥窑 SNCR 脱硝系统的布置以及产生的化学反应，利用 CFD 软件对分解炉 NO 分布、内部流场、喷射仿真和燃烧情况进行模拟，通过数值模拟很好地指导喷枪的定位和布置，以及对效果进行初步的了解。分解炉内空间的流动、燃烧和传热过程非常复杂，要对分解炉内的湍流流动、燃烧反应和传热过程进行数值模拟，首先需要对这些复杂的物理化学过程进行数学描述。使用湍流模型、燃烧模型以及辐射传热模型对流动、燃烧和辐射传热过程进行简化处理。CFD 模拟采用的模型以及计算方法：

（1）对于气相流场，采用标准 K-E 双方程模型来模拟气流的湍流运动；

（2）对于固体颗粒的运动，采用离散相模型（Diserete Phase Model），对离散相与湍流之间的相互作用采用随机跟踪模型（Diserete Random Walk）；

（3）对于煤粉燃烧和生料分解，采用组分输运模型；

（4）对于氮氧化物的生成和 SNCR，采用污染物模型。

水泥窑 SNCR 系统仿真模拟内容一般为以下几点：

（1）分解炉不同切面温度场云图（kg/s）；

（2）分解炉 CaO 摩尔浓度云图（kmol/m³）；

（3）分解炉内速度场；

（4）分解炉 Z 方向不同高度横切面速度矢量图（m/s）；

（5）分解炉原始 NO_x 浓度分布云图；

（6）采取脱硝装置后 NO_x 浓度分布云图；

（7）不同还原剂喷入高度情况下 XZ 中心切面 NO 浓度云图。

模拟的步骤主要为：模型建立（物理、数学）、边界条件确定、模拟结果分析。

二、水泥窑分解炉数值模拟实际工程应用

（一）德全汪清水泥有限公司 5000t/d 水泥窑分解炉脱硝数值模拟试验报告

1 试验内容

1.1 分解炉不同切面温度场云图（K）；

1.2 分解炉内速度场；

1.3 分解炉 Z 方向不同高度横切面速度矢量图（m/s）；

1.4 分解炉原始 NO_x 浓度分布云图；

1.5 分解炉 CaO 摩尔浓度云图（kmol/m³）；

1.6 喷入氨水后 NO 的浓度分布图。

2 试验条件

德全汪清水泥有限公司 5000t/d 水泥窑分解炉脱硝数值模拟条件如下：

2.1 窑尾烟气成分，见表 3-2。

表 3-2 窑尾烟气成分

成分	CO_2	O_2	CO	N_2
含量（%）	—	2.3	0.02	97.68

2.2 入炉参数，见表 3-3。

表 3-3 入 炉 参 数

项 目	烟气	三次风	煤粉	生料
温度（K）	1163	1233	318	1073
速度（m/s）	20	20	—	—
质量流量（kg/s）	—	—	6.6	111

2.3 煤的工业分析和元素分析，见表 3-4。

表 3-4 煤的工业分析和元素分析

工业分析（%）				元素分析（%）				
水分	灰分	挥发分	固定碳	C	H	O	N	S
1.58	28.91	25.68	43.83	62.14	3.2	10.69	1.2	1.19

3 试验过程及结果

3.1 数值模拟模型

按 1：1 比例建立数值模拟模型，如图 3-5 所示。模型填充图如图 3-6 所示。生成的体网格，如图 3-7 所示。

图 3-5 数值模拟模型图

（a）主视图；（b）俯视图；（c）左视图

图 3-6 模型填充图

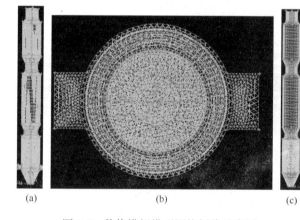

图 3-7 数值模拟模型网格划分示意图

（a）主视图；（b）俯视图；（c）左视图

3.2 数值模拟试验结果

3.2.1 分解炉内不同断面温度场云图

图 3-8 为分解炉内煤粉运动轨迹图，由此可帮助推测图 3-9 的温度高低的成因。图 3-9 为分解炉 YZ 断面温度分布图。由图 3-9 可见，在锥体部分产生了一个三角状的低温区，温度约为 1200K，这是由于窑尾烟气从底部通入分解炉所致。在分解炉 6～9m 的高度范围内，存在两个对称的高温区，最高温度约为 2200K。在分解炉 26～39m 的高度范围内，分解炉中心温度为 1173～1373K（900～1100℃）。

图 3-8 煤粉运动轨迹及局部放大图

图 3-9 分解炉 YZ 断面温度分布图

图 3-10 为分解炉 XZ 断面温度分布图。由图 3-10 可见，在分解炉 6～9m 的高度范围内，同样存在两个对称的高温区域，温度约为 2000K，在这两块区域的中间，包围一片温度相对较低的区域，最低温度约为 1300K。当分解炉中心温度在 1173～1373K（900～1100℃）范围内时，所对应的分解炉高度范围为 27～41m。

图 3-10　分解炉 XZ 断面温度分布图

图 3-11 为 Z 方向上不同高度横截面温度场云图。从下至上观察，由图 3-11 可见，在分解炉高度方向 6m 处，两个喷煤管出口处，由于煤粉温度及煤粉燃烧速率较低，使得温度维持在一个较低的状态，温度约为 1200K；两股对吹的横向三次风交汇处，由于三次风温度较低，也使得温度维持在一个较低的状态，温度约为 1200K。在分解炉高度方向 7m 处，中间出现了两个对称的高温区域，此处对应着煤粉燃烧速率较大的区域，温度最高约为 2200K。从分解炉高度方向 15m 处开始一直往上，两个对称的高温区域开始逐渐合并，使分解炉中心温度比较高，而四周的温度相对偏低，随着分解炉高度的增加，中心温度与最边缘的温度差值越来越小。

3.2.2　分解炉内速度场

分解炉速度矢量图，见图 3-12。由图 3-12 可知，三次风烟气入口速度较大。图 3-13 为分解炉 Z 方向不同高度横切面速度矢量图。在分解炉高度约为 $Z=6$m 处存在两个对称的涡流。由分解炉 Z 方向上 $Z=15$m 处横截面速度矢量图可以看出，局部气流速度较大，最大气流速度约为 20m/s。

3.2.3　分解炉内 NO 摩尔分数分布

图 3-14 所示的是分解炉内部 YZ 切面的柱面上的 NO 摩尔分数分布图；图 3-15 所示的是分解炉内部 XZ 切面的柱面上的 NO 摩尔分数分布图；图 3-16 为分解炉 Z 方向上不同断面 NO 摩尔分数分布图。由图可以看出 NO 最高摩尔分数出现在分解炉高度方向上 $Z=4$～7m 范围内，NO 摩尔分数在分解炉中心相对偏低，出现四周大中心小的现象。

3.2.4　分解炉内 O_2 摩尔分数分布

图 3-17 为分解炉 YZ 断面 O_2 摩尔分数分布；图 3-18 为分解炉 XZ 断面 O_2 摩尔分数分布图；图 3-19 为分解炉 Z 方向上不同断面 O_2 摩尔分数分布图。在三次风氧气含量较高，使

其进口处氧气浓度较高,随着窑尾烟气和三次风的混合以及煤粉燃烧消耗氧气,在三次风入口上面,氧气浓度迅速降低。

图 3-11 Z方向上不同高度横截面温度分布云图(一)

(a) Z=2m;(b) Z=7m;(c) Z=12m;(d) Z=17m;(e) Z=22m;(f) Z=27m;(g) Z=32m;(h) Z=37m

图 3-11　Z 方向上不同高度横截面温度分布云图（二）

(i) $Z=42m$；(j) $Z=47m$；(k) $Z=52m$

3.2.5　分解炉 CaO 摩尔浓度云图

图 3-20 为 YZ 纵切面 CaO 和 $CaCO_3$ 的摩尔浓度云图，图 3-21 为 XZ 纵切面 CaO 和 $CaCO_3$ 的摩尔浓度云图。由图 3-20 和图 3-21 可见，在 YZ 纵切面上，在 $CaCO_3$ 喷入口处 $CaCO_3$ 和 CaO 摩尔浓度分布均存在两个对称高浓度区，$CaCO_3$ 高浓度区比 CaO 高浓度区更靠近分解炉中心；在 XZ 纵切面上，在 $CaCO_3$ 喷入口处 $CaCO_3$ 摩尔浓度分布存在两个对称高浓度区，范围大约在分解炉高度方向 6～13m 处。由下至上观察图 3-20 和图 3-21 可见，在锥体部分 CaO 的摩尔浓度较低，随着分解炉高度的增加，在上部 CaO 的浓度逐渐增加；而 $CaCO_3$ 的摩尔浓度随着分解炉高度的增加，在上部其浓度逐渐降低。整体上，CaO 和 $CaCO_3$ 的摩尔浓度云图说明了

图 3-12　分解炉速度矢量图

生料在分解炉锥体部分基本没有发生分解反应，而在分解炉进料口附近处大量的生料发生了分解反应，之后在上部柱体的中心区域生料也逐渐发生分解反应。

图 3-13　Z 方向上不同高度横截面速度矢量图

(a) $Z=7m$；(b) $Z=12m$；(c) $Z=17m$；(d) $Z=22m$；(e) $Z=42m$；(f) $Z=52m$

图 3-14　分解炉 *YZ* 断面 NO 摩尔分数分布图

图 3-15　分解炉 *XZ* 断面 NO 摩尔分数分布图

图 3-16　分解炉 *Z* 方向上不同断面 NO 摩尔分数分布图

图 3-17　分解炉 *YZ* 断面 O_2 摩尔分数分布

图 3-18　分解炉 *XZ* 断面 O_2 摩尔分数分布图

图 3-19　分解炉 *Z* 方向上不同断面 O_2 摩尔分数分布图

图 3-20　分解炉 YZ 断面 CaO 和 CaCO₃ 摩尔浓度分布图

图 3-21　分解炉 XZ 断面 CaO 和 CaCO₃ 摩尔浓度分布图

3.2.6　喷入氨水后 NO 的浓度分布图（图 3-22～图 3-25）

4　结论

（1）利用 Fluent 软件对德全汪清水泥有限公司 5000t/d 水泥窑分解炉进行三维数值模拟，数值模拟结果能全面地反映分解炉中速度场、温度场和浓度场的分布规律，当分解炉中心温度在 1173～1373K（900～1100℃）范围内时，所对应的分解炉高度范围为 25～40m。

（2）当煤粉中的挥发分几乎释放完毕后，焦炭开始燃烧。两股煤粉在向分解炉中心靠拢的过程中随着高速气流的流动逐渐上飘。上飘至一定高度后，相对的两股煤粉汇合在一起并在此处形成最高约为 2200K 的高温区域。当煤粉在缩口处很少，但经过缩口运行至上部空间后，分散程度变得更高。在出口与顶盖之间，依然有少量煤粉存在，且分散弥漫了整个分解炉顶部。

图 3-22　氨水轨迹图

图 3-23　氨水轨迹局部放大图

图 3-24　喷氨后炉 YZ 断面 NO 分布图

图 3-25　喷氨后炉 XZ 断面 NO 分布图

（3）NO 的生成集中在分解炉高度方向上 $Z=4\sim7\text{m}$ 煤粉富集区域，而在此区域生成的 NO 随着气流的上升最终聚集在上部柱体的壁边。

（二）桐庐南方水泥有限公司 2500t/d 水泥窑分解炉脱硝数值模拟试验报告

1　试验内容

1.1　分解炉不同切面温度场云图（kg/s）；

1.2　分解炉 CaO 摩尔浓度云图（kmol/m³）；

1.3　分解炉内速度场；

1.4　分解炉 Z 方向不同高度横切面速度矢量图（m/s）；

1.5　分解炉原始 NO_x 浓度分布云图；

1.6　采取脱硝装置后 NO_x 浓度分布云图；

1.7　不同还原剂喷入高度情况下 XZ 中心切面 NO 浓度云图。

2　试验条件

桐庐南方水泥有限公司 2500t/d 水泥窑分解炉脱硝数值模拟条件如下：

2.1　窑尾烟气成分，见表 3-5。

表 3-5 窑尾烟气成分

成分	CO_2	O_2	CO	N_2
含量（%）	15	2	1	82

2.2 入炉参数，见表3-6。

表 3-6 入 炉 参 数

项 目	烟气	三次风	煤粉	生料
温度（K）	1333	1173	323	1040
速度（m/s）	24.8	20.6	28	2
质量流量（kg/s）	—	—	1.956	53.1

2.3 煤的工业分析和元素分析，见表3-7。

表 3-7 煤的工业分析和元素分析

工业分析（%）				元素分析（%）				
水分	灰分	挥发分	固定碳	C	H	O	N	S
1.24	20.2	30.45	48.04	62.14	3.2	10.69	1.2	1.19

3 试验过程及结果

3.1 数值模拟模型

按1：1比例建立数值模拟模型，如图3-26所示。模型填充图如图3-27所示。生成的体网格，如图3-28所示。

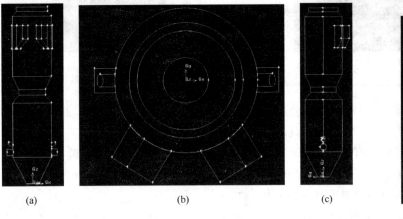

(a)　　　　　　　　　　　(b)　　　　　　　　(c)

图 3-26 数值模拟模型图　　　　　　图 3-27 模型
(a) 主视图；(b) 俯视图；(c) 左视图　　　　　填充图

3.2 数值模拟试验结果

3.2.1 分解炉内不同断面温度场云图

图 3-29 为分解炉内煤粉运动轨迹图，可帮助图 3-30 的温度高低的分析。图 3-30 为分解炉 YZ 断面温度分布图。由图 3-30 可见，在锥体部分产生了一个三角状的低温区，温度约为 1160K，这是由于窑尾烟气从底部通入分解炉所致。从分解炉底部往顶部看，在下部柱体部分 3～7m 的高度范围内，存在两个对称的高温区，最高温度达到 1720K。

(a)　　　　　　　　　　　　(b)　　　　　　　　　　　　(c)

图 3-28　数值模拟模型网格划分示意图

（a）主视图；（b）俯视图；（c）左视图

图 3-29　煤粉运动轨迹及局部放大图　　　　图 3-30　分解炉 *YZ* 断面温度分布图

图 3-31 为分解炉 *XZ* 断面温度分布图。由图 3-31 可见，在下部柱体 3～6m 的高度范围内，存在两个对称的低温区域，温度约为 1080K，在这两块区域的中间，包围一片温度相对较高的区域，最高温度约为 1800K。

图 3-32 为 *Z* 方向上不同高度横截面温度场云图。从下至上观察，由图 3-32 可见，在分解炉高度方向 4.5m 处，两个喷煤管出口处，由于煤粉温度及煤粉燃烧速率较低，使得温度维持在一个较低的状态，温度约为 1100K；两股对吹的横向三次风交汇处，由于三次风温度较低，也使得温度维持在一个较低的状态，温度约为 1100K。在分解炉高度方向 5m 处，中间出现了两个对称的高温区域，此处对应着煤粉燃烧速率较大的区域，温度最高约为 2100K。在分解炉高度方向 9m 处，两个对称的高温区域开始逐渐合并，温度梯度逐渐变小。之后，在 11m 高度之上，这对称的两个高温区域逐渐消失，最终在上部柱体 15m 处上方温度稳定在 1500K 左右。

3.2.2　分解炉 CaO 摩尔浓度云图

图 3-33 为 *YZ* 纵切面 CaO 的摩尔浓度云图。由图 3-33 可见，在 *YZ* 纵切面上，CaO 高浓度区主要集中在分解炉高度方向 6～19m 范围内，由下往上观察总体浓度趋势是在分解炉高方向 17m 处附近达到峰值。

59

图 3-31　分解炉 XZ 断面温度分布图

图 3-32　Z 方向上不同高度横截面温度分布云图

图 3-33　分解炉 YZ 断面 CaO 摩尔浓度分布图

图 3-34　分解炉 XZ 断面 CaO 摩尔浓度分布图

图 3-34 为 XZ 纵切面 CaO 的摩尔浓度云图。观察图 3-34 可见，CaO 高浓度区主要集中在分解炉高度方向 6～19m 范围内，该区域与图 3-33 中的相应位置相对应，为同一片区域的两个不同视角。

图 3-35 为 Z 方向上横切面 CaO 的摩尔浓度云图。由下至上观察图 3-35 可见，在锥体部分 CaO 的摩尔浓度较低，随着分解炉高度的增加，在上部 CaO 的浓度逐渐增加，且分布逐渐倾向于均匀。整体上，CaO 的摩尔浓度云图说明了生料在分解炉锥体部分基本没有发生分解反应，而在分解炉进料口附近处，大量的生料发生了分解反应，之后在上部柱体的中心区域生料也逐渐发生分解反应。

3.2.3　分解炉内速度场

图 3-36 为分解炉速度矢量图。由图 3-36 可知，三次风及窑尾烟气入口速度较大。图 3-37 为分解炉 Z 方向不同高度横切面速度矢量图。在分解炉高度 Z=6m 处存在 4 个对称的涡流。由此，我们可以发现涡流的存在能够使得在生料入口处集聚的高浓度生料尽快扩散并分解。由分解炉 Z 方向上 20m 处横截面速度矢量图可以看出，出口气流速度较大，最大速度达到 14m/s。

图 3-35　Z 方向上不同高度横截面　　　图 3-36　分解炉速度矢量图
CaO 摩尔浓度分布云图

(a)

(b)

(c)

(d)

(e)

图 3-37　Z 方向上不同高度横截面速度矢量图
(a) Z＝6m；(b) Z＝10m；(c) Z＝14m；(d) Z＝16m；(e) Z＝20m

3.2.4 分解炉内 NO 摩尔分数分布

图 3-38 所示的是分解炉内部 YZ 切面的柱面上的 NO 摩尔分数分布图；图 3-39 所示的是分解炉内部 XZ 切面的柱面上的 NO 摩尔分数分布图；图 3-40 为分解炉 Z 方向上不同断面 NO 摩尔分数分布图。由图 3-39 可以看出 NO 最高摩尔分数出现在分解炉高度方向上 $Z=4\sim10m$ 范围内。

图 3-38　分解炉 YZ 断面 NO 摩尔分数分布图

图 3-39　分解炉 XZ 断面 NO 摩尔分数分布图

图 3-40　分解炉 Z 方向上不同断面 NO
摩尔分数分布图

图 3-41　分解炉 YZ 断面 O_2 摩尔分数分布

3.2.5 分解炉内 O_2 摩尔分数分布

图 3-41 为分解炉 YZ 断面 O_2 摩尔分数分布；图 3-42 为分解炉 XZ 断面 O_2 摩尔分数分布图；图 3-43 为分解炉 Z 方向上不同断面 O_2 摩尔分数分布图。窑尾烟气入口氧气浓度较低主要是由于窑尾烟气内氧气成分含量较低。而在三次风氧气含量较高，使其进口处氧气浓度较高，随着窑尾烟气和三次风的混合以及煤粉燃烧消耗氧气，在三次风入口上面，氧气浓度迅速降低。

3.2.6 不同高度喷入氨水后 NO 的浓度分布

在分解炉高度方向 $Z=8m$ 壁面处布置 SNCR 还原剂喷嘴 4 个，还原剂氨水喷入量为

0.19kg/s。氨水轨迹如图 3-44 所示，分解炉 XZ 和 YZ 断面 NO 摩尔分数分布图见图 3-45 和图 3-46。

图 3-42 分解炉 XZ 断面 O_2 摩尔 分数分布图

图 3-43 分解炉 Z 方向上不同断面 O_2 摩尔分数分布图

图 3-44 氨水轨迹及局部放大图

图 3-45 分解炉 XZ 断面 NO 摩尔分数分布图 图 3-46 分解炉 YZ 断面 NO 摩尔分数分布图

在分解炉高度方向 $Z=10m$ 壁面处布置 SNCR 还原剂喷嘴 4 个，还原剂氨水喷入量为 0.19kg/s。氨水轨迹如图 3-44 所示，分解炉 XZ 和 YZ 断面 NO 摩尔分数分布图见图 3-47 和图 3-48。综合图 3-45～图 3-48 可得，相比喷氨高度为 $Z=10m$ 时脱硝效果，$Z=8m$ 处更佳。

图 3-47　喷氨高度 $Z=10m$ 时 YZ 断面　　　　图 3-48　喷氨高度 $Z=10m$ 时 XZ 断面
　　　　NO 分布图　　　　　　　　　　　　　　　　　NO 分布图

4　结论

（1）利用 Fluent 软件对桐庐南方水泥有限公司 2500t/d 水泥窑分解炉进行三维数值模拟，数值模拟结果能全面地反映分解炉中速度场、温度场和浓度场的分布规律，对后期 SNCR 的优化设计有一定的指导意义。

（2）当煤粉中的挥发分几乎释放完毕后，焦炭开始燃烧。两股煤粉在向分解炉中心靠拢的过程中随着高速气流的流动逐渐上飘。上飘至一定高度后，相对的两股煤粉汇合在一起并在此处形成最高约为 2100K 的高温区域。当煤粉在缩口处很少，但经过缩口运行至上部空间后，分散程度变得更高。在出口与顶盖之间，依然有少量煤粉存在，且分散弥漫了整个分解炉顶部。

（3）CaO 摩尔浓度从下部生料进口所在高度开始往上走，CaO 生成摩尔浓度开始大幅度上升，在缩口处由于气流速度很大，在缩口处 CaO 浓度偏低，之后随着高度的增加，较高 CaO 摩尔浓度在分解炉上部柱体中心区域均匀分布。

（4）NO 的生成集中在分解炉高度方向上 $Z=4～10m$ 煤粉富集区域，而在此区域生成的 NO 随着气流的上升最终聚集在上部柱体的壁边，而在 $Z=8m$ 高度上对其进行喷氨可以抑制 NO 的生成。

第九节　采用 SNCR 系统对水泥窑生产的影响

SNCR 系统对水泥窑的影响，主要在以下三个方面，一是对能耗的影响；二是对下游设备的影响；三是对水泥品质的影响。

一、对水泥生产能耗的影响

液态还原剂喷入水泥窑分解炉炉膛中，从以下几方面影响水泥窑炉内烟气的传热及热效率。

（1）影响烟气的辐射特性；

（2）影响烟气的热物理性质；

（3）增加烟气的流量；

（4）吸收烟气的热量。

氨水的加入流量与烟气中氮氧化物含量呈正比，窑系统正常运行时烟气中 NO_x 的体积浓度为 400ppm 左右，即 0.4‰ 左右，而氨水蒸发后在烟气中的体积浓度与此相当，由于浓度很低，不会显著影响烟气的辐射传热，不会显著改变烟气的热物理性质和增加烟气的流量，因此不会显著影响对流传热。但氨水的蒸发会吸收一些烟气热量，从而增加热损失，使水泥窑炉效率有微量降低。

理论上，水泥炉窑 SNCR 技术在分解窑喷入液态还原剂后，由于还原剂的自身氧化反应和氨水中水分的蒸发会吸收一定的热量，另一方面，氨水中蒸发出的 NH_3 与烟气中的 NO_x 进行还原反应是放热反应会放出一定的热量。所以下面主要对还原剂带入的水给窑系统增加的热耗进行计算。

以某水泥厂 5000t/d 熟料生产线脱硝的热平衡进行说明。

（1）基本数据

熟料实际产量为 5600t/d＝233333kg/h；

水泥窑消耗热值为 3100kJ/kg 熟料（企业提供）。

将窑尾烟囱处 NO_x 排放浓度由 760mg/Nm³（标态、标况、10％O_2、以 NO_2 计）降至 300mg/Nm³（标态、标况、10％O_2、以 NO_2 计）约需消耗质量浓度为 25％氨水 848kg/h（932L/h），引入软水作为稀释水为 200kg/h；液体总量为 1048kg/h，其中 H_2O 约为 836kg，不计还原剂中 NH_3 的化学反应热，则平衡计算如下：

（2）喷入水量对窑系统热平衡的计算

分解炉炉膛内压力为负压，根据饱和水与饱和蒸汽的热力性质，当压力为 0.10MPa 时查得汽化潜热为 $r＝2257.6$kJ/kg；喷入水温按常温计算 $t_1＝20℃$，查得 20℃时水的液体比焓 $h_{w_1}＝83.86$kJ/kg；汽化温度 $t_2＝100℃$，查得 100℃时水的液体比焓为 $h_{w_2}＝419.06$kJ/kg、蒸汽比焓为 $h_{q_1}＝2675.71$kJ/kg，喷入水量 $q_m＝836$kg/h。

SNCR 系统每小时带入的 H_2O 从初始温度（以 20℃计）被加热至分解窑内烟气对应温度（以 900℃计），经过水汽化和水蒸气加热到炉膛温度这两个过程，因此将喷入水加热到 100℃所需热量 Q_1（单位 kJ/h）为：

$$Q_1 = (h_{w_2} - h_{w_1})q_{m3} = 335.2q_{m3} \tag{3-29}$$

喷入水所需汽化潜热 Q_2（单位 kJ/h）为：

$$Q_2 = rq_{m3} = 2257.6q_{m3} \tag{3-30}$$

设分解炉内温度为 t_3，该温度时水蒸气的比焓为 h_{q_2}（分解炉内温度按 1000℃，查表得 $h_{q_2}＝4642$kJ/kg），则此时水蒸气吸收热量 Q_3 为：

$$Q_3 = (h_{q_2} - h_{q_1})q_{m3} \tag{3-31}$$

则 SNCR 系统喷入还原剂对锅炉热平衡的影响 Q 为：

$$Q = Q_1 + Q_2 + Q_3 = 2592.8q_{m3} + (h_{q_2} - h_{q_1})q_{m3} = 3811399.24\text{kJ/h} \quad (3\text{-}32)$$

需消耗热值（焓）约为 3.81×10^6 kJ/h；煤燃料燃烧进入生产线的低位热值为 3100×233333 kg/h $= 7.233 \times 10^8$ kJ/h；SNCR 系统喷入水蒸发耗热与原水泥窑总输入热值的比值为 0.527%。

（3）喷入水量对窑系统排烟热损失的计算

厂内窑尾除尘器出口烟囱排气温度约为 140℃，查得这个温度对应的蒸汽焓 $h_{q_3} = 2758.46$ kJ/kg，因此根据喷入还原剂水溶液，计算喷入水量对锅炉排烟热损失为：

$$Q_p = 2592.8q_{m3} + (h_{q_3} - h_{q_1})q_{m3} = 2228399.8\text{kJ/h} \quad (3\text{-}33)$$

可得每小时喷入水量对窑系统排烟热损失为 2.228×10^6 kJ，由此，SNCR 系统喷入水对窑系统排烟热损失与水泥窑总输入热值的比值约为 0.30%。根据厂内燃料热值比较，排烟热损失折合燃料成本为 95kg 实物煤/h。

总体而言，脱硝系统带入分解炉的水对系统热平衡有一定影响，但如果考虑 NH_3 的反应热则影响非常小，对熟料煅烧段烟气温度影响有限，进而不会对熟料产量及品质产生影响。

表 3-8　5000t/d 水泥窑炉热损失

项　　目	单位	技术参数	备注
燃煤低位热值	kJ/kg	22572	—
设计燃煤量（按 5600t/d 熟料计算台时产量）	t/h	38.67	—
水的汽化潜热	kJ/kg	2510	—
喷入的还原剂流量	kg/h	848	25% 氨水
水泥窑炉总的热量输入	kJ/h	7.233×10^8	—
水蒸发耗热与原水泥窑总输入热值的比值	%	0.53	—
排烟热损失	%	0.30	—

二、对下游余热锅炉、除尘器的影响

SNCR 技术是控制 NO_x 排放的有效手段，使用 SNCR 进行脱硝处理，由于该工艺不会降低烟气温度，不增加粉尘，因此对余热锅炉基本不产生影响。氨逃逸可能会与烟气中硫的氧化物发生反应，导致副产物铵盐的生成，主要是与烟气中的 SO_3 反应。铵盐的生成，理论上有可能会导致预热器结皮，布袋堵塞、微细颗粒排放及烟羽。但是水泥窑本身烟气中 SO_2 浓度很低，SO_3 浓度几乎为 0，同时若控制氨逃逸小于 10mg/Nm³，水泥工业大气污染物排放标准目前均采用此氨逃逸标准，可以有效控制铵盐的生成及对下游设备的影响。在余热锅炉检修时如发现换热管壁有铵盐黏附可采用压缩空气清扫或高压水雾对余热锅炉中的换热管进行清扫、清洗。

三、对水泥的产量和品质的影响

SNCR 是 Selective Non-Catalytic Reduction（选择性非催化还原）的简写，从其字面意思即可了解喷入的还原剂是选择性地与 NO_x 反应，而不与其他烟气成分或原料化合物反应。因此，SNCR 反应只对烟气成分产生影响，而不与固态原料发生反应，故不会影响水泥的产量或品质。从目前国内水泥窑 SNCR 脱硝系统运行情况来看，目前还没有出现影响熟料品质的相关报道。

第四章　还原剂为尿素的水泥窑 SNCR 工艺系统

第一节　尿　素

一、尿素的物理化学性质

尿素分子式：$CO(NH_2)_2$，分子量为 60.06，含氮量通常大于 46%。

尿素物理性质：尿素为无色、白色针状或棒状结晶体，工业或农业品为白色略带微红色固体颗粒；无臭无味；密度为 $1.335g/cm^3$；熔点 132.7℃；溶于水、醇，不溶于乙醚、氯仿；呈微碱性；可与酸作用生成盐；有水解作用；在高温下可进行缩合反应，生成缩二脲、缩三脲和三聚氰酸；加热至 160℃分解，产生氨气同时变为氰酸；因为在人尿中含有这种物质，所以取名尿素；尿素含氮（N）46%，是固体氮肥中含氮量最高的。

与无水氨及有水氨相比，尿素是无毒、无害的化学品，是农业常用的肥料，无爆炸可能性，完全没有危险性。尿素在运输、储存中无需安全及危险性的考量，更不须任何的紧急程序来确保安全。利用尿素作还原剂时运行环境较好，因为尿素是在喷入混合燃烧室后转化为氨，实现氧化还原反应，因此，可以避免储存、管理及阀泄漏造成的危害。但尿素价格较高，目前一般为每吨 2000 元以上。

二、尿素的溶解吸热性

尿素易溶于水，在 20℃的 100ml 水中可溶解 105g，水溶液呈中性反应。尿素产品有两种：结晶尿素呈白色针状或者棱柱状晶形，吸湿性强；粒状尿素为 1～2mm 的半透明粒子，外观光洁，吸湿性有明显改善。20℃时，临界吸湿点为相对湿度 80%；但 30℃时，临界吸湿点降至 72.5%，故尿素要避免在盛夏潮湿气候下敞开存放。目前在尿素生产中加入石蜡等疏水物质，其吸湿性大大下降。

尿素在水中的溶解度见表 4-1，不同浓度尿素溶液的结晶温度见表 4-2。尿素溶液比重、温度、溶解度及沸点的相互关系见图 4-1。

表 4-1　尿素在水（100ml）中的溶解度

水的温度（℃）	20	40	60	80	100
溶解度（g）	108	167	251	400	733

表 4-2　不同浓度尿素溶液的结晶温度

尿素溶液质量百分比浓度（%）	35	40	45	50	55	60	65	70	75	80
结晶温度（℃）	0	2	10	18	28	37	48	58	68	80

注：尿素溶液质量百分比浓度 35%以下时结晶温度均为 0℃。

由图中可看出，尿素溶液浓度为 40%以下时，结晶温度均为 0℃，尿素溶液浓度 40%时，结晶温度为 2℃，尿素溶液浓度为 50%时，结晶温度为 18℃。随着尿素溶液浓度的升高，结晶温度逐渐升高。一般 SNCR 脱硝系统以尿素为还原剂时，采用的尿素溶液浓度一般为 10%～25%。由于尿素的溶解过程是吸热反应，其溶解热高达 −57.8cal/g（负号代表吸热）。也就是说，当 1g 尿素溶解于 1g 水中，仅尿素溶解，水温就会下降 57.8℃。而 50% 浓度的尿素溶液的结晶温度约为 18℃。所以在尿素溶液配制过程中需配置功率强大的热源，以防尿素溶解后的再结晶。在北方寒冷地区的气象条件下，该问题将会暴露得更明显。

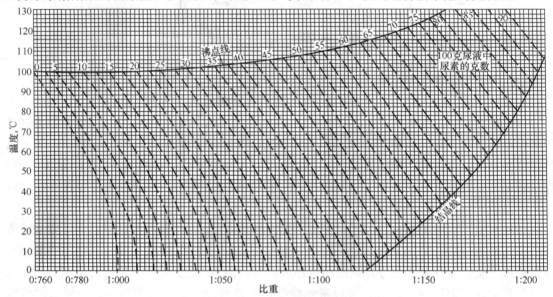

图 4-1　尿素溶液比重、温度、溶解度、沸点的关系图

三、尿素正确的贮存方法

（1）尿素如果贮存不当，容易吸湿结块，影响尿素的原有质量，所以要正确贮存尿素。在使用前一定要保持尿素包装袋完好无损，运输过程中要轻拿轻放，防雨淋，贮存在干燥、通风良好、温度在 20℃ 以下的地方。

（2）如果是大量贮存，下面要用木方垫起 20cm 左右，上部与房顶要留有 50cm 以上的空隙，以利于通风散湿，垛与垛之间要留出过道，以利于检查和通风。已经开袋的尿素如没用完，一定要及时封好袋口，以利下次使用。

第二节　尿素溶液的特性

一、尿素溶液的腐蚀性

尿素是水泥窑 SNCR 烟气脱硝所用原材料之一。干尿素颗粒是没有腐蚀性的。根据尿素行业的经验，尿素溶液在一定条件下具有较强的腐蚀性。可将尿素生产工艺中有关的尿素腐蚀和防腐的研究借鉴到 SNCR 脱硝工艺中。

尿素的水解反应是尿素生产过程的逆反应，其反应可认为由以下 2 步组成：

$$NH_2CONH_2 + H_2O \longrightarrow NH_2COONH_4 - 15.5kJ/mol \tag{4-1}$$

$$NH_2COONH_4 \longrightarrow NH_3 + CO_2 + 177kJ/mol \tag{4-2}$$

第 1 步反应为尿素与水生成氨基甲酸胺盐，该过程为微放热反应，反应过程非常缓慢；

第 2 步反应为强吸热反应，氨基甲酸胺盐迅速分解生成氨气和 CO_2，反应过程非常迅速。

在通常条件下，尿素溶液的水解反应基本不进行，当温度在 60℃以上时，尿素在酸性、碱性或中性溶液中可以发生水解，生成氨基甲酸铵（甲胺，NH_2COONH_4）。尿素水解后产生的 NH_3—CO_2—H_2O—$CO(NH_2)_2$ 体系，是一个弱电解质溶液体系，气液间存在着水、氨和二氧化碳三个组分间的平衡；液相中除了尿素水解反应，还存在氨和二氧化碳的电离平衡及氨离子的碳酸氢根离子生成甲胺离子的平衡反应。此时，尿素溶液中含有 $CO(NH_2)_2$、NH_3、CO_2、NH^{4+}、$COONH_2$、CO_3^{2-}、HCO_3^- 等，其中的离子浓度随溶液质量浓度、温度的不同而不同，表现出的腐蚀性也不同。

尿素水解的速度和程度都会随着温度的升高而增大，当温度超过 100℃时开始明显加速。例如，80℃时，尿素在 1h 内可水解 0.5%，100℃时增大为 3%。此外，尿素的水解速度还受 pH 值的影响，当 pH 值较低时，随着 pH 值的增加水解速度有较为明显的降低；当 pH 值更高时（pH 值为 3.0~5.0），水解速度则平缓降低。

尿素溶液中各种组分独自的腐蚀特性如下：

（1）尿素

干尿素对碳钢无腐蚀，尿素还常常是一些缓蚀剂组分之一，对于活化金属的腐蚀有抑制作用，尿素溶液本身腐蚀性也很弱。但是尿素水解生成甲胺或溶解了 CO_2，对碳钢的腐蚀就较大，因此低压尿素溶液中往往含有少量甲胺，从而具有一定的腐蚀性。

（2）氨水

氨水的腐蚀性也不强，一般可以使用碳素钢制造与之接触的设备。但含 CO_2 5%~10% 的氨水对碳钢腐蚀就相对严重，需采用不锈钢。只有氨水中的 CO_2 含量不超过 0.02% 时，才可以使用碳钢。同时如溶液中存在高浓度的氨时，氨与镍、铬、铁形成易溶性络合物，从而产生腐蚀。

（3）氨基甲酸铵（甲胺）

纯甲胺为无色晶体，很不稳定，有浓氨味，在常压下约 60℃时就完全分解成 NH_3 和 CO_2。温度小于 60℃、水含量大于 70%（分子）时，甲胺就转化成其他铵盐。甲胺水溶液呈非氧化性或微氧化性的酸。熔化的甲胺在大于 154℃和高压下可部分转化成尿素和水。氨基甲酸铵易溶于水，在水中能离解为氨基甲酸根，氨基甲酸根（$COONH_2^-$）是一种还原性酸根，具有强还原性，使金属表面钝化膜不断地被破坏，从而造成对大多数金属强烈的腐蚀性。

$$NH_2COONH_4（液）\longrightarrow COONH_2^-（液）+ NH_4^+ - Q \tag{4-3}$$

（4）氰酸铵

尿素溶液在常温下的腐蚀性并不强，但当温度超过 100℃时，就会有 5% 左右的尿素转化成其同分异构物氰酸铵，氰酸铵在水中离解产生的氰酸根也是一种还原性酸根，对金属表面的钝化膜能产生活化腐蚀，具有强烈的腐蚀性。

$$NH_2CNO \longrightarrow NH_4^+ + CNO^- \tag{4-4}$$

（5）不锈钢中的合金元素与尿素-氨基甲酸铵溶液易发生羟基化反应生成羟基物，特别是容易生成羟基镍，从而产生腐蚀。

总之，尿素溶液中 CO_2、NH_3 及尿素本身的腐蚀性都很弱，而尿素水解的中间产物甲胺溶液及尿素转化为其同分异构物氰酸铵的腐蚀性却很强,是造成金属腐蚀的主要原因,在脱硝工程中应考虑选择合适的金属材料。在尿素高温高压区如脱硝喷嘴等选用 316L 不锈钢;尿素低压区的如储罐、输送管道等至少选用 304 不锈钢。

二、尿素设备腐蚀类型

大量的事实表明,不锈钢在尿素合成液中产生的腐蚀有均匀腐蚀、晶间腐蚀、选择性腐蚀及应力腐蚀等,其中危害较大的为晶间腐蚀和选择性腐蚀。下面就这几种腐蚀的特点加以分析。

(1)均匀腐蚀

甲胺液对不锈钢的腐蚀一般表现为均匀腐蚀。均匀腐蚀的特征是金属表面失去光泽,变得非常粗糙。特别是焊缝、焊缝熔合线和焊接热影响区表现得较为严重。影响材料均匀腐蚀的主要因素是不锈钢表面的钝化膜状态,在活化状态下不锈钢腐蚀速度和钝化状态下腐蚀速度要相差几个数量级。这种腐蚀通常发生在温度较高、缺氧和甲胺浓度较高的尿素——甲胺溶液中。

(2)晶间腐蚀

晶间腐蚀是最危险的腐蚀。腐蚀沿着晶粒的边界发展而使晶粒连续性破坏,因而使材料的机械强度和可塑性能力大为降低。晶间腐蚀在和介质接触的金属表面上是不易发现的,故往往造成设备的突发性的破坏。晶间腐蚀主要发生在热影响区或加热后而未经固熔处理的不锈钢部件。

(3)选择性腐蚀

奥氏体不锈钢在焊接过程中从高温缓慢冷却时在焊缝中生成铁素体并发生一部分 γ 相转为 α 相,在晶界上出现不同成分的相而成为复相钢,熔融尿素介质对复相钢存在较强的选择性腐蚀。

(4)应力腐蚀

金属材料由于某种原因存在内应力或承受外加应力之后,其受应力较大的部分就容易在腐蚀介质中发生腐蚀,原因是在受应力作用的金属表面上,由于机械原因而形成容易损坏的微小区域,这些微小区域就造成了材料的局部腐蚀即应力腐蚀。

三、腐蚀案例

目前水泥行业关于 SNCR 脱硝过程中尿素引起的相关腐蚀尚未见报道,但有文献报道过电厂 SNCR 过程中尿素的腐蚀事故和腐蚀机理,以下列举说明,以此类推水泥行业。

某电厂 SNCR 系统在试验性运行约 4 个月后,发现 SNCR 喷口附近水冷壁存在腐蚀问题,引起数次锅炉水冷壁的泄漏,造成被动停炉的紧张局面,严重影响了安全生产。通过观察,数次水冷壁腐蚀泄漏呈现如下特征:金属表面没有腐蚀产物,而是呈或大或小的溃疡状态,腐蚀管段经常出现不规则的腐蚀坑,有的呈贝壳状、有的呈椭圆形等。另外一个显著的特征是腐蚀多发生在喷孔的水冷壁弯管位置。对该系统腐蚀机理分析如下:

在 SNCR 喷射系统中,喷枪设计采用的是炉侧高压厂用蒸气作为雾化介质,雾化蒸汽压力为 0.6~0.9MPa,在试验过程中,发现喷枪靠近喷头附近有液滴滴落,为雾化过程中靠近喷孔边缘的尿素溶液形成的液滴。

由于在 SNCR 投运前,锅炉水冷壁没有发生过类似状态的腐蚀,所以推断喷孔周围水冷壁管的腐蚀跟滴落的尿素溶液有关。根据尿素行业的经验,尿素溶液在一定条件下具有较强的腐蚀性。SNCR 喷孔周围的炉灰、烟气、空气以及水蒸气、渗漏的水滴等与尿素作用，产生了一系列化学反应。按照腐蚀过程的机理，可以把这种腐蚀分成两类：化学腐蚀和电化学腐蚀。化学腐蚀是没有电流产生的腐蚀过程；电化学腐蚀是有电流产生的腐蚀过程。从 SNCR 水冷壁的腐蚀情况来看，两种腐蚀都存在，但是以电化学腐蚀为主。

1. 电化学腐蚀机理

电化学腐蚀是由于金属与作为导电体的电解质互相作用，引起电流自金属的一部分流向另一部分，而发生金属的破坏。锅炉水冷壁管（20G）与喷枪滴落的尿素溶液相接触（尿素溶液是一种电解质并具有极性），在水的极性分子的吸引下，钢材表面的一部分铁原子，开始移入溶液中而形成带正电荷的铁离子，而钢材上保留多余的电子，并带有负电荷。如果铁离子不断地进入滴落的尿素溶液中，水冷壁管就会逐渐出现坑洞，造成腐蚀破坏。然而，正常情况下，在一段时间后钢材表面会出现双电层的现象。由于钢材表面带负电荷，钢材上的负电荷吸引尿素液中带正电荷的铁离子，使钢材表面形成双电层。这时可阻碍铁离子进一步溶解腐蚀，有利于防止腐蚀的进一步发生。但是，由于尿素溶液不断地滴落蒸发（且尿素溶液中溶解了其他可以溶解铁离子的阴离子），不断地从阴极吸引电子，从而使阳极不断有电子向阴极移动，而阳极上的铁离子也就不断移入液滴中，腐蚀不断加剧，产生了去极化现象。

2. SNCR 喷孔周围水冷壁腐蚀原因分析

溶解盐：钢材在水中的腐蚀速度和水含盐的浓度有关，在浓度较低的一定范围内，腐蚀速度随浓度的增高而增高。因为水的含盐量越高，水的电阻就越小，导电度增高，腐蚀也就加快。水中若有某些阴离子，如氯离子和硫酸根离子，它们会破坏金属表面的保护膜。

氯离子（Cl^-）：其中氯离子的危害是最严重的。因为氯离子很容易取代金属表面保护膜中的氧离子，四氧化三铁变成可溶性的氯化铁。氧化膜破坏后，金属就会进一步产生电化学腐蚀。SNCR 尿素的溶解使用的虽然是锅炉疏水，但是由于尿素本身存在含有氯离子的杂质，再加上烟气及飞灰中氯化物的溶解，使滴落在水冷壁上的尿素溶液中氯离子含量升高，引起钢材发生腐蚀。

硫酸根和亚硫酸根离子（SO_4^{2-}、SO_3^{2-}）：虽然尿素溶液本身不含有硫酸根和亚硫酸根离子，但尿素液滴在炉腔内还是会吸收烟气中的 SO_2、SO_3 形成离子，造成硫酸根腐蚀，破坏水冷壁钢材上的保护膜进一步加剧电化学腐蚀。

材料承受的应力超过材料的屈服极限以后，在局部超过屈服极限的部位，容易产生电化学腐蚀。水冷壁弯管部位在弯管制作过程中产生形变，多少总会引起一定的应力集中，容易造成电位差。钢材变形程度大、内应力大的部位，其电极电位低于变形小、内应力小的部位，成为阳极，发生腐蚀。在停炉检查中发现，水冷壁泄漏部位主要也是发生在弯管处，腐蚀现象也与应力腐蚀现象接近，经常出现不规则的腐蚀坑，有的呈贝壳状，有的呈三角形，有的呈椭圆形等。可见，由于弯管处残存应力的存在，使尿素溶液的腐蚀找到了突破口，加速了水冷壁腐蚀现象的发生。可以判断残余应力腐蚀是 SNCR 水冷壁腐蚀的主要原因之一。

游离二氧化碳腐蚀：尿素溶液高温时分解产生二氧化碳气体，当水中有游离 CO_2 存在时，会使水呈酸性反应：

$$CO_2 + H_2O \longrightarrow H^+ + HCO^{3-} \tag{4-5}$$

这样，由于水中 H^+ 的数量增多，就会产生氢的去极化腐蚀：$2H^+ + 2e \longrightarrow H_2 \uparrow$，若

给水中同时存在 O_2 和 CO_2，则腐蚀作用就会加剧。腐蚀的初步产物氢氧化亚铁先与二氧化碳作用，生成溶解于水的重碳酸亚铁：

$$Fe(OH)_2 + 2CO_2 \longrightarrow Fe(HCO_3)_2 \tag{4-6}$$

当有氧存在时，再氧化成氢氧化铁：

$$4Fe(HCO_3)_2 + O_2 + 2H_2O \longrightarrow 4Fe(OH)_3\downarrow + 8CO_2\uparrow \tag{4-7}$$

这种腐蚀特征往往是金属表面没有腐蚀产物，而是呈或大或小的溃疡状态。游离出来的 CO_2 可再循环投入腐蚀反应，直到氧完全消耗完为止。而电厂的 SNCR 喷口在微负压条件下，空气中的氧将源源不断地补充到液滴周围，引起腐蚀的持续进行。除此，锅炉烟气中富集的 CO_2 也会溶解于液滴中形成源源不断的游离 CO_2。在 CO_2 和 O_2 充足的条件下，腐蚀持续加剧进行。

温度和热负荷：SNCR 喷枪位置主要位于炉膛内烟气温度约为 1100~1150℃处，此处水冷壁钢材表面温度高，使铁离子在水溶液中的扩散速度加快，电解质水溶液的电阻降低，因而加速电化学腐蚀。在高热负荷下，由于热应力的影响，以及滴落在水冷壁金属表面蒸汽泡对保护膜的机械作用，使保护膜容易遭到破坏。

与尿素 $CO(NH_2)_2$ 溶液本身有关的腐蚀在喷枪喷入尿素溶液时，由于雾化的不完全性，将有液滴在喷枪上逐渐形成，通过浇注料进而滴落在水冷壁管上，滴落在水冷壁管上的尿素液滴，在高温下与烟气一起形成复杂的物理化学腐蚀过程。

3. 腐蚀机理

尿素液滴分解产生的 NH_3 和烟气中的 CO_2（包括尿素本身分解产生的 CO_2）在高温下因异构化而生成氰酸铵，后者分解成游离氰酸：

$$CO(NH_2)_2 = NH_4CNO = HCNO + NH_3 \tag{4-8}$$

氰酸根（CNO^-）是一种还原性酸根，对金属表面的钝化膜能产生活化腐蚀。

尿素水溶液在一定压力和温度条件下有非常强的腐蚀性。尿素生产过程中在尿素合成时，其不锈钢容器都会发生腐蚀，而 SNCR 分解尿素产生氨气与合成法制尿素的过程相反，基本上有类似合成法制尿素的腐蚀过程，所以尿素液滴落在水冷壁上引起的腐蚀也是引起水冷壁泄漏的主要原因之一，不可小视。

四、尿素溶液热分解特性

研究认为，尿素溶液与氨水喷射脱硝过程的一个重要差别就是挥发性不同，另外尿素需要经过分解反应才能释放出有效还原 NO_x 的氨和异氰酸等成分。因此，尿素的分解特性是其脱硝特性的一个重要因素。

尿素 $CO(NH_2)_2$ 为白色或浅黄色的结晶体，吸湿性较强，易溶于水，熔点为 132.5℃。在低温、高压（160~240℃，2.0MPa）或高温、常压（350~650℃，0.1MPa）条件下，尿素的 C—N 键断裂分解成 NH_3 与 CO_2。

$$NH_2-CO-NH_2 \longrightarrow NH_2-CO-NH_2 + xH_2O \tag{4-9}$$

$$NH_2-CO-NH_2 + xH_2O \longrightarrow NH_3 + HNCO \tag{4-10}$$

$$HNCO + H_2O \longrightarrow NH_3 + CO_2 \tag{4-11}$$

即：
$$CO(NH_2)_2 + H_2O \longrightarrow 2NH_3 + CO_2 \tag{4-12}$$

汽化后的尿素-水溶液被喷入热解气流中，其分解的第 1 步为尿素溶液液滴中的水汽蒸发，第 2 步尿素受热分解为 NH_3 和 HNCO。生产的 HNCO 在气相中相对稳定，但是在有水的情况下，其在金属氧化物表面很容易发生水解反应，生产 NH_3 和 CO_2。理论上 1mol 尿素完全水解能产生 2mol NH_3 和 1mol CO_2。在有氧气存在的情况下，尿素分解产物 NH_3 会被氧化生成 N_2：

$$4NO + 4NH_3 + O_2 \longrightarrow 4N_2 + 6H_2O \qquad (4-13)$$

$$6NO_2 + 8NH_3 \longrightarrow 7N_2 + 12H_2O \qquad (4-14)$$

以尿素为还原剂的 SNCR 脱硝系统中，脱硝原理是将尿素经溶解稀释后配成一定浓度的尿素溶液，通过雾化喷射系统直接喷入分解炉合适温度区域（850～1100℃），尿素溶液雾化后，其中的氨基成分与分解炉烟气中 NO_x（NO、NO_2 等混合物）进行选择性非催化还原反应，将 NO_x 转化成无污染的 N_2 和 H_2O，从而达到降低 NO_x 排放的目的。该方法以分解炉为反应器。分解炉内主要化学反应为式（4-12）、式（4-13）、式（4-14）。

火电厂尿素 SCR 热解反应温度一般在 315～538℃，但在 SNCR 脱硝过程中尿素热解反应温度则较高。Gentemann 等在研究 527～1027℃ 高温条件下 SNCR 尿素-水溶液的分解情况发现，当温度低于 727℃ 时尿素热分解起支配作用，干尿素分解为 NH_3 和 HNCO。当温度高于 727℃ 时出现氧化现象，氧化产物包括 NO 和 N_2O，促进 N_2O 产生的物质是 HNCO 而非 NH_3。在 777～927℃ 范围最有利于 SNCR 工况的尿素热解，777℃ 的温度下限可以避免大量的 NH_3 和 HNCO 逃逸。

一般认为，在没有催化剂，温度在 871～1038℃ 范围内，氨为还原剂时，发生反应：

$$4NO + 4NH_3 + O_2 \longrightarrow 4N_2 + 6H_2O \qquad (4-15)$$

$$6NO_2 + 8NH_3 \longrightarrow 7N_2 + 12H_2O \qquad (4-16)$$

当温度过高（高于 1038℃）时会发生反应：

$$4NH_3 + 5O_2 \longrightarrow 4NO + 6H_2O \qquad (4-17)$$

当温度低于 871℃ 时，反应不完全，氨的逃逸率高，造成二次污染，导致脱硝效率降低。

因此，将 850～1100℃ 的反应温度范围称为尿素反应的温度窗。当反应温度过高，超过反应温度窗口时，尿素溶液中挥发出来的 NH_3 就会被氧化，会使 NO_x 还原率降低；另一方面，反应温度过低时，氨逃逸增加，也会使 NO_x 还原率降低。氨的逃逸会造成新的环境污染。同时有研究表明，尿素约在 900℃ 时脱硝效果最好，尿素的脱硝温度范围较窄，除了 900℃ 的脱硝高峰以外，其他温度脱硝效果下降很快。

第三节 还原剂为尿素的 SNCR 系统设计规范

以尿素为脱硝还原剂时，虽然其危险性没有以氨水为还原剂的大，但为保证整套脱硝装置安全运行，在水泥厂 SNCR 烟气脱硝设计过程中，必须遵守国家的有关标准和规范，合理设计系统，优化布置设备，以达到既能满足降低污染物排放浓度要求，又能降低工程投资和运行费用的目的。

一、SNCR 脱硝系统设计、运行应执行的国家标准、规范及相关技术文件

1. 脱硝工程设计标准规范

《火电厂烟气脱硝工程技术规范 选择性非催化还原法》（HJ 563，由于水泥行业脱硝标准未出，因此水泥厂 SNCR 可参照此标准）；

《火力发电厂烟气脱硝设计技术规程》（DL/T 5196）；

《水泥工程设计规范》（GB 50295，水泥厂相关防火设计可参照 GB 50016 和 GB 50295）。

2. 总平面布置相关标准规范

《工业企业总平面设计规范》（GB 50187）；

《火力发电厂总图运输设计技术规程》（DL/T 5032）。

3. 脱硝系统关于环境保护相关标准规范

（1）环境质量主要设计标准

《环境空气质量标准》（GB 3095，环境质量要符合标准中二级标准）；

《地表水环境质量标准》（GB 3838，地表水执行标准中Ⅲ类标准）；

《声环境质量标准》（GB 3096，噪声执行标准中 3 类标准）；

《火电厂氮氧化物防治技术政策》（环境保护部环发［2010］10 号）。

（2）污染物排放标准

《水泥工业大气污染物排放标准》（GB 4915—2013，废气及粉尘）；

《火电厂大气污染排放标准》（GB 13223—2011，废气及粉尘）；

《污水综合排放标准》（GB 8978，废水）；

《工业企业厂界环境噪声排放标准》（GB 12348，噪声）。

（3）环境监测

国家环保总局颁发的《环境监测技术规范》；

《固定污染源排气中颗粒物测定与气态污染物采样方法》（GB/T 16157）；

《空气和废气监测质量保证手册》（第四版）；

《固定污染源烟气排放连续监测技术规范（试行）》（HJ/T 75）；

《固定污染源烟气排放连续监测系统技术要求及检测方法（试行）》（HJ/T 76）。

4. 脱硝工程消防设计相关标准规范

《石油化工企业设计防火规范》（GB 50160）；

《水泥工程设计规范》（GB 50295，水泥厂相关防火设计可参照 GB 50016 和 GB 50295）；

《火力发电厂设计技术规程》（DL 5000）；

《建筑设计防火规范》（GB 50016）；

《火力发电厂与变电站设计防火规范》（GB 50229）；

《自动喷水灭火系统设计规范》（GB 50084）；

《水喷雾灭火系统设计规范》（GB 50129）；

《火灾自动报警系统设计规范》（GB 50116）；

《建筑灭火器配置设计规范》（GB 50140）；

《采暖通风与空气调节设计规范》（GB 50019）。

建筑物和构筑物的防火间距严格按照《火力发电厂设计技术规程》（DL 5000）、《火力发电厂总图运输设计技术规程》（DL/T 5032）、《火力发电厂与变电站设计防火规范》（GB 50229）、《建筑设计防火规范》（GB 50016）等规程、规范执行。

消防设计遵循《建筑设计防火规范》（GB 50016）。消防设施主要为消火栓、自动喷水系统和灭火器。

5. 脱硝工程劳动安全和职业卫生相关标准规范

（1）行业标准

《电力设施保护条例（98 年修正）》国务院令第 239 号；

《建设工程安全生产管理条例》国务院令第 393 号；

《劳动保障监察条例》国务院令第 423 号；

《电力监管条例》国务院令第 432 号；

《生产安全事故报告和调查处理条例》国务院令第 493 号；

《使用有毒物品作业场所劳动保护条例》国务院令 352 号；

《危险化学品建设项目安全监督管理办法》国家安全生产监督管理总局令第 45 号；

《建设项目安全设施"三同时"监督管理暂行办法》国家安全生产监督管理总局令第 36 号。

（2）行业规范

《火力发电厂劳动安全和工业卫生设计规程》（DL 5053）；

《工业企业设计卫生标准》（GBZ 1）；

《工作场所有害因素职业接触限值　第一部分：化学有害因素》（GBZ 2.1）；

《工作场所有害因素职业接触限值　第二部分：物理因素》（GBZ 2.2）；

《工业企业噪声控制设计规范》（GBJ 87）；

《爆炸和火灾危险环境电力装置设计规范》（GB 50058）；

《建筑设计防火规范》（GB 50016）；

《建筑照明设计标准》（GB 50034）；

《建筑物防雷设计规范》（GB 50057）；

《电力设施抗震设计规范》（GB 50260）；

《机械设备防护罩安全要求》（GB 8196）；

《采暖通风与空气调节设计规范》（GB 50019）；

《火力发电厂采暖通风与空气调节设计技术规定》（DL/T 5035）；

《火力发电厂劳动安全和工业卫生设计规程》（DL 5053）；

《火力发电厂总图运输设计规程》（DL/T 5032）；

《火力发电厂建筑设计技术规程》（DL 5094）。

其中：为防止车间噪声和振动对生产人员产生的不良影响，厂内工作场所的连续噪声级应符合《工业企业噪声卫生标准》的要求。为确保电气设备以及运行、维护、检修人员的人身安全，电气设备的选用和设计应符合现行国家标准《电气设备安全设计导则》（GB 4064）等有关规程。所有电气设备应有防雷击设施并有接地设施。

作业场所和易爆、易燃的危险场所的防火分区、防火间距、安全疏散和消防通道的设计，均按《建筑设计防火规范》（GB 50016）、《建筑内部装修设计防火规范》（GB 5022）和《火力发电厂与变电站设计防火规范》（GB 50229）等有关规定设计。

严格按照《爆炸和火灾危险环境电力装置设计规范》（GB 50058）等有关规程规范的规定，对有爆炸危险的设备及有关电气设施、工艺系统和厂房的工艺设计及土建设计，按照不同类型的爆炸源和危险因素采取相应的防爆防护措施。

根据《工业企业设计卫生标准》（GBZ 1）等现行的有关标准、规范的规定，对贮存和产生有化学伤害物质或腐蚀性介质等场所及使用对人体有害物质的仪器和仪表设备，应采取相应的防毒及防化学伤害的安全防护设施。

严格遵照《工业企业设计卫生标准》《火力发电厂采暖通风与空气调节设计规定》等规程规范。在工艺流程设计中，使运行操作人员远离热源并根据具体条件采取隔热、通风和空调等措施，以保证运行和检修生产人员的良好工作环境。

6. 脱硝工程节能节水相关标准规范

《公共建筑节能设计标准》（GB 50189）；

国家发改委令第 40 号《产业结构调整指导目录（2005 年本）》；

7. 脱硝工程其他应执行的行业标准、规范及技术文件

《生产过程安全卫生要求总则》（GB/T 12801）

《危险化学品重大危险源辨识》（GB 18218，适用于脱硝还原剂）

《建筑内部装修设计防火规范》（GB 50222）

《火力发电厂与变电站设计防火规范》（GB 50229，适合用发电厂和变电站）

《工业企业噪声控制设计规范》（GBJ 87）

《工业企业厂界环境噪声排放标准》（GB 12348）

《固定污染源排气中颗粒物测定与气态污染物采样方法》（GB/T 16157）

《建筑采光设计标准》（GB/T 50033）

《供配电系统设计规范》（GB 50052）

《固定式压力容器》（GB 150）

《室外排水设计规范》（GB 50014）

《室外给水设计规范》（GB 50013）

《给水排水工程构筑物结构设计规范》（GB 50069）

《给水排水工程管道结构设计规范》（GB 50322）

《建设项目（工程）竣工验收办法》（计建设〔1990〕1215 号）

《建设项目竣工环境保护验收管理办法》（国家环境保护总局令 第 13 号）

《火灾自动报警系统施工及验收规范》（GB 50166）

《通风与空调工程施工质量验收规范》（GB 50243）

《建筑给水排水及采暖工程施工质量验收规范》（GB 50242）

《工业设备、管道防腐蚀工程施工及验收规范》（HGJ 229）

《热工仪表及控制装置施工及验收规范》（GB 0198）

《给水排水管道工程施工及验收规范》（GB 50268）

《工业金属管道工程施工规范》（GB 50235）

《输送设备安装工程施工及验收规范》（GB 50270）

《风机、压缩机、泵安装工程接地装置施工及验收规范》（GB 50275）

《电气装置安装工程接地装置施工及验收规范》（GB 50169）

《电气装置安装工程旋转电机施工及验收规范》（GB 50170）

《电气装置安装工程盘、柜及二次回路结线施工及验收规范》（GB 50171）

《电气装置安装工程施工及验收规范》（GB 50254～GB 50257）

《低压配电设计规范》（GB 50054）

《自动化仪表工程施工及验收规范》（GB 50093）

第四节　还原剂为尿素的 SNCR 工艺系统设计

一、设计的基本要求

（1）脱硝工程的设计应由具备相应资质的单位承担，并符合国家有关强制性法规、标准的规定；

（2）SNCR 应用在水泥生产线上时，应满足国家规范和标准要求，系统脱硝效率应达到60％以上；为达到更大的脱硝效率，SNCR 工艺可与其他烟气脱硝工艺联合使用，如低氮燃烧技术＋SNCR 联合脱硝，及 SNCR＋SCR 联合脱硝；

（3）按照水泥工业最新大气污染物排放标准（GB 4915—2013），脱硝系统氨逃逸率应控制在 $10mg/m^3$ 以下；

（4）SNCR 脱硝系统对水泥窑炉的影响一般应小于 0.5％；

（5）SNCR 脱硝系统应能在水泥窑炉不同工况下连续安全运行。

二、SNCR 脱硝系统工艺流程和系统组成

通常以尿素为还原剂的水泥窑炉 SNCR 系统烟气脱硝过程由下面几个基本过程完成：

（1）固体尿素的接收、溶解和储存；

（2）尿素溶液的计量输出、与水稀释混合；

（3）尿素溶液分配系统对尿素溶液进行均匀分配；

（4）喷射系统在窑炉合适位置喷入稀释后的尿素溶液；

（5）最终还原剂尿素溶液与窑炉内烟气混合进行脱硝反应，降低 NO_x 的排放浓度。

以固体尿素为还原剂、压缩空气为喷枪雾化冷却介质、低压蒸汽为尿素溶液热源的 SNCR 系统如图 4-2 所示。设计时应注意：（a）由于外购干尿素易吸湿潮解，不易于储存，尿素宜配制成溶液进行储存。（b）配制尿素溶液的水应尽可能使用低硬度的水源（如厂区除盐水），当溶解水的硬度较高时，需添加化学阻垢剂对配制尿素溶液的工业水进行稳定处理，使得因时间、温度和水的纯度不够而产生的沉淀降到最低。（c）配制好的尿素溶液，为了防止尿素溶液的再结晶，所有尿素溶液的容器和管道必须进行伴热（蒸汽或者电伴热），使溶液的温度保持在其相应浓度的结晶温度以上。不同浓度尿素溶液的结晶温度见本章第一节表 4-2。（d）配制尿素溶液的水温应加以控制，溶液温度高于 130℃时，尿素会分解为氨和二氧化碳。（e）由于中间产物氨基甲酸铵具有较强的腐蚀性，因此在尿素水解系统中，除了固体尿素仓库外，其他的设备和管道均应选择不锈钢材质。

三、固体尿素的接收与储存

采用固体颗粒尿素作为还原剂的优点是流程简捷、安全可靠。袋装固体颗粒尿素运输、储存、输送都无须特别的安全防护措施，只需要普通的聚丙烯编织袋内衬塑料薄膜包装运输即可。目前在 SNCR 脱硝系统中，有以下几种途径进行袋装尿素卸载：

（1）将尿素存放于储存间，当配制尿素溶液时，采用人工作业的方式，用桥式起重机将尿素运至卸料平台，通过人工将尿素倒进卸料斗内，进入尿素溶解罐。也可设置提升机，通过人工加料至提升机入料斗，再经提升机提升至尿素溶解罐入料口。以上均需人工记下尿素的袋数计算重量。其特点是投资少、设计简单、布置容易，但人工的劳动强度大、尿素配料

图 4-2 以尿素为还原剂的 SNCR 系统控制流程图

浓度准确性受人为因素影响。如图 4-3、图 4-4 所示为尿素溶解罐地上和地下布置时的装卸方案。

图 4-3 尿素溶解罐地上布置时尿素装卸方案　　图 4-4 尿素溶解罐地下布置时尿素装卸方案

（2）袋装尿素运至尿素堆放车间，配料时，用叉车将袋装尿素送入破包机，破包后的尿素颗粒通过斗式升提机输送到储仓，在经螺旋秤称重计量后通过螺旋输送机，输送到溶解池，配制成一定浓度的尿素溶液。其系统如图 4-5 所示。此工艺的特点是工人劳动强度低、配料浓度准确性不受人为因素影响。缺点是储仓及螺旋输送机中的尿素颗粒易吸潮结块，导致下料及输送不畅。因此，储仓宜设计成锥形底的立式罐，同时仓体锥部设置流化装置，如图中的空气炮等定时吹扫，防止尿素吸潮、架桥及结块堵塞。

图 4-5　尿素的另一种装卸方案

设计时可根据业主厂区情况选择不同的卸料方式。

四、固体尿素的溶解与尿素溶液的储存

目前水泥窑炉、燃煤电站 SNCR 系统所用的尿素，一般从化肥厂买来袋装尿素自行配制成尿素溶液。由于尿素的溶解过程是吸热反应，其溶解热高达 $-57.8 cal/g$（负号表示吸热）。而 50% 浓度的尿素溶液的结晶温度约为 18℃。所以，在尿素溶液配制过程中需要配置功率强大的热源，以防尿素溶解后的再结晶。在北方寒冷地区的气象条件下，使用尿素为还原剂的 SNCR 系统要特别注意加热保温问题。

1. 固体尿素的溶解与溶液储存系统设计的基本要求

尿素溶液制备系统整个流程为：将固体尿素和除盐水加入溶解罐内溶解、混合搅拌，最后配制成一定浓度的尿素溶液。为了保证整个系统尿素溶液供应的连续性，通常需要将溶解罐内配置好的尿素溶液输送到储存罐进行中间储存和缓冲，最后通过输送泵送至计量、分配系统和炉前喷射系统。整个系统设备包括：尿素溶解罐、尿素溶液循环输送模块、除盐水储罐、尿素溶液存储罐及相应阀门仪表等。

水泥窑炉、燃煤电站 SNCR 系统所用的尿素常制备成质量比为 40%～50% 的尿素溶液，以方便储存，若储罐存量足够，也可直接配成喷射入炉浓度溶液。尿素溶液的总储存容量宜按照不小于所属厂内 SNCR 系统正常运行时 5～7d 的总消耗量来设计。

尿素溶解设备宜布置在室内，尿素溶液储存设备根据工程情况可布置在室外，也可布置在室内。同时，设备间距应满足施工、操作和维护的要求。

如果尿素选择仓储，则储存固体尿素的筒仓至少设置一个，通常应设计成锥形底立式不锈钢罐，并且设置热风流化装置和振动下料装置，以防止固体尿素吸潮、架桥及结块堵塞。

尿素溶解罐应至少设置一座，通常采用 304 不锈钢制造，并且尿素溶解罐上应设有人

图 4-6　某工程尿素制备设备布置图

孔、尿素入口、尿素溶液出口、通风口、循环溶液入口、搅拌器、液位计、温度计和排放口等设施。为了防止尿素溶液的结晶，溶解罐和管道应进行蒸汽或电伴热。

尿素溶液储存罐用以储存配制好的尿素溶液，储存罐的总储存容量宜为全厂所有 SNCR 装置 5～7d 的平均总消耗量；通常尿素溶液储存罐宜为两座，储罐材质可采用 S30408 不锈钢或玻璃钢材质；尿素溶液储存罐内或再循环管线应设伴热装置。当尿素溶液温度过低（≤配制浓度下的结晶温度＋5℃）时，启动在线加热器以提升溶液的温度；储罐为立式平底结构，储存罐露天放置时，尿素溶液储存罐的顶部四周应有隔离防护栏，并设有梯子及平台等安全防护设施。罐体外应实施保温，尿素溶液储存罐应设人孔、尿素溶液进出口、循环回流口、呼吸阀、溢流管、排污管、蒸汽管、液位计、温度计等设施。为满足运行、维护的需要，尿素溶解罐、尿素溶液储存罐应设有梯子、平台、栏杆等。见图 4-6。

2. 固体尿素的溶解与溶液储存的工艺系统

图 4-7 中为固体尿素的溶解于储存的主要的工艺系统及设备，相关控制、仪表、管道排水等未标识，该系统设置了一个溶解罐、两个储存罐、两台离心式转存输送泵。为了提供尿

图 4-7　固体尿素的溶解与储存的工艺系统

素溶解需要的热量并维持尿素溶液的温度，系统取用主厂低压蒸汽作为热源，在溶解罐、储存罐都设置蒸汽盘管，保持溶解罐温度 40℃ 以上，避免尿素结晶析出。蒸汽的疏水进入尿素区域设置的除盐水储罐再次利用，其余冲洗、排污等废液则进入系统内设置的地坑内，正常运行时通过地坑泵将其加压送入溶解罐内再次利用。储罐内加入盘管的设置见图 4-8。

图 4-8　尿素溶解罐内设备的蒸汽盘管图

为了避免溶解水的硬度及固体悬浮物对系统的影响，系统的工艺水宜采用主厂系统的除盐水，如果直接采用主厂里的工业水，则需要根据水的硬度，加入适当的添加剂，以保证水的总硬度、碱度等指标满足工艺需要。为了保证稀释水对 SNCR 系统管路没有腐蚀性并且减少结垢堵塞管路，作为稀释水应是具有软化水质量的纯水，应满足下列规格：

（1）pH 值：6～9；

（2）全硬度 <3mmol/kg；

（3）钙硬度 <2mmol/kg（作为 $CaCO_3$），最好 <0.2mmol/kg；

（4）全碱度 <2mmol/kg，最好 <0.2mmol/kg；

（5）铁 <0.5mg/kg；

（6）导电度 <250μmhos；

（7）没有明显的浑浊和悬浮固态物。

现场配制尿素溶液的一般质量要求是：

（1）质量浓度为 20%～50%；

（2）淡黄色或清澈或轻微浑浊的液体；

（3）密度为 1.13～1.15；

（4）pH 值为 7～10；

（5）自由 NH_3 低于 5000ppm；

（6）缩二脲低于 5000ppm；

（7）正磷酸盐低于 6ppm；

（8）悬浮固态物低于 10ppm。

五、尿素溶液的输送、稀释系统

1. 设计要求

当采用尿素作为还原剂时，其在喷入分解炉或锅炉之前，根据窑炉烟气中 NO_x 浓度的变化情况，综合考虑尿素溶液喷射穿透力、覆盖范围和热耗的影响，尿素溶液应当与稀释水混合稀释后再喷入分解炉或锅炉内，尿素溶液输送稀释系统主要对 40%～50% 浓度的尿素溶液进行稀释，并将稀尿素溶液输送至炉前，在此过程中需要对输送管道进行伴热，以补充输送过程中热量的损失，确保尿素溶液不结晶。

通常可多台窑炉共用一套尿素溶液输送供给系统，对于每套输送供给系统，输送泵应采用一用一备的方案。尿素溶液输送泵可采用多级离心泵。

为满足补偿尿素溶液输送途中热量损失的需要，通常输送供给系统应进行伴热，可采用厂区低压蒸汽伴热或者采用电伴热。

每台分解炉或锅炉通常应配置一套稀释系统，稀释混合器宜采用静态混合器。典型的稀释水压力系统设计由两台不锈钢离心泵和两台过滤器、压力控制阀及压力/流量仪表等组成。供尿素稀释用的工艺水中的固形物要低，过滤后水中悬浮物应低于 $50mg/L$。稀释用水的来源宜为除盐水，也可为去矿物质水、反渗透或凝结水。

2. 尿素溶液的输送、稀释工艺系统

尿素溶液的输送工艺系统（图 4-9）的作用是将储存罐的尿素溶解经输送泵加压后输送到布置在分解炉附近的尿素溶液计量、分配系统，完成与稀释水的混合。两泵入口各设置了一台 Y 形或篮式过滤器；泵出口管道设置了流量计、压力传感器和压力表，便于准确计量输送的尿素溶液流量和测量管道压力。同时还设置了回流系统，通过电动调节阀控制尿素溶液的流量。该系统管道需要保温伴热，以避免管道中尿素结晶沉淀。

图 4-9　尿素溶液输送系统

图 4-10 为某工程系统尿素溶液输送模块，其功能就是完成尿素溶液的输送，维持还原剂的连续循环。

图 4-10　某系统尿素溶液
输送模块

当窑炉运行情况、NO_x 排放浓度以及氨逃逸量发生变化时，送入炉膛内的尿素溶液的量也应作出相应改变，这将导致送入喷枪的尿素溶液流量发生变化。若喷枪流量变化过大，会影响雾化喷射效果，从而影响脱硝效率和氨逃逸，因此，系统中增加了在线稀释系统，用以保证运行工况变化时喷嘴中流体流量不变。

在线稀释系统根据窑炉运行情况，NO_x 排放浓度以及氨逃逸情况，将尿素溶液在线稀释成需要的浓度后送入炉前喷射系统中。

图 4-11 为某工程稀释水系统，图 4-12 为某工程稀释水模块图。稀释水工艺系统是将主厂提供的稀释水加压后输送到尿

图 4-11　某工程的稀释水工艺系统

素溶液的计量系统中，完成与尿素溶液喷射前的混合。系统中泵入口各设置了一台篮式过滤器；泵出口管道设置了流量计，便于准确计量输送的稀释水流量。在稀释水系统中，50％浓度的尿素溶液从储罐输出后，通过检测在线稀释水流量来调节最终的尿素浓度以满足不同负荷的要求。

通常，每台窑炉应设置两台稀释水泵，一用一备。泵流量设计余量应不小于 10％，压头设计余量应不小于 20％。

六、尿素溶液计量、分配系统

喷射区的计量分配系统是脱硝控制的核心装置之一，用于计量和控制窑炉每个喷射区的尿素

图 4-12　某系统稀释水输送模块

溶液流量。通常每层喷枪配置一套计量系统、一套分配系统（一套分配系统中为每只喷枪配置一个控制子单元）。

计量系统采用独立的流量和压力控制系统，可根据实际工况，如窑炉烟气量、烟气中 NO_x 浓度及 O_2 浓度的变化等反馈至 PLC 控制系统，实时自动调节喷入窑炉的尿素溶液流量，使喷入还原剂与烟气中氮氧化物的氨氮比即 NSR 值，可在 1.2～2.0 范围内调节，从而对 NO_x 浓度、窑炉负荷、燃料或燃烧方式的变化做出响应，打开或关闭任意一只或一层喷枪，或调整每只或一层喷枪尿素溶液的流量，从而满足脱硝效率的要求，减轻 NH_3 的逃逸。计量系统装置包括：电动调节阀、电磁流量计或涡街流量计、压力传感器、单向止回阀、手动球阀等。

分配系统用来控制分配到每支喷枪的雾化/冷却空气、稀释后的尿素溶液流量。可在该模块上调节压缩空气流量及稀释后的还原剂流量，以取得最佳的脱硝效率。分配系统装置包括：液路转子流量计、气路手动调节阀、压力表、手动球阀等。

通常计量分配系统就近布置在喷射系统附近分解炉及预热器平台上。图 4-13 为 SNCR 工程尿素溶液计量分配系统及压缩空气系统 PID 图。

在进行计量分配系统设计中，首先应确定分解炉喷射层数，其次再确定每层的喷射区域

图 4-13 尿素溶液及压缩空气计量分配系统

（即开孔高度和位置）内设置的喷嘴数量，通常每一个区域设置一个计量系统，输送系统输送的尿素溶液与稀释水由分设在其管路上的流量计计量后，完成充分的混合、稀释、配制成浓度 10%～20% 的稀尿素溶液（锅炉系统要求稀释后的尿素溶液浓度在 10% 以下）。稀释好的尿素溶液进入分配系统，由分配系统的每个子系统分配到每层区域内每只喷枪。

图 4-14　某工程计量系统装置图

图 4-14 为某 SNCR 工程计量系统装置图，图 4-15 为 SNCR 系统分配系统装置现场安装图，图 4-16 为分配系统的另外一种布置方式图，即直接环绕分解炉炉体布置，这种方式比较节省空间，但若转子流量计离分解炉太近，温度高而导致外壳变形，安装时应注意使转子流量计离开分解炉一定距离或者在分解炉上装上隔热板。

图 4-15　某工程 SNCR 系统分配系统装置（一）

图 4-16　某工程 SNCR 系统分配系统装置（二）

七、以尿素为还原剂的 SNCR 炉前喷射系统

尿素溶液经过计量、分配系统进行计量分配之后，来到整个 SNCR 脱硝系统的核心系统——炉前喷射系统。经喷射系统装置雾化后，喷入炉膛内，最终完成 NO_x 的脱除反应。还原剂喷射系统的设计应能适应窑炉负荷和实时工况变化，并能安全连续运行。喷射系统设计应包括以下内容：（a）喷射区域的选择；（b）喷射装置类型、数量和位置的选择；（c）还原剂的雾化效果；（d）氨逃逸的控制等。具体将在第五节进行详细介绍。

在系统设计中，首先应根据分解炉的温度场、流场和化学反应的数值进行 CFD 模拟优化后，结合分解炉的实际情况确定喷射区部位和数量，据此选择喷射装置类型数量，最后进行布置。实际施工时，尽量避免与炉内外部件碰撞。通常对于小中型规模的水泥生产线，即 3200t/d 新型干法熟料水泥生产线以下一般布置 3～6 只喷枪，喷射区域可单层；而对于大型规模的水泥生产线，即 4000t/d 新型干法熟料水泥生产线及以上则一般布置 6～12 只喷枪，喷射区域可为 1～2 层；而对于万吨线，喷枪和喷射区域均可在大型规模生产线基础上

增加。一般喷枪多布置分解炉鹅颈管及其出口位置，没有鹅颈管的分解炉可尽量布置在其上部。对于新上线应该在生产线设计时预留开孔位置。布置点应满足以下条件：（a）在氨水喷入的位置没有火焰；（b）在反应区域维持合适的温度范围（850~1050℃）；（c）在反应区域有足够的停留时间（至少 0.5s，900℃）。

在实际工程中，为保证还原剂在喷枪布置的炉膛截面上对 NO_x 进行有效拦截，通常多层、多点布置喷射点，结合采用多种形式的喷枪，使分解炉在不同工况时，都能保证系统的脱硝效率。图 4-17 为某 5000t/d 水泥窑 SNCR 脱硝喷枪布置示意图，为满足不同浓度 NO_x 运行需要，共设置了两层喷枪。图 4-18 为某 2500t/d 水泥窑 SNCR 脱硝喷枪布置示意图，喷枪共设置了两处。由于 2500t/d 水泥窑炉容量比 5000t/d 小，在实际使用时一层喷枪投入使用后 NO_x 排放浓度已能满足现行国家标准要求。

图 4-17　某 5000t/d 水泥窑分解炉喷枪层
布置示意图

图 4-18　某 2500t/d 水泥窑分解炉喷枪层
布置示意图

炉前喷射系统的设备主要包括喷枪、推进器（如气缸）、阀门。喷枪本体上的尿素溶液进口和雾化介质（压缩空气）为螺纹连接，通过两根不锈钢金属软管分别与尿素溶液管路和雾化介质管路连接。软管后面的尿素溶液管路和雾化介质管路上就近各布置一个球阀。通常喷枪安装时，一般需在本体外安装一个喷枪套筒，套筒采用 0Cr25Ni20 材质，延长保护喷枪在分解炉的高温高尘环境下的使用寿命，在喷枪套筒上也连接一路压缩空气吹扫，防止套筒内因灰尘沉积而影响喷枪开停时的顺利推进和退出分解炉。由于尿素溶液存在一定的腐蚀性，尿素溶液喷入炉膛的喷枪头部全部用 0Cr25Ni20 不锈钢制造。图 4-19 为某工程喷枪连接图。

图 4-19　某工程喷枪管道连接图

八、SNCR 压缩空气系统

SNCR 系统中，压缩空气除了常规仪用压缩空气外，还有尿素溶液雾化/管路吹扫/设施冷却（喷枪冷却，套筒冷却等）用的杂用压缩空气。在仪用/杂用压缩空气的主管路上，都必须设置油水分离器。

作为雾化介质的压缩空气主要作用在于加强尿素溶液与炉内烟气的充分混合，充分混合有利于保证脱硝效果，提高尿素溶液利用率，减少尾部氨残余。在此过程中，雾化介质主要是提高尿素溶液喷射速度、增加喷射动量，并非把尿素溶液全部雾化成很小的液滴，而是雾化成一定比例的不同尺寸液滴。小液滴在喷入口炉壁附近的低温区就易挥发、反应，而大液滴则可以深入分解炉内才析出反应，从而还原剂将整个烟气通过截面覆盖。

为提高液滴的喷射动量，取决于喷射速度和喷射物的质量。在液滴尺寸一定的条件下，则主要集中在提高喷射速度上。因此，为保证喷枪的雾化效果，压缩空气系统必须有足够的压力，通常每条水泥窑生产线一层喷枪配置一个压缩空气控制模块，通过调节模块的压缩空气调节阀，可对该层喷枪雾化空气流量、压力进行计量分配。一般要求到喷枪前的压力为 0.4～0.6MPa 较为合适。参考图 4-13。由图中可看出，每层喷枪的压缩空气控制模块设置在分配模块之前的压缩空气总管路上，模块内设置了电动调节阀、压力传感器和压力表。可通过调节压缩空气路电动调节阀的开度，再由压力传感器反馈信号确认气路压力进行压力、流量调节。

而在分配模块内压缩空气控制单元则包括手动调节阀、压力表及气路电磁阀（当采用伸缩式喷枪时使用）。压缩空气总管道过来的压缩空气分配至每只喷枪，可通过调节手动调节阀的开度控制每只枪的进气量。气路电磁阀的主要作用则是在使用自动伸缩式喷枪时控制喷枪上气缸的推进和退出。

现行水泥窑生产线在窑尾均设有压缩空气管路，如厂区压缩空气压力有富余，可直接从厂区主管路上引出一路作为 SNCR 脱硝使用。若富余量不大，则应在窑尾增加储气罐，储备一定量的压缩空气量，以保证供气稳定。若气量还不够，则应增加一台小型空压机，给

SNCR 脱硝系统补气。

九、在线监测系统

监测仪器在 SNCR 系统中起到提供初始烟气浓度和实际运行参数的作用。若原厂内原来没有设置在线烟气连续监测装置，可在窑尾预热器 C1 筒出口处及窑尾烟囱处设置在线烟气连续监测装置，将通过监测取得 NO_x 的实时浓度数据采集到脱硝 PLC 控制柜，并进入中控上位机显示。再参考窑尾尾排风机风量和含氧量等指标来修正 NO_x 的原始参数，反馈到中控上位机，由控制系统自动或人工手动调节还原剂的喷射量。同时，可在窑尾预热器 C1 筒出口及烟囱处设置氨逃逸在线监测仪，对氨逃逸进行实时监测。以上测量信号通过硬接线进 PLC 控制柜，经专用光缆线入中控室，在上位机上进行监测和控制。SNCR 烟气排放连续监测系统的装设应符合 HJ/T 76 要求，并按照 HJ/T 75 的要求进行连续监测。

十、废液处理系统

脱硝装置的给水主要包括工业水、设备冷却水及蒸汽冷凝水等。

通常，在尿素溶液制备间设置排水坑，排水坑中设置排污泵，可将排水坑内的水输送出去。在尿素溶液制备过程中，尿素溶解吸热，需要强大的热源，如果采用蒸汽加热或伴热，则将产生大量的蒸汽冷凝水，将蒸汽冷凝水排放至排水坑内，一定程度时用泵将其打至尿素溶解罐中再次利用。而在系统启动和停运期间，将尿素管路的冲洗水也排放至尿素溶液制备间的排水坑，可循环利用，也可在排水坑出口留出一个备用出口接头，根据现场情况业主临时处理，如用来灌溉绿地等。而在设备的冲洗和清扫过程中产生的废水以及尿素溶液制备车间的地面的冲洗水亦进入车间内设置的排水坑重复使用，没有废水直接排放。注意在排污泵出口设置过滤器，以防止杂质进入管道内导致堵塞。因此，SNCR 系统通常不设独立的废水处理系统。

十一、还原剂为尿素的 SNCR 脱硝系统需注意的问题

SNCR 脱硝系统占地面积小、对分解炉改造的工作量少、施工安装周期短、节省投资，非常适合水泥厂老线改造。同时，SNCR 工艺可与其他烟气脱硝工艺联合使用，如低氮燃烧技术＋SNCR 联合脱硝和 SNCR＋SCR 联合脱硝等，在优化投资成本的前提下能获得较高的脱硝效率。

建议在脱硝改造前的项目可行性研究报告中，应对水泥厂工业水源、电源、蒸汽源、压缩空气源、除盐水量及其输送能力的备用情况进行详细的调查，从而找到适合本厂的最佳 SNCR 脱硝方案。

1. 改造工程需要核对的原系统（设备）的容量

在系统设计时，如果尿素溶液采用压缩空气作为雾化介质，那么在 SNCR 脱硝工艺中，厂内压缩空气的耗量较大。因为不仅喷射雾化需要压缩空气，部分设备和管路吹扫也需要厂用压缩空气。实际工程中，5000t/d 水泥生产线脱硝系统平均需消耗 $2\sim5m^3/min$ 压缩空气（标态），因此老线改造中需要核算厂区用气量的富余量。

由于在整个脱硝过程中，尿素溶液总是处于被加热状态。若尿素的溶解水和稀释水使用工业水，由于其硬度过高，在加热过程中水中的钙、镁离子析出会造成脱硝系统的管路结垢、堵塞。因此，须在尿素中加入阻垢剂或采用除盐水作为脱硝工艺水。通常 SNCR 系统的溶解水、稀释水等采用除盐水或凝结水。

由于尿素颗粒的溶解和尿素溶液的在线稀释均需要用大量的除盐水，而水泥厂内除盐水

主要来自余热锅炉，其量往往不大，因此，改造前也需要核算厂区除盐水量富余量是否足够。

尿素溶液容易析出结晶，因此，在尿素溶解、储存和输送过程中需要配置强大的热源。热源可采用厂区低压蒸汽或电伴热等，因此，改造前还需核算厂区低压蒸汽、是否满足新上电伴热负荷等。

2. 尿素在输送过程中结晶问题

由于尿素溶解过程是吸热反应，其溶解热高达 $-241.8J/g$，也就是说，当 1g 尿素溶解于 1g 水中，仅尿素溶解，水温就会下降 57.8℃，而 50% 浓度的尿素溶液的结晶温度是 18℃ 左右。在尿素溶液的配制过程中需配制强大的热源，最经济的方式就是利用厂内的蒸汽进行加热。由于最终参加脱硝反应的尿素溶液仅为 10%～20% 左右的（电厂为 10% 以下）质量百分比浓度，为了降低尿素溶液储存罐中尿素溶液结晶所需的加热能耗，尿素溶液储存罐中配制的溶液浓度也可为 40%（40% 尿素溶液的结晶温度为 2℃），当 40% 尿素溶液温度低于 10℃ 以下时，启动在线伴热器（如蒸汽加热盘管等）以提升溶液的温度。

同样，尿素溶液在输送的过程中也容易结晶。因此，在输送系统中需设置补充热源的电伴热器或在尿素溶液的管道输送过程中，采用蒸汽管道伴热方式，即在尿素管道旁伴随一根或两根蒸汽管道，然后把蒸汽管道和尿素溶液输送管道做整体保温处理。

尿素溶液输送管道在布置时，尽量避免 U 形布置。但是受现场原有条件的制约，不得已必须采用这种布置形式时，可以在 U 形管低处设置放空阀门，一旦系统停止运行，马上开启放空阀门，使积存在管道低处的尿素溶液迅速排出，以解决 U 形管布置管道易堵塞的问题。

第五节　还原剂为尿素的 SNCR 喷射装置

以尿素为还原剂的 SNCR 系统中，SNCR 喷射装置是保证还原剂与烟气混合均匀的重要手段，是 SNCR 技术的核心部分。喷射装置的脱硝原理如同干法脱硫的喷水增湿：稀释后的尿素溶液从高效雾化喷嘴喷出，形成很细的雾状液滴，高速流动的液滴对炉膛内部分烟气造成强烈的冲击和混合，并开始脱氮还原反应，降低烟气中氮氧化物的浓度。因此 SNCR 脱硝的关键设备——喷枪（含喷嘴），其选型的好坏，直接关系到整个脱硝系统的运行。喷嘴的雾化效果如果不好，则影响还原剂与烟气的混合接触，降低脱硝效率。本节重点介绍：(a) 喷枪的喷嘴常用的性能指标；(b) 喷嘴的结构和类型；(c) 喷枪形式；(d) 喷枪的雾化、雾化介质与雾化控制；(e) 喷枪喷嘴的设置。

一、喷嘴常用的性能指标

喷嘴常用的性能指标包括：流量特性、雾化角和射程、雾化粒径、冲击力等。

(1) 流量特性

喷嘴的流量特性是指喷嘴的质量流量（或体积流量）随着液体压力变化而变化的规律，$q_{vf}(q_m) = F(\Delta p_f)$。对于气力雾化喷嘴来说，它还包括气相的流量和压力。它决定了气液质量比，也就是喷嘴的气耗率 AWR（气体与液体质量流量之比），进而影响喷嘴的雾化质量。

目前普遍应用的液体雾化喷嘴有机械式喷嘴、Y 形喷嘴、旋转式喷嘴、组合式喷嘴等几种，其中 Y 形喷嘴由于结构简单、加工方便、气耗率低、雾化质量好等诸多优点，成了最为广泛使用的喷嘴。

对于常用的 Y 形喷嘴来说，液体质量流量的计算公式为：

$$q_{mY} = 3600\mu F_2 \sqrt{2\rho_0 \Delta p} \qquad (4-18)$$

$$\Delta p = p_Y - \beta p_q \qquad (4-19)$$

$$p_h = \beta p_q \qquad (4-20)$$

式中　　q_{mY}——液体质量流量，kg/h；

　　　　F_2——液体通道的横截面积，m^2；

　　　　Δp——喷嘴液体通道入口处和混合点（气液相遇开始混合的点）的压差；

　　　　p_Y——喷嘴入口液压；

　　　　p_q——喷嘴入口气压；

　　　　p_h——混合点压力；

　　　　μ——喷嘴的流量系数，一般喷嘴设计时取 0.7；

　　　　β——比例系数，为 p_h/p_q，一般设计喷嘴时推荐值为 0.94；

对于 Y 形喷嘴来说，气体质量流量的计算式为：

$$q_{mq} = 3600\mu F_2 \varphi \sqrt{p_a/v_a} \qquad (4-21)$$

式中　　q_{mq}——气体质量流量，kg/h；

　　　　φ——系数，对于过热蒸汽 $\varphi = 2.09$，对于饱和蒸汽 $\varphi = 1.99$，对于压缩气体 $\varphi = 2.14$；

　　　　p_a——喷嘴入口处雾化介质的绝对压力，kgf/m^2，也就是 mmH$_2$O；

　　　　v_a——喷嘴的流量系统，一般喷嘴设计时取 $0.45 \sim 0.7$。

通常喷嘴流量因喷雾压力而异，它随着喷雾压力的增大而增大。喷嘴设计时一般先确定好液体流量和气耗率，再计算气体流量，再最终确定喷嘴的尺寸。

（2）雾化角和射程

喷雾雾化角是表征喷雾扩张程度的一个量，它直接影响喷雾在整个空间的分布特性。雾化角有两种定义的方法：一种是将喷嘴出口中心点到喷雾外包络线的两条切线之间的夹角定义为出口雾化角 α。出口雾化角的大小与理论计算值比较接近，因为喷雾炬在离喷口后会有一定程度的收缩。另一种工程常用的表示方法是将以喷口为中心，在距喷嘴端面 L 处与喷雾曲面的交点连线的角 α'，称为条件雾化角，条件雾化角随 L 的取值不同而不同。一般 L 的取值在 20mm 以上，对于小流量喷嘴 L 取 $40 \sim 80$mm；而对于大流量的喷嘴 L 取 $100 \sim 250$mm 为宜，可参照图 4-20。

图 4-20　雾化角定义的示意

1—喷嘴；2—雾炬外包络线

理论覆盖范围

一般条件雾化角小于出口雾化角，两者有时会相差 20°以上。条件雾化角随所用距离的变化而变化，它便于测量，能更真实地反映喷雾的运动趋势，因此，实验常常采用，雾化角 α 的大小影响喷雾与燃烧空气的混合、燃烧的质量等。

雾炬射程是指雾化颗粒所能达到的距出口最远的距离，一般将速度衰减到出口速度的 95％左右的距离作为喷雾射流的射程，从定义上可以看出射程主要决定于喷雾的速度。

喷嘴理论覆盖范围是根据喷雾夹角和距喷嘴口距离计算出来的。该数值是假设喷雾角度在整个喷雾距离中保持不变的前提下得出的，使用的液体为水。在实际喷雾中，有效喷雾角度因喷雾距离而异。当液体比水黏时，形成的喷雾角度相对较小，其角度取决于黏度，喷嘴流量和喷射压力。

表 4-3 内数值列出了不同距离下的喷雾理论覆盖范围，实际应用中，表内的喷雾角度不适合长距离喷雾。

表 4-3　不同距离下（从喷嘴口算起）的喷雾理论覆盖范围　　　　　（cm）

喷雾夹角	不同距离下（从喷嘴口算起）的理论覆盖的范围											
	5	10	15	20	25	30	40	50	60	70	80	100
5	0.4	0.9	1.3	1.8	2.2	2.6	3.5	4.4	5.2	6.1	7.0	8.7
10	0.9	1.8	2.6	3.5	4.4	5.3	7.0	8.8	10.5	12.3	14.0	17.5
15	1.3	2.6	4.0	5.3	6.6	7.9	10.5	13.2	15.8	18.4	21.1	26.3
20	1.8	3.5	5.3	7.1	8.8	10.6	14.1	17.6	21.2	24.7	28.2	35.3
25	2.2	4.4	6.7	8.9	11.1	13.3	17.7	22.2	26.6	31.0	35.5	44.3
30	2.7	5.4	8.0	10.7	13.4	16.1	21.4	26.8	32.2	37.5	42.9	53.6
35	3.2	6.3	9.5	12.6	15.8	18.9	25.2	31.5	37.8	44.1	50.5	63.1
40	3.6	7.3	10.9	14.6	18.2	21.8	29.1	36.4	43.7	51.0	58.2	72.8
45	4.1	8.3	12.4	16.6	20.7	24.9	33.1	41.4	49.7	58.0	66.3	82.8
50	4.7	9.3	14.0	18.7	23.3	28.0	37.3	46.6	56.0	65.3	74.6	93.3
55	5.2	10.4	15.6	20.8	26.0	31.2	41.7	52.1	62.5	72.9	83.3	104
60	5.8	11.6	17.3	23.1	28.9	34.6	46.2	57.7	69.3	80.8	92.4	115
65	6.4	12.7	19.1	25.5	31.9	38.2	51.0	63.7	76.5	89.2	102	127
70	7.0	14.0	21.0	28.0	35.0	42.0	56.0	70.0	84.0	98.0	112	140
75	7.7	15.4	23.0	30.7	38.4	46.0	61.4	76.7	92.1	107	123	153
80	8.4	16.8	25.2	33.6	42.0	50.4	67.1	83.9	101	118	134	168
85	9.2	18.3	27.5	36.7	45.8	55.0	73.3	91.6	110	128	147	183
90	10.0	20.0	30.0	40.0	50.0	60.0	80.0	100	120	140	160	200
95	10.9	21.8	32.7	43.7	54.6	65.5	87.3	131	153	175	218	
100	11.9	23.8	35.8	47.7	59.6	71.5	95.3	119	143	167	191	238
110	14.3	28.6	42.9	57.1	71.4	85.7	114	143	171	200	229	286
120	17.3	34.6	52.0	69.3	80.6	104	139	173	208	243	—	—
130	21.5	42.9	64.3	85.8	107	129	172	215	257	—	—	—
140	27.5	55.0	82.4	110	137	165	220	275	—	—	—	—
150	37.3	74.6	112	149	187	224	399	—	—	—	—	—
160	56.7	113	170	227	284	—	—	—	—	—	—	—
170	114	229	—	—	—	—	—	—	—	—	—	—

（3）雾化粒径及其分布

液态工质从喷嘴喷射出来以后，会形成尺寸不一的喷雾液滴群，因此液滴的平均雾化粒径是雾化质量的主要指标。在给定的某一种喷雾中，所有雾化液滴并非一般大小。描述一次喷雾中液滴尺寸的方法有：体积中位数直径 $D_v 0.5$（VMD）和质量中位数直径（MMD）、索特尔平均直径（SMD）、数目中位数直径（NMD）3 种类型。对于同样的喷雾，如果采用不同的直径平均方法和不同的取样方法，所得到的平均直径是不同的。

①体积中位数直径 $D_v 0.5$（VMD）和质量中位数直径（MMD）

一种以喷雾液体的体积来表示液滴尺寸的方法。当依照体积测量时，体积中位数直径液滴尺寸是一种数值，即表示喷雾液体总体积中，50%是由直径大于中位数值的液滴组成，50%是由直径小于该数值的液滴组成的。

②索特尔平均直径（SMD）

一种以喷雾产生的表面面积来表示喷雾精细度的方法。索特尔平均粒径是按照平均直径 D_s 计算的，是假想液滴群的总体积与总表面积的比值恰好同实际液滴群的总体积与总表面积的比值相等来确定的，因此它属于表面平均直径。

用公式（4-22）、式（4-23）表示如下：

$$\frac{\frac{1}{6}\pi N_s d_s^3}{\pi N_s d_s^2} = \frac{\frac{1}{6}\pi \sum (N_i d_i^3)}{\pi \sum (N_i d_i^2)} \tag{4-22}$$

$$SMD = d_{32} = d_s = \frac{\sum (N_i d_i^3)}{\sum (N_i d_i^2)} \tag{4-23}$$

其中，N_i ——实际直接为 d_i 的液滴数；

N_s ——假想液滴都为平均直径 d_s 时的液滴数。

③数目中位数直径（NMD）

一种以喷雾中液滴数量表示液滴尺寸的方法。表示从数目上来说，50%的液滴小于中位数直径，50%的液滴大于中位数直径。

在每一种喷雾液滴中，最小流量产生最细喷雾液滴，最大流量则生成最粗喷雾液滴。

由于 VMD 是以喷雾液滴体积为基础的，所以它被广泛认可作为参考资料，并被引用于下列图表 4-4 中。

表 4-4　各类喷雾在不同压力/流量下的 VMD 数据

喷雾类型	0.7bar		3bar		7bar	
	流量（L/min）	VMD（μm）	流量（L/min）	VMD（μm）	流量（L/min）	VMD（μm）
空气雾化	0.02	20	0.03	15		
	0.08	100	30	200	45	400
微细喷射			0.1	110	0.2	110
	0.83	375	1.6	330	2.6	290
空心锥形	0.19	360	0.38	300	0.61	200
	45	3400	91	1900	144	1260
平面扇形	0.19	260	0.38	220	0.61	190
	18.9	4300	38	2500	60	1400

喷雾类型	0.7bar		3bar		7bar	
	流量（L/min）	VMD（μm）	流量（L/min）	VMD（μm）	流量（L/min）	VMD（μm）
实心锥形	0.38	1140	0.72	850	1.1	500
	45	4300	87	2800	132	1720

雾化粒径的分布是影响雾化质量的另一个重要指标，它包括雾化粒径均匀度和雾化粒径在空间上的分布。雾化粒径的均匀度是指某个测量点不同尺寸的液滴的百分比分布，而雾化粒径在空间上的分布是指不同空间测量点上平均雾化粒径（比如 SMD）的分布。

（4）喷雾冲击力

喷嘴的冲击力是指喷嘴喷出来的液体对目标表面的打击力度。喷嘴冲击力有几种不同的表示方法，与喷雾喷嘴性能相关的最有用的冲击力值是每平方厘米冲击力。本质上，该值取决于喷嘴的喷雾形状分布和喷嘴的喷雾角度，为获得已知某一个喷嘴每一平方厘米的冲击力（kg/cm^2），首先用公式确定喷雾理论总冲击力。

得出喷嘴的总理论冲击力后，再从冲击力表中查出不同喷雾形状、不同喷雾角度相对应的百分比，然后乘以理论总冲击力，从而得出千克/平方厘米表示的喷雾冲击力。

液柱流喷嘴产生最大的千克/平方厘米冲击力，可按公式（4-24）计算。有效的喷雾冲击力按公式（4-25）计算。以水为介质，距离喷嘴 300mm 工作条件时，不同喷雾形状和角度的喷嘴，每平方厘米冲击力占理论冲击的百分比见表 4-5。

表 4-5　各喷嘴类型在不同角度时的喷雾冲击力

喷射形状分类	喷射角度	每平方厘米冲击力与理论值之百分比
平面扇形	15°	30%
	25°	18%
	35°	13%
	40°	12%
	50°	10%
	65°	7%
	80°	5%
实心锥形	15°	11%
	30°	2.5%
	50°	1%
	65°	0.4%
	80°	0.2%
	100°	0.1%
空心锥形	60°	1%
	80°	2%

注：表中数据以水为介质，距离喷嘴 300mm 工作条件时得出。

喷雾水总冲击力＝（千克/平方厘米）

$$= 0.024(L/min，在喷射压力下) \times \sqrt{喷射压力}，（千克/平方厘米） \tag{4-24}$$

$$有效喷雾冲击力＝喷雾水总冲击力 \times 百分比\% \tag{4-25}$$

通常，对于某一种特定的喷雾形状分布而言，其喷雾冲击力随着喷雾角度的增大而减小；对于不同类型的喷雾形状分布而言，给定相同的喷雾角度时，扇形喷雾具最大喷雾冲击力，空心锥形喷雾居次，实心锥形喷雾冲击力最小。

(5) 其他影响喷嘴喷雾形状的因素

主要包括：液体的密度、黏度和表面张力、喷射温度、喷枪的磨损等。

① 液体的密度

密度是液体的一定容量与相同容量水的质量之比。密度是物体的固体属性，不同的密度值代表不同的液体类别。以水为介质的液体是计算其他不同液体的基础，根据流量与密度的平方根成反比例的关系，可计算出不同密度液体的流量。

在喷雾中，液体（除水外）密度主要影响喷雾喷嘴的流量。所列数值均以水作为喷射介质而得出的，故当应用水以外的液体时，须应用一个换算系数来确定喷嘴的流量，见表4-6。

$$Q_{液} = Q_{水} \times K \tag{4-26}$$

流量与密度的一般计算公式：

$$所喷射的液体流量 = 水的流量 \times \frac{1}{\sqrt{液体密度}}$$

即：

$$Q_{液} = Q_{水} \times \frac{1}{\sqrt{\rho_{液}}} \tag{4-27}$$

表 4-6 不同密度液体 ρ 的换算系数 K

比重 ρ	换算系数（K）	比重 ρ	换算系数（K）
0.84	1.09	1.20	0.91
0.96	1.02	1.32	0.87
1.00	1.00	1.44	0.83
1.08	0.96	1.68	0.77

②液体的黏度

黏度是液体在流动期间对自身成分的形状或排列改变的抵抗。液体黏度是影响喷雾形状形成的主要因素。它在较小程度上也影响流量。高黏度液体与水相比需要较高的下限压力来形成一种喷雾形状并产生狭窄的喷雾角度。

③液体的表面张力

液体往往以最小表面积形式呈现。在这点上，其表面就像张力下的一层膜。液体表面的任一部分都对邻近部分或与它相接触的其他物体施加张力。该力的方向位于其表面上，它的每单位长度的数值是表面张力。表面张力主要影响最小工作压力、喷流角度和液滴大小。

表面张力的性质在低工作压力状态下较明显。较高的表面张力减小喷流角度，在空心锥形和扇形喷雾喷嘴尤甚。低表面张力允许喷嘴在低压时工作。

④喷射温度

温度的改变不影响喷嘴的喷雾性能，但影响液体黏度、表面张力和密度，从而影响到喷雾喷嘴的性能。

⑤喷嘴的磨损

喷嘴的磨损将会使流量增加，破坏喷雾形状。典型喷嘴材料的近似耐磨比例见表4-7。对影响喷嘴雾化性能的因素总结见表4-8。

表 4-7 典型喷嘴材料的近似耐磨比例

喷嘴材料	耐磨比例	喷嘴材料	耐磨比例
铝	1	硬化不锈钢	10～15
黄铜	1	斯特莱特合金	10～15
钢	1.5～2	陶瓷	90～120
蒙乃尔合金	2～3	碳化硅	90～130
不锈钢	4～6	碳化钨	180～250
哈斯特洛伊合金	4～6		

表 4-8 影响喷嘴雾化性能的因素总结

	压力增加	密度增加	黏度增加	温度增加	表面张力增加
喷雾形状	改进	可忽略	变坏	改进	可忽略
流量	增加	减小	—	—	无影响
喷射角度	先增后减	可忽略	减小	增加	减小
液滴尺寸	减小	可忽略	增加	减小	增加
速度	增加	减小	减小	增加	可忽略
冲击力	增加	可忽略	减小	增加	可忽略
磨损	增加	可忽略	减小	—	无影响

二、喷嘴结构功能和类型

（1）基本要求

喷嘴是尿素溶液喷射系统中不可缺少的一个的关键设备，喷嘴的特性主要体现在喷嘴的喷雾类型，即液体离开喷嘴口时形成的形状以及它的运行性能。

喷嘴的基本功能是把液体雾化成微小的液滴，并且使液滴按要求分布在一定的雾化角度的横截面上，因此喷嘴的结构设计首先应保证使尿素溶液具有良好的雾化效果；其次雾化的粒径必须保证足够的动量，以满足与烟气的充分混合；第三应考虑喷嘴本身处于高温高尘部位，应具有良好的耐高温、耐磨损、耐腐蚀性能，不易损坏。

从实际工程中 SNCR 系统要求及喷嘴相关文献得出，比较理想的 SNCR 喷嘴应满足以下条件：

①喷嘴形式最好采用气力雾化，喷嘴喷射速度要高，一般要达到 50m/s 以上；

②材料性能要求：能抗高温高尘冲刷，抗热变形，耐磨耐腐蚀；

③雾化性能要求：雾化的液滴粒径分布合理，不能太粗，也不能太细，粗细结合；喷雾覆盖面要广，能均匀分布到整个炉膛截面；雾化粒度最好在 $50\sim300\mu m$ 范围内，分布要有粗有细；在不出现很多大颗粒的情况下，平均雾化粒度可以再大一点；

④根据炉膛的结构尺寸，喷枪喷射距离不能太小，以 5m 以上为佳；

⑤运行控制要求：布置多层多点不同形式的喷嘴组合，根据工况变化选择不同的组合喷

射方式，实现覆盖面积最大；能灵活调整整个喷嘴的雾化粒度，改变液滴蒸发时间，以适应温度变化；

⑥喷枪在使用时有防堵塞措施，且喷枪相关部件（如最易磨损的喷嘴等）应能拆卸方便、检修维护简便。

（2）喷嘴结构和类型

雾化喷嘴通常包括：①压力喷嘴：其进液压力高，雾化的动力来自液体的压力能；②气力式喷嘴：靠气体介质气动力来雾化液体，按气液混合的位置不同，又分为内混式和外混式等，按照喷嘴通道数目可分为二通道、三通道等；以喷雾形状区分时可分为扇形、锥形、液柱流（即射流）、空气雾化、扁平喷嘴等，其中锥形喷嘴又分为空心锥形与实心锥形两大类；③其他还有超声喷嘴等。

由于气力式雾化喷嘴结构简单、加工方便、气耗率低、雾化质量好等诸多优点，目前SNCR脱硝系统所用喷枪多采用气力式喷嘴。如以尿素溶液为还原剂的 SNCR 脱硝系统，多采用双流体式喷枪，尿素溶液和雾化介质（压缩空气或蒸汽）同时通过喷枪内不同通道进入喷嘴中混合和雾化，最后喷嘴在有压条件下进行喷射，以获得最佳尺寸和分布的液滴，用喷射角和速度控制反应剂运动轨迹，以期喷雾覆盖面广，均匀分布到整个炉膛截面。通常水泥窑炉的喷射系统为低能系统，利用的压缩空气或蒸汽较少，压力也较低；不同于大容量锅炉的喷射系统，一般均采用高能系统。反应剂高能系统因需装备较大容量的空气压缩机、制造坚固的喷射系统和消耗较多的电能，其制造和运行费用均较昂贵。

图 4-21 是合肥水泥研究设计院自主设计开发的、专门用于水泥窑炉的一种双流体二通道喷枪。喷枪包括喷枪本体、喷嘴、喷嘴耐磨套和安装座四部分。其中喷枪本体采用不锈钢制造，耐磨保护套为碳化硅材质，喷嘴前端涂碳化钨涂层，耐热、耐磨损、耐腐蚀；同时为了防止喷枪枪体损坏，加装喷枪套筒，施工时套筒固定在窑炉上，喷枪安装在套筒中，喷枪可在套筒中手动或自动进退，为防止套筒被大量烟尘堵塞，在套筒上加装压缩空气入口进行定时吹扫。目前，该种喷枪已大量使用在水泥窑炉 SNCR 脱硝系统中，实践表明，脱硝效果良好。

图 4-21 一种喷枪、喷嘴及其套筒的示意图

喷嘴可以按照气雾出口形状［扇形、锥形（实心/空心）、液柱流等，如图 4-22～图 4-25 所示］、不同出水孔径尺寸、出水孔的数量等，分为多种不同规格，通过更换不同规格、型号可以达到不同液体流量的喷出和得到不同液体喷雾形状，还可以得到不同的喷雾角度。

图 4-22　空心锥形喷嘴

空心锥形喷雾类型实质上是一个圆形液体环，
一般通过进液口与旋流腔相切
形成的离心力发散而成。

图 4-23　实心锥形喷雾

实心锥形喷雾类型覆盖区域是一个完全充满液滴的圆
形，该喷雾类型通常是利用内部叶片使得液体在喷嘴
口之前获得湍流而形成。

图 4-24　扇形喷雾

扇形喷雾类型的液体分布呈现平面薄片形，该喷雾类
型是利用一个椭圆形喷嘴口或一个与导流面相切的圆
形喷嘴口而形成。

图 4-25　微细喷雾

微细喷雾类型实质上是通过压力破碎而形成雾状，该
喷雾类型产生的喷雾液滴极小，易受空气摩擦和气流
的影响，不能维持长距离。

　　图 4-26、图 4-27、图 4-28 所示为出水孔为单孔、双孔及多孔时的喷嘴图片和喷雾效果。可根据工程实际进行选择，在孔径相同的情况下，实际工程经验发现出水孔为单孔时的脱硝效果要比双孔的好。

　　（3）喷嘴问题的常见原因

　　如下列示了喷雾喷嘴在使用过程中出现问题的 7 种最常见的原因：

　　磨损：喷雾喷口和内流通道表面的物质逐渐脱落，进而影响流量、压力和喷雾形状。

　　腐蚀：由于喷雾液或环境的化学作用引用的腐蚀破坏了喷嘴材料。

　　阻塞：污垢或其他杂质阻塞了喷嘴口内部，进而限制流量和干扰喷雾形状。

　　粘结：喷嘴口边缘内侧或外侧材料上，由于液体蒸发而引起的喷溅、雾气或化学堆积作

图 4-26　某工程单孔喷嘴及喷射效果图

图 4-27　某工程双孔喷嘴及喷射效果图

图 4-28　某工程多孔喷嘴及喷射效果图

用而凝结一层干燥的凝固层，阻碍喷嘴口或内流通道。

温度损害：由热引起的对非高温用途设计的喷嘴材料产生的一种有害影响。

错误安装：安装时偏离轴心，过度上紧或改变安装位置，这些问题能导致渗漏的产生，并对喷雾性能产生不良影响。

意外损伤：在安装和清洗中由于应用不正确的工具而对喷嘴造成的一种非预期的损伤。

三、喷枪的形式

目前 SNCR 脱硝系统炉前喷射喷枪形式主要有固定式喷枪、自动伸缩式喷枪等。通常喷枪采用不锈钢制造，包括喷枪本体、喷嘴、喷嘴耐磨套和支座四部分。

（1）自动伸缩式喷枪，在图 4-21 所示喷枪上加装伸缩机构，可以使喷枪在套筒内实现自动伸缩。伸缩机构是通过连杆与喷枪本体连接，其移动时可通过连杆带动喷枪移动，伸缩机构可以采用气动、液动或者电动的推进伸缩装置，具体的如气压缸、液压缸或者丝杆传动机构等。自动伸缩式喷枪的优点：便于自动控制，可中控关停、进退。但同时由于其自动化水平高，电气控制点数多，往往出问题时检修较为复杂，而且造价也比较高。图 4-29 某工程采用的自动伸缩式喷枪，采用气缸作为伸缩机构。该种喷枪特点为：① 喷枪采用气动伸缩装置，喷枪不使用时可自动退出炉内，大大延长了喷枪的使用寿命；② 采用碳化硅保护套管，具有耐高温、耐磨损等特点，无需另设冷却装置就可确保喷枪长期安全、稳定运行；③喷枪外观漂亮、结构紧凑、拆卸及维护非常方便。

（2）固定式喷枪，如图 4-21 所示喷枪，将其固定在窑炉上，由于不存在自动伸缩机构，其不能自动进退，可人工操作进退。其优点是简单，体积较小，方便安装，出问题容易检修。缺点就是不能中控控制，窑炉关停后需人工退出喷枪。图 4-30 为某工程采用的固定式喷枪。该种喷枪特点为：① 喷枪采用保护套管及活动法兰连接，可手动将喷枪伸进或者退出炉内；②采用金属保护套管，套管采用先进的热处理技术，保证了保护套管具有耐高温及耐磨损强度。③保护套管设有风冷接口，确保高温环境下长时间使用。

图 4-29　某工程自动伸缩式喷枪图

图 4-30　某工程固定式喷枪图

四、喷枪的雾化、雾化介质与雾化控制

（1）雾化

雾化是连续液体在内外力的作用下变形、分裂、破碎成为大量离散的液滴颗粒的过程。在工农业生产及航空、军事等领域，雾化得到了广泛的应用。

由于喷嘴形式不同，液体从喷嘴射出的形态互有差异。但是总的来说有两种形态，即圆射流和液膜射流。圆射流是液体从圆孔出口以一定速度射出时的流态，呈圆柱状。液体燃料从柴油机中的孔式喷嘴喷出时就是圆射流。液膜射流是液体以膜状的形式从喷口射出，有平面液膜射流、扇形液膜射流及环装液膜射流等。水煤浆气化炉中的三通道喷嘴，其燃料射流形式就是典型的环状液膜射流。

液体雾化喷嘴是实现燃油等工质雾化最简单的装置，它的基本功能是把液体雾化成微小的液滴，并且使液滴按要求分布在一定雾化角度的横截面上。

（2）雾化介质

雾化介质的主要作用是提高还原剂喷射速度，增加喷射动量，加强还原剂与炉内烟气的充分混合，保证脱硝效率。要求其并非把尿素溶液全部雾化成很小的液滴，而是雾化成一定比例的不同尺寸的液滴。小液滴在喷入口炉壁附近的低温区就挥发反应，而大液滴则可以深

入炉膛才析出反应。

目前，常用的 SNCR 系统的雾化介质有过热蒸汽和压缩空气两种。在水泥窑炉、燃煤电站 SNCR 喷射系统中，可供选择的雾化介质有压缩空气和厂用蒸汽，目前这两种雾化介质在实际工程中都有应用业绩，效果都能满足系统性能要求。

如果喷枪采用厂用蒸汽作为雾化介质，其雾化蒸汽压力最好选择为 0.6～0.9MPa；如果喷枪采用厂用压缩空气作为雾化介质，其雾化气压力最好为 0.4～0.8MPa。

（3）雾化控制

SNCR 脱硝系统要求尿素溶液与 NO_x 必须在很短的时间内完成反应，否则尿素就会流动到较低的温度区域，明显降低尿素还原 NO_x 的反应程度。为了使尿素与 NO_x 的反应在很短的时间内完成，必须对尿素溶液进行良好的雾化。因此，雾化角度要大，覆盖面积要广。在正常环境中，通常雾化颗粒越小，反应表面积越大，因此普通的喷射器要求雾化粒度细、覆盖面积广即可。但是在分解炉的高温烟气环境中，液滴进入炉内后很快就会蒸发掉，只有大液滴才能穿透一段长的距离深入到炉膛中心。因此，SNCR 高温喷射的喷嘴需要一部分速度高的粗颗粒可以抵达炉膛深处反应；另一部分细颗粒分散在喷嘴周围，在喷入点即炉膛壁面附近就可以充分与烟气混合反应。但还原剂溶液的雾化应注意不能在炉膛壁面附近的冷却区形成特别粗的颗粒，以免反应不完全造成尾部的氨逃逸。

研究表明，以尿素溶液为还原剂时其在炉膛内反应区间的停留时间为 0.5s 左右，因此应根据不同的窑炉炉内状况对喷嘴的几何特征、喷射的角度和速度、喷射液滴直径进行优化，通过改变还原剂雾化路径达到最佳停留时间的目的。对尿素溶液进行良好的雾化，必须选择喷嘴的结构和喷嘴处的液体、气体压力和流量，对于不同的窑炉，其要求也不一样。经验表明，水泥分解炉所用的喷嘴雾化形式为扇形和实心锥两种雾化较为理想，粒径 80～160μm，分布要有粗有细，平均粒径最好为 100μm 左右，且中间粒径大、四周粒径细最佳，速度必须达到 50～60m/s，雾化角度以喷射粒子不喷射到受热面为宜，且尽可能大。

五、喷枪喷嘴的设置

由于水泥窑炉负荷和燃用煤种的变化，炉内温度场变化情况较大。因此，SNCR 系统设计中，应根据分解炉的温度场、流场和化学反应的数值进行 CFD 模拟优化后，结合分解炉的实际情况确定喷射区部位和数量，据此选择喷射装置类型数量，最后进行布置，实际施工时，尽量避免与炉内外部件碰撞。

（1）喷枪（喷嘴）设置时需要考虑的因素

① 合适的温度条件

SNCR 脱硝技术对于还原剂的反应温度条件非常敏感，分解炉上喷入点的选择，是 SNCR 系统脱硝效率高低的关键之一。不同的还原剂的最佳温度范围与具体的分解炉内烟气环境有关。从目前掌握的水泥窑 SNCR 实际经验来看，氨水作为还原剂的反应温度窗口为 8500～1050℃，尿素作为还原剂的反应温度窗口为 900～1100℃，温度窗口是一个非常窄的范围，水泥窑窑尾烟室至分解炉的控制温度刚好在这两个反应温度窗口内，因为分解炉内温度场比较复杂，选择合适的喷入点尤为重要。还原剂喷入点必须能使其进入水泥窑炉膛内适宜反应的温度区间（850～1100℃）。当反应温度低于温度窗口下限时，由于停留时间的限制，往往使化学反应进行的程度较低反应不够彻底，从而造成 NO 的还原率较低，同时未参与反应的 NH_3 增加也会造成氨气逃逸，NH_3 是高挥发性和有毒的物质，氨的逃逸会造成新的环境污染。而当反应温度高于温度窗口上限时，NH_3 的氧化反应开始起主导作用。从而，NH_3 的作用成为氧化并生成 NO，而不是还原 NO 为 N_2。总之，SNCR 还原 NO 的过程是上述两类反应互相竞争、共同作用的结果，如何选取合适的温度条件同时兼顾减少还原剂的逃逸成为 SNCR 技术成功应用的关键。脱硝效率与温度的关系见图 4-31。

图 4-31　脱硝效率与温度的关系图

对于水泥窑炉、电站锅炉，反应温度窗口处于高温对流受热面区域。在这个区域，烟气温度受燃料、燃烧配风等调整和变化及窑炉负荷变动的影响较大，反应温度窗口会沿着烟气流动方式迁移，因此在 SNCR 系统设计时可采用多层喷射区（一般采用两层），根据运行情况确定各层喷枪系统的投运。

② 合适的停留时间

任何反应都需要一定时间完成，反应完成情况随反应时间的不同而存在差异。因此还原剂必须与 NO_x 在合适的温度区域内有足够的停留时间，才能达到良好的脱硝效果。停留时间指的是还原剂在完成于烟气的混合、液滴蒸发、热解成 NH_3、NH_3 转化成游离基 NH_2、脱硝化学反应等全部过程所需要的时间。延长反应区域内的停留时间，有助于反应物质扩散传递和化学反应，提高脱硝效率。当合适的反应的温度窗口较窄时，部分还原反应将滞后到较低的温度区间，较低的反应速率需要更长的停留时间以获得相同脱硝效率。当停留时间超过 1s 时，易获得较高的脱硝效果，停留时间至少应超过 0.3s。停留时间与分解炉的尺寸、内部结构形式及烟气的流动状况有关。还原反应在分解炉内的停留时间取决于分解炉的尺寸和反应窗口内烟气路径的尺寸和速度，一般控制在 0.5s。

多数的研究者都认同，氨与 NO 发生的高温选择性非催化还原反应的时间量级为 0.1s。反应在 0.35s 左右就能进行到一个比较高的水平。停留时间小于 0.3s 时，脱硝效率随着停留时间的上升而上升，在低温区尤其突出。但在高温区，由于反应速率加快，不同的停留时间下 SNCR 反应的差别并不大，脱硝效率-温度曲线基本重合。

③ 保证还原剂与烟气的充分混合

还原剂与烟气的混合程度影响了还原剂与 NO_x 的反应进程和速度，还原剂和烟气在分解炉内时边混合边反应，混合效果的好坏是决定 SNCR 脱硝效率高低的重要因素。在实验室内，脱硝效率可以做到 80％以上，而水泥厂、大型锅炉应用 SNCR 技术的实际脱硝效率一般在 50％左右，主要原因之一就是混合问题。混合效果不好会严重影响反应物的接触，导致某一反应分布不均匀。例如，局部的 NO_x 浓度低，过量的还原剂及其分解产物反而会被氧化，整体脱硝效率低；局部 NO_x 浓度高，不能被充足的还原剂还原，还原剂的利用率低。在不改变现有分解炉结构形式的基础上，可以调整不同位置还原剂的喷入量及雾化效果，来提高还原剂与烟气的混合程度，使脱硝效率升高、氨逃逸率降低。

④ 氨逃逸的影响

在 SNCR 脱硝技术中，还原剂雾化颗粒进入分解炉后，大部分与烟气中的 NO 和 NO_2 进行还原反应，少量的还原剂在烟气中未发生反应就逃逸出去，这些在反应温度区内未反应的还原剂（NH_3），成为氨逃逸。未曾反应排出的氨会造成环境二次污染，也增加了脱硝成本。通常脱硝喷枪设置时应控制氨逃逸在 $10mg/m^3$ 以下。

除此以外，脱硝喷枪设置时还应考虑对窑炉设备影响最小，安装、运行和维护要方便等。总之，为了提高脱 NO_x 的效率并实现 NH_3 的逃逸最小化，应满足以下条件：在氨水喷入的位置没有火焰；在反应区域维持合适的温度范围（850～1050℃）；在反应区域有足够的停留时间（至少 0.5s，900℃）。

（2）喷枪的位置和数量

在 SNCR 系统工程中，喷枪的数量和布置方式，会对脱硝性能起到至关重要的作用。

喷嘴数量和布置方式一般称为喷射策略（Strategy），通常应根据实际的炉膛结构和布置方式进行冷态喷射策略的模拟，并结合计算流体力学的模拟来评价和优化，最终确定一个最佳的喷嘴数量和布置方式，目的是为了使喷枪射流与烟气的充分混合及使射流获得的良好穿透力，保证整个炉膛截面还原剂的均匀分布。一个好的喷射策略应是兼顾炉膛的穿透和壁面附近的混合的。穿透能力增加与壁面附近混合改善同等重要。

实际工程中喷嘴位置的确定：喷嘴具体如何布置，是平均分布还是疏密间隔，是成对分布还是根据炉膛烟气动力场的实际情况进行针对性布置，对混合和脱硝效率的影响非常大。喷嘴布置的一个主要原则是各喷嘴尽可能单独覆盖一个最大的区域，各自覆盖的区域不要重叠，以达到最大化的混合效果。

实际工程中，SNCR 设计和喷射策略是为每位用户"量身定做"的，需要利用 CFD 模拟软件模拟特定分解炉内烟气流场和温度场，根据 CFD 提供的流场和温度场，利用 CKM 模型来计算尿素与 NO_x 的反应速度。根据这两个模型的计算结果，可以确定在不同窑炉负荷和不同煤种条件下炉膛内的最佳温度区域，从而确定最佳的喷射器布置方案。如本章第四节图 4-17、图 4-18 所示，通常设计多层喷射，并且根据窑炉负荷的变化和燃烧条件的改变自动调节尿素喷射。

实际工程中借助 CFD 模拟解决的问题包括：保持总喷射流量不变的情况下，通过选择使用不同数量的喷嘴进行喷射，来评价喷嘴个数对混合和脱硝效果的差别；通过选择使用不同布置方式进行喷射，来评价布置方式对混合和脱硝效果的差别。再根据负荷的变化，NO_x 浓度的变化最终确定布置方案和不同的控制策略。

第六节　还原剂为尿素的 SNCR 系统工艺布置

SNCR 系统工艺布置包括：尿素溶液制备区、窑尾喷射区装置的布置、氨逃逸监测仪、NO_x 浓度监测仪以及相关管道阀门的布置等。SNCR 系统总图布置应遵循以下原则：

（1）在规划基本的现场布置方案时，建筑和设备的位置应按所需功能来布置，应与水泥厂总体布置相协调，并充分考虑具体场地条件、还原剂运输、全厂道路（包括消防通道）通畅，以及建造难易、所有设备安装、检修方便和安全性；

（2）总平面布置应符合 GBJ 16《建筑设计防火规范》、GB 50222《建筑内部装修设计防火规范》和 GB 50295《水泥工厂设计规范》等标准防火、防爆有关规范的规定；

（3）固体尿素储存、尿素溶解罐、尿素溶液储存罐、尿素溶液输送、稀释模块等布置在同一区域，便于尿素及尿素溶液的卸载和输送；

（4）尿素溶液计量模块、分配模块、压缩空气控制模块、尿素溶液喷射模块等就近布置在分解炉相应位置的窑尾预热器框架平台上；

（5）全厂脱硝装置的控制系统布置在主厂控制室内；

（6）平台扶梯及检修起吊设施的布置应尽量利用窑炉已有的设施；

（7）管道及附件的布置应满足脱硝施工及运行维护的要求，避免与其他设施发生碰撞。

一、尿素溶液制备区的工艺布置

1. 系统设计与工艺布置、安装的具体要求

（1）尿素溶液制备区的工艺布置应尽可能选择在烧成窑尾框架附近空地，以缩短尿素溶液输送管道的长度。同时该区域应道路通畅，便于尿素输送。注意留出与周围构筑物的安全距离和消防通道。整个设计应符合 GB 50295《水泥工厂设计规范》相关规定，新建设施尽可能减少对原有地下及地上设施的影响，尽量避开原有基础和沟道；

（2）尿素溶液制备区的面积可根据固体尿素储存面积和尿素溶液储存罐的容积确定；

（3）尿素溶液制备区的尿素溶解罐、尿素溶液储存和相应输送管道应进行保温和伴热，区域内设备和管道的布置应按其使用功能、安装维护方便等紧凑布置；

（4）制备区内设置排水沟，冲洗水和其余废液考虑到循环利用或者汇集后排入厂内污水处理系统；

（5）因尿素溶液温度高于 130℃时会分解为氨和二氧化碳，因此在厂区易燃易爆类建（构）筑物、堆场的周边一定距离内布置尿素溶液储罐时，应考虑其火灾危险性对尿素溶液储罐的影响。

2. 尿素制备区工艺布置工程案例

尿素溶液制备区一般布置在 0m 标高层，一般包括固体尿素的卸载及储存、尿素的溶解、尿素溶液的储存、尿素溶液的输送、除盐水的储存及输送等。其中尿素溶解设施可布置为溶解罐也可以布置为溶解池，溶解罐（池）可地上布置，也可地下布置。

图 4-32 某工程尿素制备间整体外观图

可根据现场需要而定。图 4-32～图 4-38 为不同 SNCR 工程尿素制备区的设备布置现场图。图 4-39 为某工程尿素制备区总图布置方案。

图 4-33 某工程袋装尿素堆放区

图 4-34 某工程袋装尿素堆放区

(a)　　　　　　　　　　　　　　(b)

图 4-35　某工程尿素溶解系统及尿素溶解罐

图 4-36　某工程尿素溶解池布置图

图 4-37　某工程室内布置的尿素溶液储罐　　　图 4-38　某工程室外布置的尿素溶液储罐

　　固体袋装尿素的卸载系统包括斗提、储仓等一般与尿素溶解罐布置在一起，便于固体尿素卸料至溶解罐中，而固体尿素由于易吸潮结块，一般布置在室内，因此相应的卸载系统与尿素溶解罐一般也室内布置。而尿素溶液储罐由于体积较大，室内布置要求整个车间的面积较大，造成工程土建费用较高，因此，也可采用室外布置，但要做好保温和蒸汽伴热系统的设计。如图 4-38 所示。

图 4-39 某工程尿素制备区 0.000 平面布置图

    图 4-40、图 4-41 所示的某工程平面剖面图。该工程尿素制备区车间为封闭式，内设尿素储存区、梁式起重机、尿素溶解罐、尿素溶液循环排污模块、尿素溶液转存模块、尿素溶液储存罐（2 座）、尿素溶液输送、计量模块、除盐水输送模块等设备。车间内冬天通暖气保持室内温度在 5℃左右；制备区域固体尿素卸载采用桥式起重机进行，尿素溶解罐为地上布置，通过桥式起重机将袋装尿素输送至尿素溶解罐提升机入口，通过人工破包下料。尿素溶解罐内设置蒸汽盘管进行加热。配置一台搅拌器和一台循环泵，保证尿素溶液浓度均匀。蒸汽冷凝水介质进入除盐水罐内作稀释水用。设置除盐水罐一座，储存一定量的除盐水用作在线稀释时使用。尿素溶液储罐设置两座，保证脱硝系统正常运行时 7d 的用量。尿素溶液储罐上设置搅拌器，定期搅拌，防止尿素溶液的分层和析晶；内设蒸汽盘管保持尿素溶液的浓度，蒸汽冷凝水排入除盐水罐中再次利用。

图 4-40　某工程尿素溶液制备区 A—A 剖面图

二、窑尾分解炉喷射区的布置

    SNCR 系统在窑尾分解炉喷射区钢平台上布置的主要工艺设备（设施）有稀释、计量、分配模块、缓冲罐、喷射模块、压缩空气（含吹扫、冷却、雾化、仪用）控制模块、就地控制柜和电气系统设备等。

    稀释水泵可布置在尿素溶液制备区内，每台分解炉配置两台泵，一用一备；通过稀释水泵输送除盐水至窑尾，同时与尿素溶液输送泵输送来的尿素溶液在稀释计量模块进行稀释至浓度

10％～20％的溶液后输送至分配模块。计量、分配模块一般根据喷枪设置的位置，布置在相应高度的钢平台上。如喷枪安装在分解炉上的位置离钢平台距离较高，则需增加喷枪检修平台。

图 4-41　某工程尿素溶液制备区 B—B 剖面图

某 5000t/d 水泥窑熟料生产线 SNCR 脱硝工程窑尾喷射区的布置如图 4-42、图 4-43 所示。

图 4-42　某工程 SNCR 喷枪布置图

图 4-43 某工程喷射区平面布置图

由图 4-42、图 4-43 可知，该工程在窑尾相应喷射平台布置如下设备：尿素溶液缓冲罐、中继喷射模块、尿素溶液/压缩空气计量分配模块（每层喷枪各布置一组）、尿素溶液/压缩空气分配环管及模块、两层喷枪。

该系统在 63.050m 平台布置了一个容积约 6m³ 的尿素溶液缓冲罐，其是一个临时储存尿素溶液的装置，是尿素溶液浓度的调节装置，可同时将尿素溶液与除盐水输送至缓冲罐中进行稀释；在缓冲罐后面增设了中继喷射模块，模块中设两台喷射泵，一用一备，通过喷射泵将缓冲罐中的尿素溶液（10%～20%浓度）输送至计量、分配和喷枪系统。该项目设置缓冲罐的原因是因布置的尿素溶液制备区离喷射区非常远，为避免制备区的输送泵由于扬程或其他问题使喷射量不够稳定而设定了缓冲罐和其后的喷射泵。

在中继喷射模块之后设置了计量和分配模块，将尿素溶液和压缩空气的计量并排组装成一组模块（每层喷枪设置一组），由于厂区压缩空气压力足够，直接从厂区原有的压缩空气管路中引出一路支路作为脱硝使用。分配系统采用环形管道进行分配，再从环管上分出控制各支喷枪的子模块，共 12 组尿素溶液分配子模块和 12 组压缩空气分配子模块。系统共布置 12 支自动伸缩式喷枪，分两层布置，一层布置在分解炉鹅颈管上标高 63.050m，另一层布置在分解炉出口与鹅颈管层喷枪相同标高处。安装时，在分解炉上开孔装好喷枪套管，固定后将喷枪通过套管深入炉膛中，喷枪可通过中控自动伸入或退出分解炉炉膛。若一段时间不使用喷枪时，可将其退出炉内，以延长喷枪使用寿命。

图 4-44～图 4-47 为 SNCR 工程喷射区设备（设施）的安装图。

图 4-44 某工程 SNCR 系统窑尾缓冲罐和喷射泵的布置

图 4-45 某工程 SNCR 计量分配系统装置图

图 4-46　某工程 SNCR 喷枪套筒及安装图

图 4-47　某工程 SNCR 喷枪装置图

三、在线监测仪的布置

在线烟气连续监测装置一般布置在窑尾预热器 C1 筒出口处和窑尾烟囱处，如图 4-48 所示。

图 4-48　某工程氨逃逸监测仪装置图

第七节　主要工艺设备和材料

一、基本要求

以尿素为还原剂的 SNCR 工艺系统主要设备在前面一节已经提过，主要包括尿素溶解罐、尿素溶液循环输送模块、尿素溶液储罐、输送泵、稀释水泵、计量分配装置、尿素溶液喷射模块等。由于目前水泥厂还未推出脱硝方面的标准，因此设备的选型和设置可参照电厂相关标准如 HJ 563—2010《火电厂烟气脱硝工程技术规范　选择性非催化还原法》相关规程规范，有关浓度排放需执行 GB 4915—2013《水泥工业大气污染物排放标准》中有关氮氧化物排放方面的规定。主要设备见表 4-9。

表 4-9　SNCR 系统主要设备

序号	尿素制备区	分解炉喷射区	备注
1	尿素卸载用梁式起重机，一般规格 1~2t	尿素溶液缓冲罐（据需要设定），用于尿素溶液的临时存储	
2	尿素卸载用斗式提升机，提升量根据所用尿素量确定	尿素溶液中继喷射模块（含喷射泵，相应的压力流量控制仪表），用于将稀释好的尿素溶液喷射至分解炉	
3	尿素溶解罐，含搅拌、伴热装置，同时设置相应的液位计、温度计等	尿素溶液计量模块，含流量计、调节阀、压力仪表等	
4	尿素溶液循环输送模块（含输送泵、相应的流量、压力装置。用于配制好的尿素溶液自身循环以及输送至尿素溶液储存罐中	尿素溶液分配模块，含转子流量计、手动阀、压力表等	
5	尿素溶液储存罐（含搅拌、伴热装置），应满足系统 5~7d 的尿素溶液用量	压缩空气储气罐	
6	尿素溶液输送模块（含输送泵、相应压力流量控制仪表，用于将还原剂输送至窑尾），一用一备	压缩空气计量模块，含电动调节阀、压力表等；压缩空气分配模块，含手动调节阀、压力表、电磁阀等	
7	除盐水储存罐，用于储存一定量的除盐水，用于在线稀释	喷枪（自动或固定式）	
8	除盐水输送泵（含输送泵、压力流量控制仪表，用于在线输送除盐水），进行稀释尿素溶液	NO_x 浓度监测仪，氨逃逸监测仪（可采用水泥线现有的测量仪，现有生产线没有的需要增加气体分析仪）	
9	相应的尿素溶液输送管道、阀门、法兰、保温材料等	相应的输送管道、阀门仪表、法兰、保温材料等	

材料的选择应本着经济、适用的原则，满足脱硝系统特定工艺要求，选择具有较长使用寿命的材料；通用材料应在水泥厂、燃煤锅炉常用的材料中选取；对于接触腐蚀性介质的部位，应择优选取耐腐蚀金属或非金属材料。由于尿素溶解中间产物氨基甲酸铵具有较强的腐蚀性，因此在尿素水解系统中，除了固体尿素仓库外，其他的设备和管道均应选择不锈钢材质。

二、尿素、除盐水的消耗量

以下以某 5000t/d 新型干法熟料水泥生产线的数据来介绍尿素脱硝系统的相关计算和尿

素消耗量、除盐水消耗量及主要设备的选型计算。

1. 设计的原始数据

生产线规模：5000t/d，年运行时间按8000h计，年熟料产量170万吨。

窑尾烟囱烟气量 V_0（标态，干或湿基）：$3.5 \times 10^5 \, Nm^3/h$，其中NO占95%，$NO_2$占5%；

原始烟气中 NO_x 浓度（以 NO_2 计，标况，10%O_2）：800 mg/Nm^3；脱硝效率不低于60%；C1出口烟气中氧含量为4%。SNCR脱硝系统氨逃逸率控制在10mg/Nm^3（标态）；脱硝系统设计运行效率100%。

2. 尿素消耗量计算

按照反应式（4-28）、式（4-29）进行计算；

$$4NO + 2CO(NH_2)_2 + O_2 \longrightarrow 4N_2 + 2CO_2 + 4H_2O \tag{4-28}$$

$$8NO_2 + 6CO(NH_2)_2 + O_2 \longrightarrow 10N_2 + 6CO_2 + 12H_2O \tag{4-29}$$

工程运行时还原剂尿素及除盐水等的消耗量见表4-10，作为相关设备选型的基本依据。

表 4-10　某 5000t/d 新型干法熟料水泥生产线 SNCR 脱硝工程设计参数及相关原料消耗量

序号	设计参数	项目	单位	数值	备注
1	脱硝工程设计基础参数	窑尾烟囱烟气流量（标况）	Nm^3/h	350000	—
2		窑尾烟囱烟气温度	℃	100	—
3		预热器出口温度	℃	约900	—
4		烟气温度（C1出口）	℃	约330	—
5		C1出口烟气中O_2	%	0.5~2	—
6		C1筒出口静压	Pa	约-6000	—
7		原始烟气NO_x浓度（以NO_2计，标况，10%O_2）	mg/m^3	800	—
8		窑系统年运转时间	h	8000	—
9	脱硝工程指标参数	脱硝后烟气NO_x浓度（以NO_2计，标况，10%O_2）	mg/m^3	<320	满足水泥行业最新标准要求
10		综合脱硝效率	%	>60	—
11		NH_3逃逸	mg/Nm^3	<10	—
12		脱硝系统年运转率	%	100	与窑同步运行检修
13		NO_x削减量	t/a	1344	—
14		尿素颗粒耗量（折100%）	kg/h	<360	NRS=1.5
15		尿素溶液耗量（20%）	kg/h	<1800	NRS=1.5
16		压缩空气耗量	Nm^3/h	<240	—
17		电耗	kW·h/h	20	—
18		工艺水耗量	t/h	<1.6	含冲洗时软水消耗量
19		低压蒸汽消耗量	t/d	<1.0	余热发电尾气，用于尿素溶液配制时加热和储罐保温，冷凝水回用。平均消耗量

三、主要设备的选型

（1）尿素储存与配制

尿素（固体）储存量如按不小于 1 台分解炉正常工况下 7d 用量，则需要的储存量约为 60t。系统设一座尿素溶解罐，可将固体尿素配制成 40%浓度的溶液或直接配制成 20%浓度的溶液。由于 1d 40%尿素溶液用量约为 21.6t，20%尿素溶液用量约为 43.2t，而 40%尿素溶液密度为 $1.112g/cm^3$，20%尿素溶液密度为 $1.053g/cm^3$，则每天用量的相应体积约为 $19m^3$ 和 $41m^3$，则取尿素溶解罐体积为 $25m^3$。如配制 40%质量浓度的尿素溶液，一般配制 1 罐通常即能满足脱硝系统运行 1d 所需尿素溶液量。如配制 20%质量浓度的尿素溶液，一般配制 2 罐通常能满足脱硝系统运行 1d 所需尿素溶液量。溶解罐上安装液位计、温度计、搅拌器等。

（2）尿素溶液储存罐

尿素溶液储罐的总储量按照不小于 SNCR 系统脱硝装置正常运行时 5d（每天 24h）的总消耗量来设计，如配制成 40%的尿素溶液，则尿素储罐要求能储存的量约为 108t（$97m^3$），20%浓度的尿素溶液 5d 用量约为 216t（$205m^3$）。一般设置两座储罐，则每个储罐体积可设计为 $60m^3$。储罐上需要安装温度计、液位计等。

（3）尿素溶液循环输送泵

系统布置尿素溶液循环输送泵两台，将尿素溶解罐内的尿素溶液输送至尿素溶液储罐中，一用一备，尿素溶液输送泵采用离心泵。根据溶解罐体积和运行工况，泵的流量可选择为 $40\sim50m^3/h$。

（4）尿素溶液输送泵

系统共设置尿素溶液输送泵两台，为保证系统有一定的回流量，以便脱硝系统安全运行，泵的流量可选择为 $5\sim10m^3/h$。

（5）尿素溶液稀释水泵

按照给定的烟气条件和脱硝效率要求，每条生产线需要尿素溶液约 $1.5m^3/h$，如果稀释后浓度控制在 20%，则稀释泵容量可选为 $5\sim10m^3/h$。

第五章　还原剂为氨水的 SNCR 工艺系统

第一节　氨的基本特性

一、氨的基本知识

氨又称液氨、液态氨，化学分子式为 NH_3。氨是 1754 年由英国化学家普利斯特利在加热氯化铵和石灰石时发现的，氨的工业制法是德国 F·哈伯 1909 年发明的。氮和氢在 15.2～30.4MPa、400～500℃下直接合成氨。在自然界中，氨是动物体（特别是蛋白质）腐败后的产物，氨是含氮物质腐败的最后产物。

常温常压下，氨是具有强烈刺激性臭味的无色气体，并兼带碱性腐蚀和可燃性。在标准状况下，氨的密度是 0.77g/L，小于空气密度；氨很容易液化，在常压下冷却至 -33.5℃或在常温下加压至 700～800 kPa，气态氨就会液化成无色液体，同时放出大量热。液态氨汽化时要吸收大量的热，使周围温度急剧下降，所以液氨常用作制冷剂；同时氨属于中毒类化合物，接触要小心；氨与水不反应，但极易溶于水，在常温常压下 1 体积水能溶解约 900 体积氨，溶于水后的氨溶液通常又称为氨水（$NH_3 \cdot H_2O$），用于脱硝的还原剂通常采用的氨水浓度一般在 19%～29% 之间，较无水氨相对安全。其水溶液呈强碱性和强腐蚀性。当空气中氨气在 15%～28% 范围内时会有爆炸的危险。其暴露途径与液氨类似，对人体有害。

二、氨的主要物理化学性质

1. 氨的基本物理性质

分子量	17.031
熔点（101.325kPa）	-77.7℃
沸点（101.325kPa）	-33.4℃
自燃点	651℃
氨的蒸发热为（-33.3℃）	5.5kcal/mol
液体密度（-73.15℃，8.666kPa）	729kg/m³
气体密度（0℃、101.325kPa）	0.7708kg/m³
空气中可燃范围（20℃、101.325kPa）	15%～28%
毒性级别	2（液氨：3 级）
易燃性级别	1
易爆性级别	0
火灾危险	中等度

2. 氨的可燃性和爆炸性

液氨在常温常压下能汽化成氨气，此气体在空气中可燃，但一般难以着火，连续接触火源可燃烧，在 651℃以上可燃烧，氨气与空气混合物的浓度在 15%～28%（体积分数）时，遇到明火会燃烧和爆炸，如果有油脂或其他可燃性物质，则更容易着火。氨气在氧气中燃烧时发出黄色火焰，并生成氮和水，化学反应时为：

$$4NH_3 + 3O_2 \longrightarrow 2N_2 + 6H_2O \qquad (5-1)$$

氨在一氧化二氮中也能发生爆炸，爆炸浓度为 $2.2\% \sim 72\%$。氨被氧、空气和其他氧化剂氧化后生成氧化氮、硝酸等。与强酸或卤素发生激烈反应，并有时引起飞散或爆炸，反应式为：

$$2NH_3 + 3Cl_2 \longrightarrow N_2 + 6HCl \qquad (5-2)$$

$$HCl + NH_3 \longrightarrow NH_4Cl \qquad (5-3)$$

氨气与空气的混合气体能引起爆炸，其爆炸极限为含氨 $15\% \sim 28\%$（体积）。虽然其爆炸极限范围比其他可燃性气体窄，危险性较小，但在实际工作中仍须严禁烟火，而且要严防空气侵入储罐、管道、气瓶等设备中形成具有燃烧爆炸性的氨——空气混合气。

3. 氨的腐蚀性

氨呈碱性，具有强腐蚀性，无水氨对大多数普通金属不起作用，但是如果混有少量水分或湿气，则无论是气态或液态氨都会与铜、银、锡、锌及其合金发生强烈的侵蚀作用，又易与氧化银或氧化汞反应生成爆炸性化合物（雷酸盐）。氨与钠、镁等金属发生反应的方程式为：

$$2NH_3 + 2Na \longrightarrow 2NH_2Na + H_2 \qquad (5-4)$$

$$2NH_3 + 2Mg \longrightarrow Mg_3N_2 + 3H_2 \qquad (5-5)$$

鉴于氨的强腐蚀性，在 SNCR 脱硝设计时，在选择脱硝系统设备、管材、配件、仪器、仪表时，必须选用不含上述金属的铁及铁合金，或者选用不锈钢或防腐材料。另外，氨水对法兰的橡胶垫腐蚀也很严重，脱硝系统法兰应选用四氟乙烯垫片。

4. 氨的毒性

人体忍受氨的极限是 50ppm，当人吸入含氨气浓度达 0.5%（5000ppm）以上的空气时，数分钟内会引起肺水肿，甚至呼吸停止窒息死亡。氨对人体生理组织具有强烈的腐蚀作用，对皮肤及呼吸器官具有强烈刺激性及腐蚀性，其危害易达到组织内部。眼睛被溅淋高浓度氨，会造成视力阻碍、残疾。

为保护液氨操作者的健康和车间安全，我国规定车间空气中氨的最高容许浓度为 $30mg/m^3$。这个浓度对于每周工作 5d、每天接触 8h 来说是安全的，但如果接触时间长，嗅觉器官的灵敏性会发生改变。表 5-1 所示为不同浓度的氨对人体的作用。

表 5-1　不同浓度氨对人体作用

大气中氨的浓度（ppm）	人体的生理反应
$5 \sim 10$	鼻子可察觉其臭味
20	察觉氨特臭
> 25	有毒范围
40	少数人眼部感受轻度刺激
50	人体之容许浓度
100	数分钟之暴露引起眼部及鼻腔刺激，可耐 6h
400	引起喉咙、鼻腔及上呼吸道的严重刺激，可耐 $0.5 \sim 1h$
700	暴露 30min 以上可能引起眼部永久性伤害
1700	严重咳嗽、喘息 30min 内即可致命
5000	严重肺水肿，窒息片刻可致命

　　氨主要通过呼吸道吸入人体，此外也可通过皮肤吸收。氨吸入人体内很快转变成尿素。氨的毒害作用主要由三点引起：（1）减少三磷酸腺苷阻碍三羧酸循环，降低细胞色素氧化酶的作用；（2）脑氨增加，会引起神经方面的障碍；（3）高浓度氨的强烈刺激性会引起组织的溶解和坏死。

　　吸入高浓度氨气会出现打喷嚏、流涎、咳嗽、恶心、头痛、出汗、面部充血、胸部痛、呼吸急促、尿频、眩晕、窒息感、不安感、胃痛、闭尿等症状；刺激眼睛引起流泪、眼痛、视觉障碍；皮肤接触后引起皮肤刺激、皮肤发红，可致灼伤和糜烂。慢性中毒时出现头痛、做噩梦、食物不振、易激动、慢性结膜炎、慢性支气管炎、血痰、耳聋等症状。

　　液氨自储罐、气瓶或管道泄漏时，立即汽化成原体积的 884 倍（0℃、760mmHg）的气态氨，并与空气混合形成高浓度的氨——空气混合气，吸入这种混合气，可能在几分钟内就会死亡。

三、氨水的特性

　　氨水（Ammonium Hydroxide；Ammonia Water）又称氢氧化铵、阿摩尼亚水，是氨气的水溶液，无色透明且具有刺激性气味；易挥发，具有部分碱的通性，由氨气通入水中制得，主要用作化肥。

　　氨水的特性：氨水与无水氨都属于危险化学品。氨溶液：含氨＞50％的氨溶液，危险货物编号为 23003。35％＜含氨＜50％为《危险货物品名表》《危险化学品名录》（2012 版）规定之危险品，危险物编号为 22025。10％＜含氨≤35％的氨溶液，危险货物编号为 82503；用于脱硝的还原剂通常采用 20％～25％浓度的氨水，氨水浓度较低，较无水氨相对安全。其水溶液呈强碱性和强腐蚀性。当空气中氨气在 15％～28％范围内时会有爆炸的危险。其暴露途径与液氨类似，对人体有害。

　　氨水为无色透明液体，易分解放出氨气，温度越高，分解速度越快，可形成爆炸性气氛；若遇高热，容器内压增大，有开裂和爆炸的危险；与强氧化剂和酸剧烈反应；与卤素、氧化汞、氧化银接触会形成对震动敏感的化合物；接触下列物质能引发燃烧和爆炸：三甲胺、氨基化合物、1-氯-2，4-二硝基苯、邻-氯代硝基苯、铂、二氟化三氧、二氧二氟化铯、卤代硼、汞、碘、溴、次氯酸盐、氯漂、氨基化合物、塑料和橡胶、腐蚀铜、黄铜、青铜、铝、钢、锡、锌及其合金等。

1. 氨水的物理性质

　　表 5-2 所示为氨水的物理性质；表 5-3 为 20℃时不同浓度氨水的密度表；图 5-1 为 20℃时氨水浓度-密度曲线图。

表5-2　氨水的物理性质

外文名	Ammonia Water	分子量	35.05
别名	氢氧化铵	化学式	$NH_3 \cdot H_2O$
相对密度（水＝1）	0.91（不同浓度氨水密度见表 5-3）	最浓氨水氨含量	35.38％
溶解性	溶于水、醇	最浓氨水密度/（g/cm³）	0.88
凝固点（℃，25％氨水）	−55	饱和蒸汽压（kPa）	1.59（20℃）
爆炸上限（V/V）/％	25.0	爆炸下限（V/V）/％	16.0
10%的氨水比热容/J/（kg·℃）	4.3×10^3	化学品类型	无机物——气态氢氧化物水溶液
挥发性	随温度升高、浓度增大、放置时间延长而增加挥发量		

表 5-3　20℃时不同浓度氨水的密度表

氨水浓度（%）	密度（g/cm³）	氨水浓度（%）	密度（g/cm³）
19.0	0.9262	30.0	0.8920
20.0	0.9230	31.0	0.8892
21.0	0.9196	32.0	0.8862
22.0	0.9164	33.0	0.8836
23.0	0.9134	34.0	0.8806
24.0	0.9100	35.0	0.8776
25.0	0.9070	36.0	0.8746
26.0	0.9040	37.0	0.8716
27.0	0.9010	38.0	0.8686
28.0	0.8980	39.0	0.8656
29.0	0.8950	40.0	0.8626

2. 氨水的化学性质

（1）弱碱性：具有部分碱的通性。浓氨水与挥发性酸（浓盐酸、浓硝酸等）相遇产生白烟。

（2）还原性：氨水有弱的还原性，可用于 SNCR 或 SCR 工艺，也可被强氧化剂氧化。

（3）沉淀性：氨水是很好的沉淀剂，能与多种金属离子生成难溶性弱碱或两性氢氧化物。

（4）络合性：与 Ag^+、Cu^{2+}、Cr^{3+}、Zn^{2+} 等发生络合反应。

（5）不稳定性：见光受热易分解成 NH_3 和水。实验室氨水应密封在棕色或深色试剂瓶中，并放在冷暗处。

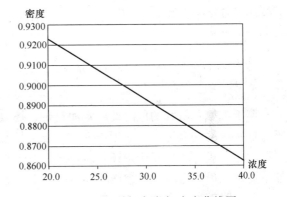

图 5-1　20℃时氨水浓度-密度曲线图

注：氨水密度温度公式：$\rho_1 = \rho_2 + (20 - t) \times 0.00054$

ρ_1——t℃温度下的密度；

ρ_2——20℃下的密度，查此表得；

t——氨水的实际温度。

（6）腐蚀性：对铜腐蚀较强，对木材有一定腐蚀作用，对钢铁腐蚀较差，对水泥腐蚀不大，对锡、铝、锌等金属及塑料、橡胶有腐蚀作用。碳化氨水的腐蚀性更强。

（7）燃烧和爆炸：接触下列物质能引发燃烧和爆炸：三甲胺、氨基化合物、醇类、醛类、有机酸酐、烯基氧化物等。

3. 对人体健康危害及急救措施

吸入后对鼻、喉和肺有刺激性，引起咳嗽、气短和哮喘等。氨水溅入眼内，可造成严重损害，甚至导致失明，皮肤接触可致灼伤。反复低浓度接触，可引起支气管炎。皮肤反复接触，可致皮炎。空气中氨的最高容许浓度为 30mg/m³。

皮肤接触：立即用水冲洗至少 15min，若有灼伤，需就医治疗。

眼睛接触：立即翻起眼睑，用流动清水或生理盐水冲洗至少 15min，或用 3％硼酸溶液冲洗，并就医治疗。

食入：误服者立即漱口，口服稀释的醋或柠檬汁，并就医。

4. 运输与储存

氨水运输时应按规定路线行驶，勿在居民区和人口稠密区停留。氨水应储存于阴凉、干燥、通风处，远离火种、热源，并防止阳光直射。保证储存容器的密封，且与酸类、金属粉末等分开存放。露天储罐夏季要有降温措施（不宜超过30℃），否则高温下容器内压增大，有开裂和爆炸的危险。

5. 应急处理

如着火，可用雾状水、二氧化碳、砂土等来灭火。

如泄漏，应急处理如下：疏散泄漏污染区人员至安全区，禁止无关人员进入污染区。应急处理人员戴自给式呼吸器，穿化学防护服。不要直接接触泄漏物，在确保安全的情况下堵漏。用大量水冲洗，经稀释的氨水放入废水系统。也可用砂土、蛭石或其他惰性材料吸收，然后加入大量水中，调节至中性，再放入废水系统。如大量泄漏，可利用围堤收容，经收集、转移、回收或无害化处理后废弃。由于氨水的气味非常刺鼻，泄漏时很容易察觉。氨水储罐的设计应考虑温度计和压力表等检测仪表，并在储存系统处配置气体实时监测系统，保证储罐的安全。

第二节　还原剂为氨水的 SNCR 系统设计规范

鉴于液氨及氨气的危险性，水泥窑炉、燃煤电站在选择脱硝设备和进行脱硝设计时，为了保证系统的安全运行，必须遵守国家有关标准和规范对储氨区和与氨有关的设备和布置位置等的相关规定。如 GB 50160《石油化工企业设计防火规范》中，对工艺设备的布置作出如下规定：设备宜露天或半露天布置，并宜缩小爆炸危险区域的范围等。

一、脱硝设计应执行的规范

脱硝设计时，氨水储区位置及储氨区的工艺布置需满足现行相关标准，由于氨与氧气混合到一定浓度，遇火后会发生爆炸，因此，储氨区不可与氧气容器置放在一起。

1. 脱硝总体设计

《火电厂烟气脱硝工程技术规范　选择性非催化还原法》（HJ 563，由于水泥行业脱硝标准未出，因此水泥厂 SNCR 可参照此标准）；

《工业企业总平面设计规范》（GB 50187）；

《水泥工程设计规范》（GB 50295）；

《厂矿道路设计规范》（GBJ 22—1987）；

《自动化仪表工程施工及验收规范》（GB 50093，关于氨区施工）；

《石油化工储运系统罐区设计规范》（SH 3007，关于氨区安全阀）；

《石油化工可燃气体和有毒气体检测报警设计规范》（SH 3063，关于氨检测仪）；

《石油化工储运系统罐区设计规范》（SH 3007）；

《石油化工排雨水明沟设计规范》（SH 3094）；

《石油化工施工安全技术规程》（SH 3505）；

《石油化工储运系统罐区设计规范》（SH 3007）；

《压力容器安全技术监察规程》（ZBFGH 23）；

《压力管道规范》（GB/T 20801，关于氨输送管道）；

《液体无水氨》（GB 536，关于氨的性质）；

《管径选择》（HG/T 20570.6，关于氨管道流速设计）。

2. 脱硝环境保护设计

（1）环境质量主要设计标准

《环境空气质量标准》（GB 3095，环境质量要符合标准中二级标准）；

《地表水环境质量标准》（GB 3838，地表水执行标准中Ⅲ类标准）；

《声环境质量标准》（GB 3096，噪声执行标准中 3 类标准）；

《火电厂氮氧化物防治技术政策》（环境保护部环发 [2010] 10 号）。

（2）污染物排放标准

《水泥工业大气污染物排放标准》（GB 4915，废气及粉尘）；

《火电厂大气污染排放标准》（GB 13223，废气及粉尘）；

《污水综合排放标准》（GB 8978，废水）；

《工业企业厂界环境噪声排放标准》（GB 12348，噪声）。

（3）环境监测

国家环保总局颁发的《环境监测技术规范》；

《固定污染源排气中颗粒物测定与气态污染物采样方法》（GB/T 16157）；

《空气和废气监测质量保证手册》（第四版）；

《固定污染源烟气排放连续监测技术规范（试行）》（HJ/T 75）；

《固定污染源烟气排放连续监测系统技术要求及检测方法（试行）》（HJ/T 76）。

3. 脱硝消防设计

《石油化工企业设计防火规范》（GB 50160—92，关于氨区间距和防火堤的相关规定）；

《建筑设计防火规范》（GB 50016—2006）；

《水泥工程设计规范》 （GB 50295，水泥厂相关防火设计可参照 GB 50016 和 GB 50295）；

《自动喷水灭火系统设计规范》（GB 50084）；

《水喷雾灭火系统设计规范》（GB 50219—95）；

《火灾自动报警系统设计规范》（GB 50116—98）；

《建筑灭火器配置设计规范》（GB 50140—2005）；

《采暖通风与空气调节设计规范》（GB 50019—2003）；

消防设计遵循《建筑设计防火规范》（GB 50016）。消防设施主要为消火栓、自动喷水系统和灭火器。

4. 脱硝工程劳动安全和职业卫生相关标准规范

（1）行业标准

《电力设施保护条例（98 年修订）》国务院令第 239 号；

《建设工程安全生产管理条例》国务院令第 393 号；

《劳动保障监察条例》国务院令第 423 号；

《电力监管条例》国务院令第 432 号；

《生产安全事故报告和调查处理条例》国务院令第 493 号；

《使用有毒物品作业场所劳动保护条例》国务院令 352 号；

《危险化学品建设项目安全监督管理办法》国家安全生产监督管理总局令第 45 号；

《建设项目安全设施"三同时"监督管理暂行办法》国家安全生产监督管理总局令第 36 号。

（2）行业规范

《工业企业设计卫生标准》（GBZ 1）；

《工作场所有害因素职业接触限值　第一部分：化学有害因素》（GBZ 2.1）；

《工作场所有害因素职业接触限值　第二部分：物理因素》（GBZ 2.2）；

《工业企业噪声控制设计规范》（GBJ 87）；

《爆炸和火灾危险环境电力装置设计规范》（GB 50058）；

《建筑设计防火规范》（GB 50016）；

《建筑照明设计标准》（GB 50034）；

《建筑物防雷设计规范》（GB 50057）；

《电力设施抗震设计规范》（GB 50260）；

《机械设备防护罩安全要求》（GB 8196）；

《职业性接触毒物危害程度分级》（GB 5044，关于氨的毒性）；

《重大危险源辨识》（GB 18218，关于氨危险源）；

《危险货物品名表》（GB 12268，关于氨的特性）；

《压力容器中化学介质毒性危害和爆炸危险程度分类》（HG 20660，氨属于中度危害的化学物质）。

其中：为防止车间噪声和振动对生产人员产生的不良影响，厂内工作场所的连续噪声级应符合《工业企业噪声卫生标准》的要求。为确保电气设备以及运行、维护、检修人员的人身安全，电气设备的选用和设计应符合现行国家标准《电气设备安全设计导则》（GB 4064）等有关规程。所有电气设备应有防雷击设施并有接地设施。

作业场所和易爆、易燃的危险场所的防火分区、防火间距、安全疏散和消防通道的设计，均按《建筑设计防火规范》（GB 50016）、《建筑内部装修设计防火规范》（GB 5022）等有关规定设计。

严格按照《爆炸和火灾危险环境电力装置设计规范》（GB 50058）等有关规程规范的规定，对有爆炸危险的设备及有关电气设施、工艺系统和厂房的工艺设计及土建设计，按照不同类型的爆炸源和危险因素采取相应的防爆防护措施。

根据《工业企业设计卫生标准》（GBZ 1）等现行的有关标准、规范的规定，对储存和产生有化学伤害物质或腐蚀性介质的场所及使用对人体有害物质的仪器和仪表设备，应采取相应的防毒及防化学伤害的安全防护设施。

严格遵照《工业企业设计卫生标准》等规程规范。在工艺流程设计中，使运行操作人员远离热源并根据具体条件采取隔热、通风和空调等措施，以保证运行和检修生产人员的良好工作环境。

5. 脱硝工程节能节水相关标准规范

GB 50189—2005《公共建筑节能设计标准》；

国家发改委令第 40 号《产业结构调整指导目录（2005 年本）》；

二、我国政府对"氨溶液"的有关管理规定

根据我国政府 GB 12268《危险货物品名表》和《危险化学品名录》规定：

（1）氨水和液氨都属于危险化学品；

（2）含氨＞50％的氨溶液，危险货物编号为 23003；

（3）35％＜含氨≤50％的氨溶液，危险货物编号为 22025；

（4）10％＜含氨≤35％的氨溶液，危险货物编号为 82503。

我国政府对危险品的有关管理法规有：

（1）《安全生产法》；

（2）国务院第 344 号《危险化学品安全管理条例》；

（3）国家安全生产监督管理局、国家煤矿安全监督局令（第 17 号）；

（4）《危险化学品生产储存建设项目安全审查办法》；

（5）GB 18218《重大危险源辨识》。

第三节　还原剂为氨水的 SNCR 工艺系统设计

一、还原剂为氨水时工艺系统设计设备选型基本要求

（1）氨水的储罐及罐区的设计必须满足国家对此类危险品罐区的有关规定；

（2）氨水储罐除按一般压力容器规范和标准设计制造外，要特别注意选用合适的材料，如不锈钢防腐材料等；

（3）氨水储罐和其他设备、厂房等要有一定的安全防火防爆距离，并在适当位置设置室外防火栓，同时设有防雷、防静电接地装置；

（4）氨水储存和输送系统相关管道、阀门、法兰、仪表、泵等设备选择时，必须满足抗腐蚀要求，采用防爆、防腐型户外电气装置；

（5）氨水储罐排放的氨气应排入氨气稀释水槽中，经水的吸收排入废水池，再经由废水泵输送至废水处理厂处理，也可由氨水输送泵输送至窑炉进行循环使用；

（6）氨水储区应设置相应高度的围堰，围堰高度的确定按照氨水全部泄漏时全部氨水的体积另有 20％的富余量进行设计；

（7）氨水储区应安装相应的氨气泄漏监测报警装置、防雷防静电装置、相应的消防设施等，以及储罐安全附件、急救设施设备和泄漏应急处理设备；

（8）喷射设备的选择应充分考虑其处于炉膛高温、高灰的区域，所选材料应为耐磨、抗高温及防腐特性；

（9）喷射设备应避免堵塞，具有清扫功能；

（10）考虑设备的防冻。20％氨水的凝固点为 −35℃，25％氨水的凝固点为 −40℃，即氨的冻结温度很低，因此，设备防冻应重点考虑设备自身的材料和转动设备使用的润滑油脂能够适宜低温的天气。但在东北区域，由于冬季极端温度可能低于 −35℃，因此，对于氨水相应设备和管道应采取相应保温防冻措施。

二、还原剂为氨水的水泥窑炉 SNCR 烟气脱硝系统

典型的以氨水为还原剂的 SNCR 系统烟气脱硝过程由下面四个基本过程完成：

（1）氨水接收和储存；

（2）氨水的计量输出；

（3）在分解炉炉合适位置喷入稀释后的氨水；

（4）氨水与烟气混合进行脱硝反应。

系统主要由卸氨系统、罐区、氨水输送稀释系统、计量及分配系统、喷雾系统、烟气监测系统及控制系统等组成。典型的以氨水为还原剂的水泥窑炉 SNCR 烟气脱硝工艺系统如图 5-2、图 5-3 所示。图 5-2 为设置了氨水缓冲罐和炉前喷射模块的工艺系统，即"二段式"，该系统可减少因泵的扬程阻力问题导致的喷射动力不足的现象，但工艺流程较为复杂，造价较高；而图 5-3 为"一段式"，即氨水直接从储罐区喷射至分解炉内，在氨水输送模块增加了回流系统。整个工艺系统流程简单，造价也较低。可根据厂区实际情况进行选择使用。

两段式的脱硝工艺，主要目的是将还原剂输送和喷射两个过程分开，将还原剂从氨水储区分两步喷入分解炉反应区，即在还原剂储区设置输送模块，在窑尾框架上专门设置高位还原剂储罐，先将还原剂一级泵送至窑尾框架上离喷射点位较近的高位还原剂储罐，再通过窑尾框架平台上的喷射泵将还原剂输送到分解炉反应区喷枪处。这样喷射泵离喷射点位近，可根据炉内 NO_x 的变化，及时、精确地将还原剂喷入炉内，其中按照流量计的计量及时调节电动回流调节阀，来达到控制量的目的。该过程是连续运行的。从工程实际对比来看，采用二级泵送流程比一级泵送流程在还原剂流量精确控制一项上可较多减少还原剂的浪费。

由氨水罐、氨水输送泵、调节阀和高位氨水槽组成了第一循环系统，其主要功能是满足氨水的储存、输送及控制，氨水输送泵主要作为克服距离和高度带来的扬程，而流量和时间的误差可以放宽些。该过程是间隔运行的。

由高位氨水槽、喷射泵、回流调节阀、喷枪和流量计等组成了第二循环系统，其主要功能是根据炉内 NO_x 的变化，及时精确地将氨水喷入炉内，其中按照流量计的计量及时调节电动回流调节阀，来达到控制量的目的。该过程是连续运行的。

1. 氨区工艺系统及主要设备

以氨水为还原剂的 SNCR 脱硝系统氨水储存区的主要设备通常包括：卸氨模块、氨水储罐、氨水输送模块、氨气吸收稀释水箱、事故池、氨气泄漏报警仪、水喷淋系统、洗眼器及相应的管道、管件、支架、阀门和附件等组成。

用于脱硝的还原剂通常采用的氨水浓度一般在 $20\%\sim25\%$ 之间，较无水氨相对安全。其水溶液呈强碱性和强腐蚀性。当空气中氨气在 $15\%\sim28\%$ 范围内时会有爆炸的危险。因此，系统还必须配备安全装置，以保护周边设施。

（1）卸氨模块

该模块用于将氨水从槽罐车上卸载到氨水储罐中，外购氨水运输至厂区后，通过卸氨泵将槽罐车内的氨水输送至氨水储罐。由于氨水易挥发，氨水储罐内挥发的氨气通过管道连接至稀释水箱内，氨气可被水吸收，从而达到了防止氨气泄漏的隐患。

如图 5-4 所示，卸氨模块配备 2 台卸氨泵（一用一备）、过滤器，止回阀、压力表等阀门仪表，预留法兰接口，安装方便。卸氨泵为无泄漏离心泵，卸氨是间歇操作，通过柔性快速接头与槽罐车连接。当设有两个氨水罐时，两个氨水罐轮流充装。卸氨模块的设计要充分考虑排空问题，不能简单地安装一个排空阀对外排空。因为氨水不同于自来水，排空时会有

图 5-2 以氨水为还原剂的水泥窑炉 "二段式" SNCR 烟气脱硝工艺流程图

图 5-3 以氨水为还原剂的水泥窑炉 "一段式" SNCR 烟气脱硝工艺流程图

图 5-4 卸氨模块系统图

一股很强的氨味逸出，造成周围环境恶化，让人难以靠近，可排放至事故池内。同样，卸氨结束后，拆管时难免有少量氨水残留或洒出，这时需要启动应急喷淋工艺水装置进行现场冲洗，所以要就近加装应急喷淋工艺水装置。

（2）氨水储罐

①设备结构及选型

氨水储罐是水泥厂脱硝系统氨水储存的设备，见图 5-5。氨水储罐的容量应根据水泥厂正常工况下 NO_x 的排放浓度及设计脱硝效率进行计算，得出氨水日消耗量。一般选用质量分数为 20%～25% 的氨水，按 5～7d 的储量进行设计。对于 5000t/d 新型干法熟料水泥生产线，氨水储罐容积约为 120m³，一般配备 2台 60m³ 的储罐，对于 2500～3500t/d 生

图 5-5 卧式氨水储罐系统图

产线，氨水储罐容积约为 60m³，一般配备 1 台 60m³ 的储罐。由于氨水储罐顶部设置呼吸阀与水箱及大气相通，因此氨水储罐不属于压力容器。

氨水储罐的设计压力为常压，设计温度为常温，储罐材质使用较多的主要为 304 或 FRP 材质储罐，氨水储罐安装型式上有立式和卧式，立式储罐跟卧式储罐相比，占地面积较小。

氨水储罐计算体积估算式为：

$$V' = \frac{\pi}{24}D^3 \times 2 + \frac{\pi}{4}D^2L \tag{5-6}$$

式中 V'——计算出的储罐体积，m^3；

D——储罐内径，m；

L——储罐长度，m。

为了保证氨水储罐内有足量的氨水，并且温度压力适当，氨水罐需要配置液位计、压力表、温度计、呼吸阀、安全阀、人孔等附属设施。为了便于维护、巡视和操作，氨水储罐顶部需要配置检修操作平台，设置相应的楼梯、爬梯走道等。同时，考虑配置相应的喷淋装置和清洗台。

氨水储罐顶部引出一根管道连接到氨气吸收稀释水箱中，并在管道上安装呼吸阀，当储罐内压力升高，超过呼吸阀工作压力时，呼吸阀工作，外排的氨气被稀释水箱中水吸收，当稀释水箱中稀氨水达到一定浓度后，将稀释水箱中氨水排到水池中，再循环使用，做到污染零排放；或直接将排污口通过管道连接至氨水输送模块，将废水输送至窑尾喷射至分解炉中。之后稀释水箱再次注满软化水继续使用。氨水储罐侧部设有磁翻板液位计。出于安全因素考虑，在罐区附近设置紧急喷淋装置。储罐采用防爆设计，控制系统设置在氨水储罐液位偏高或偏低时报警，氨水储罐氨水温度高时报警。

②氨水储罐的管口设置

氨水储罐进行设计时，通常需要考虑设定如下管口，具体工程设计时，需要根据具体情况进行选择。储罐管口清单、用途及相关信息见表5-4。

表5-4　氨水储罐的管口清单

管口名称	用途	注意事项	备　注
氨水出口	氨水至氨水输送模块	管口位置一般设置在罐体下方	管口设置手动球阀尽量靠近罐体
氨水进口	从氨水装运车到储罐入口	管口应布置在罐体顶部	—
安全阀	为安全目的设置的阀门		—
人孔	方便人员进入内部检查	管口应设置在罐体顶部	
备用口	通常不需要留备用口，但是当确定业主扩建计划时，可考虑留备用口		
排污口	用来排放箱内液体及杂质	在罐体底部开设，需安装截止阀	—
氨气出口	用来平衡储罐内压力	设置呼吸阀，罐顶开口	—
温度计接口	用来接罐内液体温度检测仪器	罐顶开口	—
压力表口	用来接罐内压力检测仪器		
液位计口	测量液位	罐体侧面或顶部开口	侧面开口的液位计要注意中心距

（3）氨水输送计量模块

氨水输送计量模块是通过加压泵将氨区氨水向水泥窑尾分解炉喷射区输送氨水的设备。主要由两台输送泵（一用一备）、回流控制装置（调节阀）、压力检测（压力传感器和压力表）、流量检测系统（流量计等）及相应的阀组、就地控制柜组成。

氨水输送泵设置两台，一备一用，两个泵形成开、停连锁，为了防止备用泵长期得不到运转，可设置一运行周期，当1号泵运转一次后，下次应为2号泵运转，两泵交替运行，并且设置故障模式，即如果其中一台故障时，另一台自动投入运行，或其中一台泵处于检修状态时，另外一台泵连续工作。整个模块布置在储罐附近，方便输送氨水。

图5-6所示为氨水输送计量模块系统图，当采用"一段式"系统时，设置氨水回流系

图 5-6 氨水输送计量模块系统图

统；当采用"二段式"系统时，不设置氨水回流系统。系统的稀释水输送模块加压泵及控制系统所含设备与氨水输送模块类同。

（4）稀释水箱

在氨水罐房内设置稀释水箱一个，采用 304 不锈钢制作，主要用于吸收氨水储罐内挥发的氨气和存储稀释用水。从氨水储罐上引出的设置了呼吸阀的管道接至稀释水箱底部。稀释水箱中的稀释水需要周期性地更换，当氨水储罐内氨气浓度达到一定浓度时，呼吸阀工作，氨气通过管道输送至水箱内，氨气被水吸收，从而防止氨气泄漏的隐患。水箱内的水达到一定浓度后，定期开启水箱排污口的阀门，将废水排放至废水池中或通过管道将废水连接至氨水计量分配模块，由输送泵输送至窑尾分解炉内喷射掉，防止水箱吸收的氨达到饱和状态而无法进一步吸收氨气。稀释水箱上设置液位计、温度计、人孔门及相应爬梯等。

（5）氨区废水处理

废水池用于收集氨气稀释水箱排出的含氨废水、卸氨区的地面冲洗水（含雨水）和洗眼器的排水，然后用泵输送至水泥厂工业废水处理系统或通过氨水输送泵输送至窑尾喷射掉。废水池容量可按氨水稀释水箱体积的 1.5 倍设计；废水池的废水输送泵宜按 2 台配置，正常情况下，1 台运行；废水池宜采用地下布置，设在储罐区防火堤外。

2. 窑尾喷射系统及主要设备

以氨水为还原剂的水泥窑 SNCR 脱硝系统窑尾喷射区的主要设备包括：氨水缓冲罐、中继喷射模块、计量分配模块、炉前喷射模块及相应的管道、管件、支架、阀门和附件等。

（1）氨水缓冲罐

当采用"二段式"脱硝系统时（图 5-2），需要用到氨水缓冲罐。氨水缓冲罐是一个临时储存氨水的装置，也是氨水浓度的调节装置，当外购氨水浓度较高时，可同时将氨水与软化水输送至氨水缓冲罐进行稀释，氨水缓冲罐可设置液位检测装置和氨水浓度仪，根据液位仪的信号反馈，如果高位氨水槽液位低于设定值，则要求氨水输送泵和稀释水输送泵开始工作，根据设定的氨水缓冲罐内氨水浓度值以及液面最高位容积来确定氨水和稀释水的输送量，氨水和稀释水通过各自管路上的电磁流量计和电动调节阀来控制停止或输送，由于这种混合方式存在输送时间差，所以氨水缓冲罐内的氨水浓度不一定是设计要求值，此时通过设置在氨水缓冲罐上的氨水浓度计来校正浓度，计算出氨水喷射量，再反馈给氨水喷射系统。高位氨水槽的存在，避免了泵由于扬程或其他问题使喷射量不够稳定的问题。其工艺系统如

图 5-7 所示。

图 5-7 氨水缓冲罐及中继喷射模块系统图

（2）中继喷射模块

当外购氨水浓度相对较高，以及综合考虑氨水喷射穿透力及覆盖范围和热耗的影响，可考虑将氨水适当稀释。氨水稀释浓度范围：10%～20%。

氨水和稀释水分别由两个独立管路进入稀释系统，且两流体的流量可根据实际所需喷氨浓度进行任意调配，最终被同时输送至氨水缓冲罐，在氨水缓冲罐中氨水与稀释水充分混合均匀。整个系统布置在预分解炉相应氨水喷入点位置的平台上。为了保证稀释水对 SNCR 系统管路没有腐蚀性并且减少结垢堵塞管路，作为稀释水应是具有软化水质量的纯水，满足下列规格：

①pH 值：6～9；

②全硬度＜3 mmol/kg；

③钙硬度＜2 mmol/kg（作为 $CaCO_3$），最好＜0.2 mmol/kg；

④全碱度＜2 mmol/kg，最好＜0.2 mmol/kg；

⑤铁＜0.5 mg/kg；

⑥导电度＜250 μmhos；

⑦没有明显的浑浊和悬浮固态物。

该水在 SNCR 系统停机时可作为 SNCR 系统管路清洗水。稀释水整体用量不大，可优先考虑采用水泥窑余热发电系统中锅炉软化水。系统图如图 5-7 所示。

（3）计量分配模块、压缩空气分配控制模块、喷射模块和 CEMS 在线监测系统

喷射区的计量分配模块和喷射模块是脱硝控制的核心装置。计量分配系统采用独立的流量和压力控制系统，可根据实际工况，如窑炉烟气量、烟气中 NO_x 浓度及 O_2 浓度的变化等反馈至 PLC 控制系统，实时自动调节喷入窑炉的氨水流量，使喷入还原剂与烟气中氮氧化物的氨氮比即 NSR 值，可在 1.2～2.0 范围内调节，从而对 NO_x 浓度、窑炉负荷、燃料或燃烧方式的变化做出响应，从而满足脱硝效率的要求，减轻 NH_3 的逃逸。计量系统装置包括：电动调节阀、电磁流量计或涡街流量计，压力传感器、单向止回阀、手动球阀等；分配

系统装置包括：液路转子流量计、气路手动调节阀、压力表、手动球阀等。

压缩空气作为雾化介质主要作用在于加强尿素溶液与炉内烟气的充分混合。压缩空气模块内主要包括电动调节阀、压力传感器和压力表。可通过调节压缩空气路电动调节阀的开度，进行流量调节。

氨水经过计量、分配模块进行计量分配及压缩空气雾化后，通过喷射模块进入分解炉中进行脱氮反应。喷射模块的关键部件为喷枪（喷嘴）。

监测仪器在 SNCR 系统中起到提供初始运行参数的作用。可通过窑尾预热器 C1 筒出口处和窑尾烟囱处设置在线烟气连续监测装置，得到 NO_x 浓度等参数，反馈到中控上位机，由控制系统自动或人工手动调节还原剂的喷射量。同时，可通过在窑尾烟囱处设置氨逃逸在线监测仪，对氨逃逸进行实时监测。

计量分配模块、压缩空气分配控制模块、喷射模块和 CEMS 在线监测系统的设置均与以尿素为还原剂的 SNCR 脱硝系统相同，在此不再赘述，读者可参考第四章的相关内容。

3. 管道、阀门及其附件材质要求

脱硝系统设计时须重点考虑氨水的特性。由于氨水是氨气溶于水后形成的溶液，除了其本身的毒性对人体易造成直接健康危害外，它的危险性在于一定温度压力下易于挥发，具有易燃易爆的特性。

在干燥的氨气氛围中，可以使用奥氏体不锈钢、铁硅合金、铜和锌合金、镁合金、镍、蒙乃尔、耐蚀镍基合金、银和银合金、钽；当氨混有少量水分（<0.2%）或湿气（使用温度>−5℃）时，则无论是气态还是液态都会与铜、银、锡、锌及其合金发生激烈作用，因此在潮湿的氨气中不能使用铜和铜锌合金、镍、蒙乃尔、银和银合金，所以氨水储存及供应系统的相关设备、管道、阀门、法兰、仪表、泵等选择时，应满足抗腐蚀要求，所有接触氨水、氨气的材质应全部采用不锈钢材质。

氨水会侵蚀某些塑料制品、橡胶和涂层，所以氨系统应注意材料的选用。避免使用橡胶和塑料，如氨基甲酸酯树脂、氯磺化聚乙烯合成橡胶、氯橡胶、硅树脂、丁苯橡胶；可以使用聚四氟乙烯、聚三氟氯化乙烯聚合体、聚乙烯等。

卸氨用的软管可参照《输送无水氨用橡胶软管及软管组合件》（GB 16591）的规定；氨水、蒸汽、喷淋冷却水等管道材质应满足《输送流体用无缝钢管》（GB/T 8163）的要求。

4. SNCR 脱硝的相关计算

以一条 2500t/d 新型干法熟料水泥生产线采用 25% 氨水（密度为 $0.91g/cm^3$）溶液为还原剂为例进行 SNCR 脱硝计算。脱硝效率 $\eta=60\%$，氨逃逸率为 8ppm。生产线产量为 2750t/d 时，分解炉出口 NO_x 浓度 C_{NO_x} 为 1000ppm（其中 NO 占 95%，NO_2 占 5%），分解炉出口烟气量 V_0 为 170000Nm³/h；窑尾烟囱出口烟气量为生料磨停时 205000Nm³/h，生料磨运行时 209500Nm³/h；生料磨停时氧含量为 7.5%，生料磨运行时氧含量 7.8%。

按照氨水作为还原剂的主反应式（5-7）、式（5-8）进行反应，不考虑氨水输送过程的损失，氨水全部汽化。理论用氨水量按化学方程式法计算。

$$4NH_3+4NO+O_2 \longrightarrow 4N_2+6H_2O \tag{5-7}$$

$$4NH_3+2NO_2+O_2 \longrightarrow 3N_2+6H_2O \tag{5-8}$$

（1）NO_x 排放量计算

$$M_{NO_x} = V_0 \times C_{NO_x} \times (30 \times 0.95/22.4 + 46 \times 0.05/22.4)$$

$$=170000\times1000\times(30\times0.95/22.4+46\times0.05/22.4)$$
$$=2.34\times10^8\,(\text{mg/h})$$

每小时 NO_x 排放量为 234kg。

式中 30——NO 的分子量；

46——NO_2 的分子量；

22.4——摩尔气体体积。

其中：

$$NO\text{ 排放量 }M_{NO}=234\times95\%=222.3\,(\text{kg/h})$$
$$NO_2\text{ 排放量 }M_{NO_2}=234\times5\%=11.7\,(\text{kg/h})$$

(2) NO_x 处理量计算

$$NO\text{ 处理量 }M'_{NO}=M_{NO}\times\eta=222.3\times60\%=133.38\,(\text{kg/h})$$
$$NO_2\text{ 处理量 }M'_{NO_2}=M_{NO_2}\times\eta=11.7\times60\%=7.02\,(\text{kg/h})$$

(3) 氨用量计算

参与 NO 反应氨用量计算：

$$4NH_3+4NO+O_2\longrightarrow4N_2+6H_2O$$
$$4\times17\quad4\times30$$
$$m_1\qquad133.38\text{kg/h}$$
$$m_1=\frac{4\times17\times133.38}{4\times30}=75.582\,(\text{kg/h})$$

参与 NO_2 反应氨用量计算：

$$4NH_3+2NO_2+O_2\longrightarrow3N_2+6H_2O$$
$$4\times17\quad2\times30$$
$$m_2\qquad7.02\text{kg/h}$$
$$m_2=\frac{4\times17\times7.02}{2\times46}=5.189\,(\text{kg/h})$$

氨逃逸计算：

$$m_3=\frac{170000\times8\times17}{22.4\times10^{-6}}=1.03\,(\text{kg/h})$$

理论氨用量：

$$m=m_1+m_2+m_3=75.58+7.02+1.03=83.63\,(\text{kg/h})$$

理论上，按照 SNCR 反应，还原 1molNO 需要 1mol 尿素。但在实际应用中，还原剂的实际耗量要比理论计算值大，因为实际反应过程比较复杂且还原剂与烟气混合不均匀。要想达到相应的脱硝效率，需要增大还原剂的量。目前，水泥窑 SNCR 系统的 NSR 一般控制在 1.2～1.5 左右。

取 $NSR=1.3$，则最终氨水耗量为 83.63×1.3 kg/h $=108.72$kg/h。

25％氨水用量为 434.9kg/h，合 $0.47\text{m}^3/\text{h}$。

(4) 脱硝后烟囱出口 NO_x 浓度（换算成国家规定的烟囱出口 O_2 含量 10％时 NO_2 的排放量 mg/m^3）

生料磨停机时：

$C_{NO_2}=[(222.3+11.7)-(133.38+7.02)]\times10^6\times(21-10)/205000\times(21-7.5)$

$\qquad=372(mg/Nm^3)$

生料磨运行时：

$C_{NO_2}=[(222.3+11.7)-(133.38+7.02)]\times10^6\times(21-10)/209500\times(21-7.8)$

$\qquad=364(mg/Nm^3)$

按照上述计算，窑尾烟囱出口 NO_x 排放浓度能满足国家现行规定即拟采用的 400mg/Nm^3 的排放要求。

第四节　还原剂为氨水的 SNCR 工艺系统布置

一、系统布置原则

烟气脱硝工程主要构筑物有：氨水的储存系统的构筑物，氨水喷射系统的设备、管道、阀门和仪器仪表等。SNCR 系统总图布置遵循以下原则：

（1）设计符合《水泥工厂设计规范》，新建设施尽可能减少对原有地下及地上设施的影响，尽量避开原有基础和沟道。总平面布置满足国家有关的防火、防爆、安全、消防、环保、职业卫生等规范、规定的要求；

（2）工艺流程顺畅，物流简洁，满足生产要求，适应内外运输，线路短捷便利，功能分区明确，重视节约用地，布置紧凑合理；

（3）供氨、供水、压缩空气、电缆等管路尽量利用现有管网支架和沟道；

（4）全厂脱硝装置的控制系统布置在主厂控制室内；

（5）考虑风向、朝向、减少环境污染，重视环保要求，考虑绿化；

（6）还原剂储罐和卸氨模块、还原剂输送模块布置在同一区域，便于氨水的输送和卸载；

（7）还原剂混合模块、计量分配模块、还原剂和压缩空气调节阀、还原剂喷入模块就近布置在分解炉相应位置的框架平台上。

二、氨水储存区的布置

1. 一般规划原则

氨水储存区的布置应充分考虑对厂外邻近村庄城镇或居住区、公共建筑物、交通线、邻近江河湖泊的安全影响。根据水泥厂及其相邻的厂外其他厂矿企业或设施的特点和火灾危险性，结合地形、风向等条件，在城镇规划、满足环境保护和防火安全要求的前提下，合理确定氨水储存区在厂区中的位置，并使之符合水泥厂总体规划的要求。可参照标准《工业企业总平面设计规范》（GB 50187）和《水泥工程设计规范》（GB 50295）进行布置。

氨水储存区宜位于邻近城镇或居住区、公共建筑物全年最小频率风向的下风侧，并最好设置在厂区边缘，远离生产行政管理和生活服务设施人流出入口，相对独立的安全地带；氨水储存区邻近江河湖泊布置时，应采取防止泄漏的氨水液体流入水域的措施；区域排洪沟不宜通过氨水储存区；架空电力线路，严禁穿越氨水储存区；氨水储罐区不宜布置在冷却塔的上风侧，因空气中的氨在冷却塔中与水接触后，会被吸收，导致水质变异；与邻近村庄城镇或居住区、公共建筑物、相邻厂矿企业或设施、江河湖泊岸边、交通线等都要留出安全间距。参照《建筑设计防火规范》（GB 50016），应不小于表 5-5 的规定。

表 5-5　甲、乙、丙类液体储罐（区），乙、丙类液体桶装堆场与建筑物的防火间距表　（m）

名称	防火间距（m）　　　　　　　　耐火等级　　　　一个罐区或堆场的总储量（m³）	一、二级	三级	四级
甲、乙类液体	1～50	12	15	20
	51～200	15	20	25
	201～1000	20	25	30
	1001～5000	25	30	40
丙类液体	5～250	12	15	20
	251～1000	15	20	25
	1001～5000	20	25	30
	5001～25000	25	30	40

注：（1）防火间距应从建筑物最近的储罐外壁、堆垛外缘算起，但储罐防火堤外侧基脚线至建筑物的距离不应小于10m。

（2）甲、乙、丙类液体的固定顶储罐区、半露天堆场和乙、丙类液体堆场与甲类厂（库）房以及民用建筑的防火间距，应按本表的规定增加25%，但甲、乙类液体储罐区、半露天堆场和乙、丙类液体堆场与上述建筑物的防火间距不应小于25m，与明火或散发火花地点的防火间距，应按本表四级建筑的规定增加25%。

（3）浮顶储罐或闪点大于120℃的液体储罐与建筑物的防火间距，可按本表的规定减少25%。

（4）一个单位如有几个储罐时，储罐区之间的防火间距不应小于本表相应储量储罐与四级建筑的较大值。

（5）石油库的储罐与建筑物、构筑物的防火间距可按《石油库设计规范》的有关规定执行。

氨水不燃，属于腐蚀品其危险货物编号为82503，UN编号为2672。无色透明液体，属于8.2类碱性腐蚀品，易分解放出氨气，温度越高，分解速度越快，可形成爆炸性气氛。

根据《建筑设计防火规范》，既然氨水是液体，又不属于闪点小于28℃的易燃液体，则其至少应该不属于乙类火灾危险性。液氨属于乙类火灾危险性，但它和氨水是两码事，不能混淆。

2. 道路管道布置原则

（1）在氨水的储存和供应的建筑构筑物应设环形消防车道，以混凝土路面与厂区道路相连接。

（2）水泥厂厂区沿地面或低支架铺设的管道，不应环绕氨水储罐区四周布置；管道及其桁架跨越厂内铁路（从轨顶算起）的净空高度不应小于6.0m，跨越电气化铁路不应小于6.55m；跨越厂内道路的净空高度不应小于5m，在局部的困难地段不应低于4.5m。

（3）氨管应架空或沿地铺设，必须采用管沟铺设时，应采取防止气液在管沟内积聚的措施；横穿铁路或道路时，应铺设在管涵或套管内。氨管不应与电力电缆、热力管道铺设在同一管沟内。

（4）氨管与水泥厂厂区其他工艺和共用工程管道共架多层铺设时，宜将热力管道布置在上层；氨管道布置在下层；热力管道必须布置在下层时，可布置在外侧。氨管与电力电缆、气管、油管等共架铺设时，应分开布置在管架的两侧或不同标高层中，之间宜用其他公用工程管道隔开。

3. 氨区内布置原则

（1）为保证火灾危险情况下生产运行人员的安全疏散，应在氨水储存区设置两个及以上安全出口与厂区其他道路相接；

（2）地上布置的氨水储罐或罐组之间的防火间距应符合下列规定：

① 氨水储罐四周应设置不低于 0.5m 的防火堤，设计原则为保证堤内有效容积应为罐区内所有储罐容积的 120%；

② 储罐的基础、防火堤、隔堤均应采用非燃烧材料；

③ 储罐之间的防火间距不应小于相邻较大罐直径，且不宜小于 1.5m；

④ 堤内应采用现浇混凝土地面，并宜坡向四周。

氨水储区一般布置在窑尾预热器框架或生料库附近的空地，要求用地范围内地势比较平坦，无不良地质作用，氨水储区布置力求充分利用原有供水、供电、办公等设施，以节省投资，并且尽量减小对原有生产线的影响。

氨水储存区，属于脱硝工程项目中最主要的土建施工部分，在土建方案设计前，应对所选位置做详细的地质勘探，确保所选场地地质条件满足储区设计要求。储区应满足当地抗震等级要求。氨水储存系统的总储存容量应按照不小于烟气脱硝装置 5～7d 的总消耗量来设计。对于 5000～10000t/d 新型干法熟料水泥生产线，一般储区面积约 180m²，设置氨水储罐 2～3 个；对于 2500～3500t/d 水泥熟料生产线，一般储存区面积约 100m²，设置氨水储罐 1～2 个。

图 5-8 为某水泥厂 SNCR 工程氨区平面及剖面布置工程实例设计。

一般整个氨水储区基础均采用现浇钢筋混凝土基础，地基根据现场情况选择天然地基或桩基。对于南方区域，如浙江、江苏、安徽、江西、湖南、广东等地的新型干法熟料水泥生产线，还原剂储存区域一般布置为上方设置挡雨棚，四周敞开，保持通风。罐区四周设有约 0.8m 高的混凝土围堰及排水沟，以防止氨水泄漏时向罐区四周厂区溢流扩散，罐区外设有废水池，如图 5-9 所示。而对于北方区域，如吉林、黑龙江、辽宁、内蒙古等地的新型干法熟料水泥生产线，由于当地气候在冬天时可能达到极端最低气温−35℃甚至以下，而 20% 氨水的凝固点为−35℃，25% 氨水的凝固点为−40℃，因此，考虑到氨水的凝固以及仪器仪表的使用温度范围，氨水储存区域一般布置为密封板房，屋内通暖气，设置排气扇，罐区上方设有活动推拉式气窗进行通风。罐房内四周亦设有排水沟，以便氨水泄漏时及时用清水冲清后经排水沟进入室外专用池内。当储罐内温度过高时，可启动储罐顶部安装的工业水喷淋管线及喷嘴，对储罐进行喷淋降温，如图 5-10 所示。

4. 预热器平台及分解炉氨水喷射区的布置

采用"二段式"脱硝系统时，氨水输送管道、稀释水输送管道从罐区到预热器框架平台输送采用不锈钢无缝钢管架空布置，尽量借助厂区原有的压缩空气管道的桥架铺设，使管路走向尽量简单、紧凑、实用。最终通过输氨和稀释水两条管道把氨水、稀释水送到窑尾高处的氨水缓冲罐，若采用"一段式"布置，则直接将氨水从氨区输送至计量分配模块，进而输送至分解炉中喷射。

系统的氨水缓冲罐、中继喷射模块、计量分配模块、压缩空气分配控制模块、氨水喷射模块一般就近布置在分解炉开孔处相应位置的框架平台上，通过管道连接罐区和各个模块。工艺布置图可参照第四章尿素为还原剂时的相关图纸。

图 5-8　某工程氨水储存区平面、A—A 剖面、B—B 剖面布置图

图 5-9　敞开式氨水储区布置图

图 5-10　封闭式氨水储区布置图

　　氨水缓冲罐一般放置在此平台某角落，便于布置管线和不影响人在此平台的通道。分解炉开孔位置根据分解炉上温度及流场模拟来确定（见第四章第五节），一般开孔位置在分解炉中上部，如有鹅颈管则尽量布置在鹅颈管部出口部分，在温度满足的条件下，分解炉内喷射的截面越小，则氨水的覆盖面越大，脱硝效率就越高。如图 5-11、图 5-12 所示。

图 5-11　氨水缓冲罐、中继喷射模块

图 5-12　喷枪开孔位置及布置图

第五节　SNCR采用氨水与尿素的工艺系统的主要区别

氨水与尿素由于物理化学性质不同，从而导致采用两者作为SNCR系统还原剂时，在工艺流程、反应机理、脱硝效率、投资运营成本以及系统操作维护和安全性均有差别。

一、工艺系统差异

由于氨水与尿素的物理化学差异，其工艺流程有差异。主要表现在：

尿素分子式$CO(NH_2)_2$，分子量60.06，一般是从化肥厂购买袋装尿素后自行配制成浓度为40%～50%的尿素溶液。因此，采用尿素为还原剂时，由于尿素买来为袋装形式，需增加固体尿素储存区和卸料装置（包括梁式起重机、提升机等）和尿素溶解装置，即通过卸料装置将其输送至溶解装置中配制成相应浓度后输送至储存罐中储存，之后再经输送泵定量输送至窑尾进行喷射。由于尿素溶液使用量较大，一般是先配制成较高浓度进行储存，之后尿素溶液在线再次稀释后再进喷枪进行喷射。同时由于一定浓度的尿素溶液结晶温度低（40%浓度尿素溶液结晶温度为2℃，50%浓度的尿素溶液结晶温度为18℃），且由于尿素的溶解过程是吸热反应，其溶解热高达−57.8cal/g（负号代表吸热），配制和储存过程需配置功率强大的热源。

而氨水化学式$NH_3 \cdot H_2O$，分子量35，一般直接由供应厂商外运入厂，脱硝使用的氨水浓度为20%～25%，经卸氨泵送入储存罐内储存，后再经输送泵定量输送至窑尾喷枪进行喷射。氨水凝固点低（20%浓度氨水凝固点−35℃，25%浓度氨水凝固点−40℃），使用时主要需保证仪表使用温度范围和设备管道中水的结冰。

因此，尿素为还原剂的SNCR系统较氨水为还原剂的SNCR系统增加了溶解加热、在线稀释等装置，投资成本和操作复杂性增加。两者主要工艺流程图可参考第四章和第五章相应章节。

二、系统安全性不同

首先是氨水，氨水在常压下不可燃，沸点较低，常温下易挥发逸出氨气，有强烈的刺鼻性气味，易溶于水，氨气挥发体积浓度爆炸极限为15%～28%，即氨气与空气混合物的浓度在15%～28%（体积分数）时，遇到明火会燃烧和爆炸；系统布置时厂房应设置在阴凉、通风良好处。

在氨水卸载及储存时需考虑氨挥发或泄漏的安全防护措施，安全防护措施投资比较高；氨水罐与其他设备、厂房等要有一定的安全防火防爆距离，并设有防雷、防静电接地装置。氨储存区域应装有氨气泄漏报警仪。氨水的腐蚀性强，对铜及其各种合金的腐蚀性最强，对铁、水泥及木材亦有一定的腐蚀性。氨水有一定的毒性，因此，储运和输送氨水的设备材质可选用玻璃钢、不锈钢，使用时注意操作安全要求。

相比之下，尿素就安全得多。在20℃时尿素的饱和溶液的相对密度为1.146 g/cm^3，固体时为1.335 g/cm^3。常温时，尿素在水中缓慢水解。尿素无味，无毒性，腐蚀性弱，不会燃烧和爆炸，运输、存储、使用都比较简单安全；同时尿素溶液的挥发性比氨水小；尿素溶液中CO_2、NH_3以及尿素本身的腐蚀性都很弱，而尿素水解的中间产物尿素-甲胺溶液的腐蚀性却很强，特别是甲胺生成和分解时，是造成金属腐蚀的主要原因。但在60℃以下，尿素在酸性、中性和碱性溶液中不发生水解。因此，在选择储运和输送尿素溶液的设备材质时亦需考虑防腐蚀性，可选用玻璃钢、不锈钢。

三、反应温度窗口不同

以氨水为还原剂时，SNCR 主反应为：

$$4NO+4NH_3+O_2 \longrightarrow 4N_2+6H_2O$$

以尿素为还原剂时，SNCR 主反应为：

$$2NO+CO(NH_2)_2+0.5O_2 \longrightarrow 2N_2+CO_2+2H_2O$$

尿素 SNCR 系统和氨水 SNCR 系统的还原剂喷射至炉膛后的示意图见图 5-13，两种还原剂的脱硝效率和反应温度的关系见图 5-14。

图 5-13　尿素 SNCR 系统和氨水 SNCR 系统还原剂喷射至炉膛示意图

由图 5-13，图 5-14 中可以清楚发现，氨水反应非常直接，氨水溶液喷入炉膛的一瞬间还原反应就会开始。由于氨水是水与氨充分混合的溶液，还原反应链短，小分子氨直接反应，释放出氨基，仅需断 NH_3 和 H_2O 之间的氢键，反应温度要求低（最佳温度为 850～1000℃），反应时间要求较短。氨水的脱硝反应温度窗口比尿素偏低 50～100℃，在低温区有较好的效果。

图 5-14　脱硝效率与反应温度的关系

而由于尿素溶液具有一个固定的核，外层是被水分子包裹，在高温下，水分子先蒸发，然后尿素颗粒再分解成氨基，氨基再和烟气中的氮氧化物进行反应，生成氮气和水。尿素还原反应链长，分子结构为立体式，大分子反应前需要断链，键能高，反应温度要求高（最佳温度为 900～1050℃），反应停留时间要求长。故同等条件下，氨水的反应效率会高于尿素，达到相同的脱硝效率所产生的氨逃逸率较尿素低。

上述对比可知，尿素溶液通常对炉膛内能量损耗高于氨水，并且反应较复杂。当烟气温度较低的时候，尿素所需要的停留时间很难得到满足，影响系统脱硝效率及增加氨逃逸。

但由于喷入分解炉内的尿素溶液挥发性要比氨水小，其对大型炉膛的喷射刚性、穿透能力要比氨水喷射好，混合程度也比较高。尿素溶液进入炉膛深度也比氨水深。

四、系统投资运营成本对比

（1）投资成本（表5-6）

表5-6　采用不同还原剂的投资成本比较

尿素 SNCR 系统	氨水 SNCR 系统
固体尿素储存和卸载包括设袋装尿素储区，配备梁式起重机、固体尿素输送（如斗式提升机等）	氨水卸载仅需卸氨模块，占地面积较尿素系统小
尿素溶解与制备单元，包括溶解罐、加热装置和搅拌装置等	无
尿素储存系统：包括尿素溶液转存输送泵、尿素溶液储罐等	氨水储存系统，即氨水储罐
稀释水系统：包括除盐水罐、除盐水输送泵组等	仅吸收氨气的一个容积非常小的稀释水箱
尿素易吸潮，因此整个制备间应密闭。密闭时考虑通风、采暖等	一般为敞开式，在东北极端气候地区才设密闭
任何地方设备、管道均需保温及伴热	一般在东北极端气候地区才需保温
由于模块、设备增多而增加的相应温度计、液位计等阀门仪表	无
喷射区相应设备仪表（含喷枪等）	喷射区相应设备仪表（含喷枪等）
压缩空气系统	压缩空气系统
仪表、电气控制系统	仪表、电气控制系统
NO_x、NH_3 在线监测仪	NO_x、NH_3 在线监测仪

　　氨水和尿素的投资成本差异主要体现在固体尿素储存和卸载、尿素溶液溶解制备、系统加热保温和尿素溶液在线稀释等。氨水溶液运输和处理方便，不需要额外的加热设备或蒸发设备，使得系统大为简化，工程造价低。总体来说，尿素系统的初期投资成本要高于氨水系统。

（2）运行费用

　　还原剂成本通常占总运行成本的 90% 左右。以 5000t/d 生产线 SNCR 运行费用为例，标态下烟气量为 420000Nm³/h（10%O_2，干基），NO_x 原始值为标态下 800mg/m³（10% O_2，干基，以 NO_2 计），脱硝效率 60%，年运行时间按照 8000h 计。使用氨水和尿素作为还原剂的运行费用比较见表5-7。

表5-7　采用氨水、尿素为还原剂的水泥窑 SNCR 系统运行费用对比

60%脱硝效率时还原剂运行费用对比		参考价格（元/t）	小时耗量（kg/h）	年运行成本（元）	单位熟料运行成本		单位 NO_x 减排成本	
					（kg/t）	（元/t）	（kg/kg）	（元/kg）
尿素保证值耗量	尿素颗粒	2200	360	6336000	1.6	3.52	1.79	3.93
	排烟热损失折合标煤	850	180	1224000	0.8	0.68	0.89	0.76
	总费用	3050	540	7560000	2.4	4.2	2.68	4.69
氨水保证值耗量	氨水	700	860	4816000	3.82	2.68	4.88	2.99
	排烟热损失折合标煤	850	75	510000	0.03	0.28	0.37	0.36
	总费用	1550	935	5326000	3.85	2.96	5.25	3.35

注：①氨水、尿素价格各地不同，此处仅供参考；②燃煤消耗是还原剂喷入后，导致烟气产生的热损失，而需要补充燃煤用量；③压缩空气、水、电、蒸汽等成本费用占总运行成本的比例非常低，此表中略去不计。

由表 5-7 可以看出，使用氨水作为还原剂时的年运行费用是尿素作为还原剂运行费用的 70％左右。

根据以上对氨水和尿素作为还原剂的工艺系统、物理化学性质、反应温度窗口、脱硝效率、投资运行费用等各方面综合比较，氨水作为还原剂比尿素溶液作为还原剂更加稳定，副反应、副产物少，流程更简单，系统设备占地面积小，脱硝效率高及经济性更佳。可根据企业实际情况选择使用何种还原剂。如地处饮用水库上游的水泥企业，由于禁止在饮用水保护区内建设与水源保护无关的项目及可能污染水源的项目，禁止储存、堆放可能造成水体污染的固体废物和其他污染物等。由于氨水作还原剂存在氨泄漏污染饮用水源的危险性，因此，此处需要采用尿素为还原剂。

第六章　水泥窑 SNCR 附属系统设计

第一节　SNCR 系统电气设计

一、设计原则

由于水泥窑 SNCR 工艺系统的特点决定了在整个系统内没有高压电机等负荷。脱硝电气系统控制水平应与工艺系统控制水平协调一致，宜纳入工艺控制系统。

SNCR 脱硝工程低压厂用电电压等级与现有水泥生产线一致，通常采用的电压等级为交流 380/220V 三相四线制，其中中性点直接接地系统与现有水泥生产线一致。

脱硝低压工作电源一般不单独设置低压工作变压器，其工作电源就近引自现有水泥生产线车间电气配电室 MCC 柜备用回路。脱硝电气系统和整个水泥线电气系统设计相协调，并满足相关接口要求。

二、设计依据

相关规程、规范如下：

GB/T 14285《继电保护和安全自动装置技术规程》；

GB 50054《低压配电设计规范》；

GB 50295《水泥工厂设计规范》；

94D 101-5《35kV 及以下电缆敷设》；

GB 50217《电力工程电缆设计规范》；

DL/T 620《交流电气装置的过电压保护盒绝缘配合》；

DL/T 5137《电测量及电能计量装置设计技术规程》；

GB 50057《建筑物防雷设计规范》；

DL/T 5044《电力工程直流系统设计技术规程》；

《工业与民用配电设计手册》。

三、电气系统设计

1. 电气自控设计

通常 SNCR 脱硝工程根据工艺流程分为还原剂制备存储区和 SNCR 区。还原剂制备存储区设置一台配电箱，其电源就近引自现有水泥生产线车间电气配电室 MCC 柜备用回路；SNCR 区根据区域内设备情况确定是否设置配电箱，其电源一般引自现有水泥生产线窑尾电气配电室 MCC 柜备用回路。

脱硝系统的每个工艺模块设置就地控制箱或现场端子箱，电源均引自所属区域配电箱。电气系统设计框图如图 6-1 和图 6-2 所示。

就地控制箱设置有转换开关、设备启停按钮、设备状态指示灯等。由 PLC 控制的设备有"机旁"和"集中"两种控制方式，这两种控制方式由就地控制箱上的转换开关进行切换。转换开关位于"机旁"位置时，电动机的起停由就地控制箱上的按钮控制，机旁控制每

图 6-1　氨水脱硝系统电气系统设计框图

图 6-2　尿素脱硝系统电气系统设计框图

台电机单独起停。机旁控制用于设备检修及调试，其设备之间没有联锁。转换开关位于"集中"位置时，电动机的起停控制在中控室操作站进行操作，可实现电机顺序起停和联锁停机。正常生产时转换开关均处于"集中"控制方式，由 PLC 控制整个脱硝系统的运行，就地控制箱上的按钮只用于故障紧急停机，不用于设备启动。

设备的开关状态信号至少包含：备妥、运行、故障、驱动、位置等。

仪表系统主要由一次元件、变送单元和执行机构等现场仪表组成。生产过程参数主要包括温度、压力、液位、浓度、流量等信号。仪表采用 4～20mA 信号制。仪表的 4～20mA 信号均经过相应模块的就地控制箱或现场端子箱输送至 PLC 系统，进行实时监测。

所有脱硝设备的开关状态信号及监测的各种模拟量信号均送入脱硝 PLC 系统。

脱硝系统电缆敷设以桥架、穿管相结合的方式敷设。电缆敷设依据《35kV 及以下电缆敷设》实施，所有信号电缆均采用屏蔽电缆，信号屏蔽线做好接地工作，以保证自动化控制系统的正常工作。

还原剂制备存储区照明及检修电源引自还原剂制备存储区配电箱。灯具均为220VAC，灯具选用三防灯具。SNCR区照明及检修电源利用现有水泥生产线原有设施。

还原剂制备存储区需根据计算核定是否设置单独的防直击雷保护；但按规程要求，脱硝设备需采取相应的防止雷电感应的措施。由于SNCR区脱硝设备布置于窑尾框架上，无须做单独的防直击雷保护。

还原剂制备存储区根据其布置的位置，再确定是否设置单独的接地网，如果单独设置接地网，需与现有水泥生产线接地网相连接。SNCR区利用现有水泥生产线接地网作设备接地，不设置单独的接地网。还原剂制备存储区和SNCR区的所有金属装置、设备、管道、储罐、控制箱等都与接地装置连接。

2. 脱硝控制系统设计

水泥窑SNCR烟气脱硝工程采用独立PLC控制，脱硝系统设一套PLC及上位机控制系统，PLC布置在还原剂制备存储区和SNCR区，上位机布置在现有水泥生产线中央控制室。脱硝控制系统能够完成整个脱硝装置内所有的测量、监视、操作、自动控制、报警、保护和联锁、记录等功能。操作员通过PC机画面可监视和控制脱硝装置的运行。

下面分别为用氨水和尿素作为还原剂的PC机监控画面，如图6-3、图6-4所示。

图6-3　还原剂为氨水的PC机监控画面

控制系统的控制范围为项目整套脱硝装置，包括还原剂储存及供应模块、软化水模块、计量混合模块和喷射模块以及相关的辅助设备。

控制系统功能为系统连续采集和处理还原剂储存及供应系统、软化水系统、计量混合模块、喷射模块以及相关的辅助设备运行参数和设备运行状态信号，及时向运行人员提供有关的运行信息，实现还原剂储存及供应系统、软化水系统、计量混合模块和喷射模块设备运行状态的监视。其主要功能包括：

（1）工艺设备控制

根据脱硝系统工艺特点和运行要求，控制系统将设有下列调节系统：

图 6-4 还原剂为尿素的 PC 机监控画面

氨水溶液浓度调节；

尿素溶液配置浓度调节；

在线稀释水量的调节；

雾化压缩空气调节；

喷枪运行层数的调节；

喷枪自动推进及退出控制。

（2）顺序控制

顺序控制系统将按分级设计的原则，设有功能组/子功能组级、驱动级控制。功能组/子功能组控制的主要项目如下，但不限于此：

还原剂储存及供应系统功能组；

软化水系统功能组；

计量混合系统功能组；

喷射模块功能组；

辅助设备功能组。

（3）PID 控制

控制系统依据确定的 NH_3/NO_x 摩尔比来提供所需要的还原剂流量，进口 NO_x 浓度和烟气流量的乘积产生 NO_x 流量信号，此信号乘上所需 NH_3/NO_x 摩尔比就是基本氨水流量信号，根据烟气脱硝反应的化学反应式，1摩尔氨和1摩尔 NO 进行反应。摩尔比的最终设定是在现场测试操作期间来决定并记录在还原剂流量控制系统的程序上，所计算出的还原剂流量需求信号送到控制器并和真实还原剂流量的信号相比较，所产生的误差信号经比例加积分动作处理后去定位氨水或尿素溶液流量控制阀；若还原剂因为某些连锁失效造成喷雾动作跳闸，届时氨水或尿素溶液流量控制阀关断。控制系统根据计算出的氨水或尿素溶液流量需求信号去定位氨水或尿素溶液流量控制阀，实现对脱硝的 PID 自动控制。

①控制水平

还原剂流量可依温度和压力修正系数进行修正。从烟气侧所获得的 NO_x 信号馈入，计算所需氨气流量。控制器利用氨水或尿素溶液流量控制所需还原剂量，使摩尔比维持固定。主要控制原理如图 6-5 所示。

图 6-5　主要控制原理

SNCR 烟气脱硝系统借此具有控制窑炉满负荷时或者部分负荷的脱硝系统模式，以对应不同窑炉负荷条件下的烟气量及温度变化。而窑炉在不同负荷时反应剂喷射量，可由流体力学模型、动力学模型及物料平衡的计算获得，并通过前馈控制参数（窑炉负荷和生料投料量、炉内的温度）以及反馈控制参数（烟囱出口的 NO_x 和 NH_3 浓度）来进行连续不断的调整，以达到要求的 NO_x 和 NH_3 控制值。根据前馈控制参数确定不同负荷条件下还原剂的喷射量，再以反馈控制参数来调整还原剂的喷射量，而当烟气中未经脱硝时，NO_x 浓度低于设定值下，则可不需喷氨。

在设计和启动期间，控制系统的特性用"查表"模型表示，建立 NO_x 浓度与喷射量的对应关系，在正常运行期间，采取 PID 自动控制不同区域的喷射器与喷射流量。通过在不同负荷下的对氨水或尿素溶液流量的调整，找到最佳的还原剂喷入量。

②硬件结构

本工程脱硝控制系统按照功能分散和物理分散相结合的原则设计。硬件采用有现场运行实绩的、新颖可靠的和使用以微处理器为基础的分散型硬件，对于重要的、关键的系统设备，如国内产品暂时不能过关或使用经验不足，建议进口国外合适产品。系统内所有模件均应采用低散热量的固态电路，并为标准化、模件化、和插入式结构。控制系统采用 PLC 控制，PLC 系统选用西门子 300 或 200 PLC 系统，设一套 PLC 控制站及上位机控制系统（操作站），PLC 控制站布置于窑尾控制室或还原剂存储区，并根据工艺需要在窑尾模块平台处设远程 I/O 站。所有开关状态信号、电气事故信号及预告信号均送入脱硝 PLC 系统。不设常规测量表计，采用 4~20mA 变送器（变送器装于相关开关柜）输出信号并送入脱硝 PLC 系统。上位机布置在中央控制室，操作员通过 PC 机画面可同时监视和控制脱硝装置的运行。

控制站主要由 CPU、通讯模块、I/O 模块、电源模块组成。CPU 处理能力预留有 20%~25% 的容量。

控制站与操作站之间均采用 100M 光纤工业以太网连接，传输速度快，可靠性高。

控制站是 PLC 系统与工艺、电气设备之间的接口，直接与现场设备相连接，承担各种信号的输入、输出及信号转换。

控制站的检测功能：检测设备的起停、运行、故障和位置等开关量信号，检测各模块中温度、压力、液位、流量、浓度、阀门开度等模拟量信号。

控制站的控制功能：控制各模块设备的顺序起停、正常运行和故障时联锁停机，控制各阀门电动执行器的开度，控制氨水加入泵的频率等。

操作站是控制系统的人机界面，它输入操作员的控制操作状态及给定值等信号，同时向操作员提供各种工艺、电气和自动化信息，实现人对生产过程的控制。

操作站提供的主要人机界面有：

动态控制流程图：图中显示整个脱硝系统的工艺流程、电机起停状态、电动开关阀的开关状态、电动调节阀开度以及一些工艺参数。

控制调节画面：画面中显示给定值和检测值，设置数字窗口用于输入给定值。

软件开发

PLC 系统选用西门子 PLC，编程软件为 STEP7 软件（300 PLC）或 STEP 7 MicroWIN SP9（200 PLC），在西门子 300 PLC 编程时，项目中使用的 STEP7 的版本为 V5.5SP1，在

组态编程时将 wincc 项目集成到 STEP7 下进行统一编程组态，这一方法给项目带来了很大的方便，与以前的单独使用 wincc 和 step7 分别组态相比，明显减少了很大的工作量。

为实现整个脱硝系统的自动化运转，避免在脱硝系统运行时需要过多的人为干预和监控，在软件编程时将能够由软件来实现的环节都加入到系统软件开发中。

a. 氨水储罐作为高位氨水槽氨水稀释系统的过渡环节，主要作用是储存一定量的氨水，为高位氨水槽氨水稀释调配提供稳定的氨水供应。SNCR 系统运行时，氨水储罐是间断工作的，需要对两个储罐的液位、温度等进行实时监控。系统运行时，可采用多氨水储罐轮流工作来提供氨水溶液。为了防止储罐内溶液排干而导致故障出现，在两座氨水储罐上设置液位检测装置，监控储罐的液位。通过液位仪比较，当一个储罐的液位低于设定值，则自动关闭该储罐出液阀，同时自动打开另一储罐出液阀，切换到另一储罐供氨水，多座氨水储罐出液阀根据液位反馈形成开、闭连锁，同时提示及时对空罐充装氨水。

b. 现场设置一座稀释水箱，水箱设置液位检测装置，监控水箱的液位，当水箱液位低于设定值时，打开进水阀，开始进水，当达到液位设定高位后，自动关闭进水阀。水箱出水根据系统设定稀释氨水浓度来定，当设定好高位氨水槽氨水浓度后，系统通过计算，得出所需稀释水量，稀释水输送泵根据高位氨水槽液位检测信号开始工作，向高位氨水槽输送稀释水，从而实现氨水浓度自动调配。

c. 高位氨水槽是一个临时储存氨水的装置，也是氨水浓度的调节装置，高位氨水槽设置液位检测装置，根据液位仪的信号反馈，如果高位氨水槽液位低于设定值，则氨水输送泵自动启动，如果高位氨水槽液位高于设定值，则氨水输送泵自动停止，同时高位氨水槽设置浓度检测装置，在浓度调节功能投入后，系统根据设定的高位氨水槽内氨水浓度值以及液面最高位容积来确定氨水和稀释水的输送量，氨水和稀释水通过各自管路上的电磁流量计来控制停止或输送，由于这种混合方式存在输送时间差，所以高位氨水槽内的氨水浓度不一定是设计要求值，此时通过设置在高位氨水槽上的氨水浓度计来校正浓度，计算出氨水喷射量，再反馈给氨水喷射系统。

d. 氨水喷射泵位于高位氨水槽后面，负责为喷射系统输送氨水，其为连续运行，氨水喷射泵设置两台，一备一用，两个泵形成开、停连锁，为了防止备用泵长期得不到运转，可设置一运行周期，当 1 号泵运转一次后，下次应为 2 号泵运转，两泵交替运行，并且设置故障模式，即如果其中一台故障时，另一台自动投入运行，或其中一台泵处于检修状态时，另外一台泵连续工作。氨水喷射泵采用回流加变频的方式来控制氨水的输送量，根据喷射系统主管路上的电磁流量计来控制回流阀门的开度，当阀门开到最大时也不能满足流量要求，则通过变频的方式调节氨水喷射泵的输送量，使送入喷射系统的氨水量达到系统要求。同时系统还具备自动调节喷氨量的功能，先固定回流在 $10\% \sim 40\%$ 左右开度，然后将系统调到自动状态，系统将自动根据窑尾或 C1 出口 NO_x 值来调整喷射氨水的量，在 NO_x 浓度较高时自动增大氨水喷射泵的频率，回流保持不变从而增加喷射量。相反，在 NO_x 浓度较低时自动减小氨水喷射泵的频率，回流保持不变从而减低喷射量。

e. 尿素溶液制备将稀释水加入溶解罐中，当流量计显示的进水量达到所需的容积时，关闭电动开关阀。由于尿素在水中溶解需要吸热，溶解后需要保温，为了加快溶解速度缩短配制溶液时间，溶解罐内部设有蒸汽加热盘管。打开蒸汽管道上进溶解罐的电动开关阀，蒸汽加热系统启动，使水温升高，电动开关阀与温度计联锁。然后现场开启提升机，袋装尿素经人工破包后加料至斗式提升机进料口，并提升至尿素溶解罐中，尿素加入量由人工计数，开包总袋数达到配制设定计量值后，现场关闭提升机。开启搅拌器进行搅拌，加快尿素颗粒溶解。

尿素溶解罐内的溶液配置是间歇式的，启动搅拌器并运行约半小时后一定时间，搅拌结束后，开启切换用电动开关阀和尿素溶液输送泵，将尿素溶液输送至1号或2号尿素溶液储罐中备用。

现场设置两座尿素溶液储罐，脱硝系统运行时，两罐分别为系统提供尿素溶液，即当其中一个尿素溶液罐液位低至限定值后，切换到另一尿素溶液罐供液。此时可让溶解罐配制好的尿素溶液经输送泵对使用完的尿素溶液罐加液。两尿素溶液罐处于一用一停状态。

此外整个系统还有多层保护措施，包括分解炉内温度过低或过高时停止氨水喷射，保护喷枪设备和满足反应要求，在整个储存氨水均用完且未及时进氨水的情况下自动按要求停止脱硝系统运行等。

同时系统对整个脱硝系统的各项运行参数进行记录归档，归档周期为1年，后期可以根据需要查看1年内任何时间段的信号的曲线（图6-6），并可以将这些信号生成EXCEL表格导出。

图6-6 任何时间段的各项运行参数曲线

第二节 采暖、通风、给排水、消防及安全部分

采暖、通风在SNCR系统中的主要工作就是根据国家、地方有关规定对还原剂制备存储区及SNCR区域范围内的采暖、通风进行完整设计和安装。

采暖、通风设计方案的选择，应根据厂区地区气象条件、总图布置、工艺和控制要求、区域能源状况及环境保护要求，并应通过技术经济比较后确定。其主要依据：

GB 50019《采暖通风与空气调节设计规范》

GB 50295《水泥工厂设计规范》

GB 50577《水泥工厂职业安全卫生设计规范》

SNCR脱硝工程的给水和排水系统主要为还原剂制备存储区的给排水系统，根据现场的实际条件在还原剂制备存储区设计有完善的给水和排水系统，并与相应的厂内的给排水系统联网。给水和排水系统的设计满足相关标准、规程和规范的要求。

SNCR脱硝工程的消防系统一般可利用现有水泥生产线的消防设施、移动消防车、消防泵。

给排水、消防系统设计主要遵循如下规范：

GB 50016《建筑设计防火规范》

DL 50027《电力设备典型消防规程》

GB 50013《室外给水设计规范》

GB 50014《室外排水设计规范》

GB 50015《建筑给水排水设计规范》

（1）采暖

对于北方地区的水泥线，由于环境温度比较低使得脱硝系统在无保暖情况下无法正常运行，因此要将还原剂制备存储区建造成封闭的房间，并在房间内设置集中供暖。采暖室内计算温度，应符合国家现行标准《采暖居住建筑节能检验标准》的有关规定，若工艺系统及生产设备对环境温度另有要求时，室内采暖计算温度可根据要求确定。采暖热媒考虑使用热水或蒸汽采暖，其供热热源应与主厂一致。

当室外温度较低、散热器不能满足室内温度要求时，可设置暖风机来增加散热量。

（2）通风

还原剂制备存储区内设有还原剂储罐、配电箱、PLC柜等装置，根据工艺专业的要求将设有通风措施以排除室内的刺鼻气体，换气次数不小于15次/h考虑。同时设有通风措施以排除室内的余热，换气次数不小于12次/h，室内保持微正压，室内温度不高于40℃。

还原剂制备存储区以自然通风为主，底层门洞、侧窗宜作为自然通风的进风口，上部侧窗宜作为自然通风的排风口，当自然通风无法满足要求时，可以设置机械通风，机械通风排风可采用玻璃钢轴流风机。通风系统的设备、管道及附件均进行防腐。

（3）给排水、消防及安全部分

脱硝系统的给排水、消防主要集中在还原剂制备存储区，工程设计中应根据现场的实际条件，在区域设计有完善的给水和排水系统，并与相应的厂内给排水系统联网。给水和排水系统的设计应满足相关的标准、规程和规范。

还原剂制备存储区给水主要包括紧急冲洗、储罐喷淋降温、还原剂溶液稀释、工艺模块冲洗等。给水一般就近接自现有水泥生产线工艺水。

还原剂制备存储区排水主要包括紧急冲洗废水、喷淋排水、冲洗模块后的废水以及雨水排水等。在还原剂制备存储区内部设置完善的污水排放系统，最后与厂区给排水系统联网。

脱硝工程的消防系统一般可利用现有水泥生产线的消防设施、移动消防车、消防泵。同时可以在还原剂制备存储区设置移动式灭火器系统。

第三节　SNCR系统钢结构、平台及扶梯

在SNCR系统中，还原剂溶液储罐、计量、分配、喷射系统的检修和维护平台的设置应能满足检修和维护工作顺利进行。

用于放置重物的平台和主要平台按实际荷载及活荷载为4kN/m²设计，其他次要平台按荷载2kN/m²设计。SNCR区域的平台应采用刚性良好的花纹钢板或防滑格栅板平台，平台及步道之间的净高尺寸应不小于2.5m，平台扶梯按照GB 4053.3《固定式钢梯及平台安全要求　第3部分：工业防护栏及钢平台》设计制造。

SNCR 爬梯高度大于 3.6m 或爬梯安装在高的地方（垂直高度＞2.5m）时，必须配备保护圈。扶梯宽度尽量不小于 1.0m，踏步采用花纹钢板或防滑格栅板。所有平台和扶梯应在每边都安装栏杆，栏杆高度按规范设计。SNCR 系统中，应尽量避免设置直爬梯，直爬梯高度大于 3.6m 或爬梯安装在较高的地方（垂直高度＞2.5m）时，必须配备保护圈。

第四节　SNCR 系统的保温、油漆及防腐

脱硝系统范围内所有设备及管道应根据有关的规程、规范要求进行必需的保温、油漆和防腐工作。

一、SNCR 系统的保温设计

由于 SNCR 的喷射区的工作温度通常为 850～1050℃，因此需要对 SNCR 系统喷射区域进行保温。保温是为了降低散热损失，限制设备与管道的表面温度。一般 SNCR 系统喷射区域的保温主厂已经设计实施。

如果脱硝工程选择的还原剂是尿素溶液，由于尿素的溶解过程是吸热反应，其溶解热高达 $-57.8cal/g$（负号代表吸热），也就是说，当 1g 尿素溶解于 1g 水中，仅尿素溶解，水温就会下降 57.8℃，而 50％的尿素溶液的结晶温度是 18℃，所以在尿素溶液配制过程中需配置功率强大的热源，以防尿素溶解后的再结晶。尿素输送管道需要保温、伴热，保持溶液温度在 30℃以上，避免管道内尿素结晶析出。

一般在尿素溶液储罐中需设置加热盘管，以保证溶液储罐中尿素溶液的温度。尿素输送管道采用电伴热或蒸汽伴热并做保温。避免尿素溶解后再结晶。

在北方寒冷地区的气象条件下，对于循环水的管道也需要有伴热和保温措施，以保证循环水路的正常使用。

二、SNCR 系统的油漆及防腐

脱硝系统的色彩与主体工程一致，为了保证系统的清洁，系统管道交付安装前要进行必要的喷砂、防腐、封口，并保证能在室外储存六个月以上。所有加工件（除不锈钢外）都对其表面进行除锈处理。表面除锈处理要求采用溶液清洗或喷砂处理。

除了机械设备外，所有其他钢结构、设备和金属构件在车间涂刷两道优质底漆，并提供现场补漆，最后一道面漆在施工现场完成。对于要进行保温的设备、管道均在工厂内进行涂刷防腐底漆。

干尿素对碳钢无腐蚀，尿素还常常是一些缓蚀剂组分之一，对于活化金属的腐蚀有抑制作用，尿素溶液本身腐蚀性也很弱。但是尿素水解产生甲胺或溶解了 CO_2，对碳钢的腐蚀就较大，因此低压尿素溶液中往往含有少量甲胺，从而具有一定的腐蚀性。甲胺很不稳定，有浓氨味，在常压下约 60℃时就完全分解成 NH_3 和 CO_2。温度小于 60℃、水含量大于 70％（分子）时，甲胺就转化成其他铵盐。甲胺水溶液呈非氧化性或微氧化性的酸。熔化的甲胺在大于 154℃ 和高压下可部分转化成尿素和水。甲胺溶液对大多数金属有强烈的腐蚀作用，特别是在甲胺生成和分解时。尿素腐蚀实际上可以认为是甲胺的腐蚀。总体来看，尿素溶液中 CO_2、NH_3 及尿素本身的腐蚀性都很弱，而尿素水解的中间产物甲胺溶液的腐蚀性却很强，是造成金属腐蚀的主要原因，在实际工程中需要选择合适的材料。

氨水的腐蚀性也不强，一般可以使用碳素钢制造与之接触的设备。但含 CO_2 5％～10％

的氨水对碳钢腐蚀就相对严重，需采用不锈钢。只有氨水中的 CO_2 含量不超过 0.02% 时，才可以使用碳钢。

SNCR 的烟气反应区温度一般为 800～1100℃。由于烟气温度高于其露点温度，故此时的烟气除了对金属有轻微的高温氧化腐蚀外，不具有明显的腐蚀金属的能力。烟气与加入的还原剂混合后，经反应将 NO_x 脱除，同时生成部分对 SNCR 设备具有强腐蚀性的盐。SNCR 装置长期工作在此环境中，不可避免地要遭受物理性和化学性的腐蚀与破坏。

SNCR 装置防腐应考虑五个主要因素：

（1）设备及管道的工作环境，如介质成分、温度、设备和管道的腐蚀程度，以及设备和管道是否会受到介质的冲刷及腐蚀等；

（2）设备及管道的结构形式、布置位置和在系统中的重要性；

（3）防腐施工条件；

（4）防腐材料的使用寿命及维护费用；

（5）防腐材料的价格、施工费用及供货的难易程度。

第七章　SNCR 脱硝系统安全措施与事故预防

第一节　SNCR 脱硝系统危险因素分析及安全措施

水泥窑 SNCR 脱硝系统目前采用的还原剂主要有 20％～25％的氨水和配置成一定浓度的尿素溶液。由于尿素作为还原剂对比氨水作还原剂的危险性要低得多，因此，本章介绍相关安全措施和事故预防以氨水系统为主，尿素系统可参照氨水系统进行必要设置。

一、脱硝工程危险因素分析

1. 脱硝系统主要事故的危险、有害因素及其分布

脱硝工程所用氨水浓度一般为 20％～25％左右，据相关资料得出，25％氨水（质量分数）列入《危险化学品名录》（2012 年版）中，属危险化学品，且列入《高毒物品目录》（卫法监发 142 号）之中，属高毒物品。脱硝工程中的氨水输送系统、相关电气系统等亦有泄漏危险。因此脱硝工程的危险、有害因素首先是氨水的泄漏、中毒、火灾等事故，一旦发生事故极有可能造成人员伤害、财产损失和环境破坏。

事故的危险、有害因素及其分布见表 7-1。

表 7-1　脱硝工程危险、有害因素及其分布表

序号	危险、有害因素	主要存在部位	备　注
1	火灾	氨水储罐区、电气系统等	—
2	爆炸	氨水储罐、输送系统等	—
3	中毒	氨水储罐区、输送系统等	—
4	化学灼伤	氨水储存、输送系统等	—

SNCR 脱硝系统储罐区风险识别

氨水储罐区输送管网系统发生意外事故的几率很低，但仍不能排除因种种原因引起氨水泄漏乃至火灾、爆炸事故发生的可能性，因此有必要进行全面、细致的环境风险因素分析，找出事故发生的可能性，提出必要的防范措施，以利于管理部门了解事故发生的可能性，及早地消除事故隐患和预防事故的发生。

①管材缺陷：是指因材料本身有划痕、擦伤、砂眼等瑕疵，而最终导致泄漏的情况；

②焊缝开裂：是指由于焊接质量问题所引发的泄漏事故；

③施工不合格：是指在设备安装过程中，因施工质量不合格所造成的工程质量缺陷，而引发的漏气现象；

④腐蚀：是指由于各种原因造成的储罐内、外壁的腐蚀，引起泄漏的情况；

⑤违规操作：主要指由于人为破坏的情况，其中主要为其他项目施工时的影响；

⑥自然因素：是指由于地震、洪水、飓风、开春时地面下沉等自然原因而造成的损坏；

⑦夏季高温期间如防护措施不力或冷却降温系统发生故障，易引发易燃液体储罐的火

灾、爆炸；

⑧储罐附件，如排气管堵塞、泄漏、压力表、液位计等不密封都会给氨水的安全储存带来严重威胁，造成大量泄漏从而引起爆炸事故。

通过查阅资料分析，借鉴化工项目的经验，在脱硝项目中各种设备事故的频率以及各种运输过程中和装、卸的过程中出现有毒、易燃物泄漏着火或污染环境的事故频率统计资料见表7-2。

表7-2 化工事故频率统计表

序 号	工业事故类型	频率/年
1	储罐着火或爆炸	3.3×10^{-6}
2	储罐泄漏（有害物质释放）	3.3×10^{-4}
3	非易燃物储存事故	2.0×10^{-5}

从表中可见，储罐泄漏事故的发生频率相对较高。另据全国化工行业事故统计和分析结果显示，生产运行的事故比例占43%，贮运系统占32.1%，公用工程系统（供水、供电、供气等）占13.7%，辅助系统占11.2%。可见脱硝工程环境风险主要发生在生产运行系统和贮运系统。

2. 其他危险、有害因素及其分布

除上所列，脱硝工程同时存在其他危险、有害因素，如：机械伤害、触电伤害等，其分布情况见表7-3。

表7-3 其他危险、有害因素及其分布表

序号	危险、有害因素	主要存在部位	备 注
1	机械伤害	机械设备使用场所，如：氨水输送泵等	
2	高处坠落	所有高于基准面2米的作业区等	
3	物体打击	机械设备检修，气瓶装卸等	
4	车辆伤害	厂内运输车辆和进入厂外的运输车辆作业区	
5	触电伤害	电气系统、用电设备及其外壳等或检维修作业场所	
6	噪声和振动	转动机械设备、流体运行管道、车辆、人员作业噪声等区域	
7	其他	作业过程中因非生产原因造成的扭、划、戳等伤害，低于2m作业区坠落造成的伤害等	

3. 还原剂的理化性质及危险特性分析

（1）还原剂氨水的危险性分类见表7-4。

表7-4 主要氨水25%氨水（质量分数）的危险性分类

原料名称	危险货物编号	UN编号	危险性	剧毒品	高毒物品	监控化学品	易制毒化学品	备注
25%氨水（质量分数）	82503	2672	不燃。易分解放出氨气，温度越高，分解速度越快，可形成爆炸性气氛。若遇高热，容器内压增大，有开裂和爆炸的危险，与氟、氯等接触会发生剧烈的化学反应。若遇高热，容器内压增大，有开裂和爆炸的危险	—	高毒物品	—	—	第8.2类碱性腐蚀品

（2）还原剂氨水火灾危险性分类

氨溶于水大部分形成一水合氨，是氨水的主要成分（氨水是混合物），易挥发逸出氨气，有强烈的刺激性气味；能与乙醇混溶；呈弱碱性，能从空气中吸收二氧化碳，与硫黄或其他强酸反应时放出热，与挥发性酸放在近处能形成烟雾；相对密度（d_{25}）：0.90；有毒性，半数致死量（大鼠，经口）350mg/kg；有腐蚀性，催泪性。

挥发出的氨易燃、易爆，化学品闪点较低，本身即为气体的易燃、易爆物质与空气混合，浓度处于爆炸极限范围时，遇有一定能量的着火源很易发生爆炸，爆炸极限范围越宽，爆炸下限越低，爆炸危险性就越大。

（3）氨水的禁忌条件与危险配伍

危险化学品在禁忌条件与危险配伍条件下，会产生严重的后果，甚至引起火灾、爆炸、中毒等重大事故的发生。脱硝项目使用的氨水禁忌条件与危险配伍见表7-5。

表 7-5　氨水的禁忌条件与危险配伍

危险物质	禁忌条件与危险配伍	可能发生的某些现象
氨水	卤素、酰基氯、酸类、氯仿、强氧化剂	火灾、爆炸、中毒、窒息、化学灼伤

以上氨水的危险特性在工程设计、施工，装置运行、维护、保养，危险品使用、储存、运输等环节中应予重视，并采取措施，确保在正常状态和任何紧急状态中危险品不暴露在禁忌条件与危险配伍条件下。

（4）有毒、有害物质

本脱硝项目所用还原剂氨水具有一定的毒性，对人体有一定的伤害程度。毒性物质一旦泄漏，经吸入、食入、皮肤吸收等途径进入人体后，将导致人员中毒，造成肌体、器官的损伤、病变，甚至致残致死的伤害事故。主要生产性毒物特性见表7-6。

表 7-6　脱硝系统氨水储存运输中的主要生产性毒物特性

名称	侵入途径	急性毒性	最高容许浓度（mg/m³）	毒性危害程度级别	备注
氨	吸入、皮肤、口	高度	30	Ⅱ	—

（5）氨水及氨的理化性质及危险特性

危险氨水的识别从其理化性质、燃烧及爆炸特性、毒性及健康危害等方面进行识别和分析，脱硝工程氨水的危险、有害因素识别见表7-7。

表 7-7　氨气理化性质及危险特性

物质名称	氨	分子式	NH_3
危险性类别	第 8.2 类碱性腐蚀品	危规号	82503
相对分子质量	17.03	CAS 号	1336-21-6
结构式		化学类别	氨
物化特性			
沸点（℃）	−33.5	相对密度（水＝1）	0.82（−79℃）
饱和蒸汽压（kPa）	506.62（4.7℃）	熔点（℃）	−77.7
相对密度（空气＝1）	0.92	溶解性	易溶于水、乙醇、乙醚。
燃烧热（KJ/mol）	无资料	临界温度（℃）	132.5
临界压力（MPa）	11.40		
外观与气味	无色有刺激性恶臭的气味		

火灾爆炸危险数据			
闪点（℃）	无意义	爆炸极限（%）	15.7～27.4
最小点火能（mJ）	无资料	最大爆炸压力（MPa）	0.580
灭火剂	雾状水、抗溶性泡沫、二氧化碳、砂土		
灭火方法	消防人员必须穿戴全身防火防毒服；切断气源，若不能立即切断气源，则不允许熄灭正在燃烧的气体。喷水冷却容器，可能的话将容器从火场移至空旷处		
危险特性	与空气混合形成爆炸性混合物，遇高热能、明火能引起燃烧爆炸，与氟、氯等接触会发生剧烈的化学反应。若遇高热，容器内压增大，有开裂和爆炸的危险		

反应活性数据			
稳定性	不稳定		避免条件
	稳定	√	
聚合危害	不聚合	√	避免条件
	聚合		
禁忌物	卤素、酰基氯、酸类、氯仿强氧化剂	燃烧（分解）产物	氧化剂、氨

健康危害数据

侵入途径	吸入	√	皮肤	√	口	√
急性毒性	LD_{50}	350mg/kg（大鼠经口）	LC_{50}		1390mg/m³（大鼠吸入）	

健康危害（急性和慢性）

低浓度氨对黏膜有刺激作用，高浓度可造成组织溶解坏死。急性中毒：轻度者出现流泪、咽痛、声音嘶哑、咳嗽、咯痰等；眼结膜、鼻黏膜、咽部充血、水肿；胸部 X 线征象符合支气管炎或支气管周围炎。中度中毒上述症状加剧，出现呼吸困难、紫绀；胸部 X 线征象符合肺炎或间质性肺炎。严重者可发生中毒性肺水肿，或有呼吸窘迫综合征，患者剧烈咳嗽、咯大量粉红色泡沫痰、呼吸窘迫、谵妄、昏迷、休克等。可发生喉头水肿或支气管黏膜坏死脱落窒息。高浓度氨可引起反射性呼吸停止。液氨或高浓度氨可致眼灼伤；液氨可致皮肤灼伤

急救措施

皮肤接触：立即脱去被污染的衣着，应用 2% 硼酸液或大量清水彻底冲洗；就医

眼睛接触：立即提起眼睑，用大量流动清水或生理盐水彻底冲洗至少 15min，就医

吸入：迅速脱离现场至空气新鲜处；保持呼吸道通畅；如呼吸困难；给输氧；如呼吸停止，立即进行人工呼吸。就医

泄漏应急处理

迅速撤离泄漏污染区人员至上风处，并立即隔离 150m，严格限制出入。切断火源，建议应急处理人员戴自给正压式呼吸器，穿防毒服。尽可能切断泄漏源，合理通风，加速扩散。高浓度泄漏区，喷含盐酸的雾状水中和、稀释、溶解。构筑围堤或挖坑收容产生的大量废水。如有可能，将残余气或漏出气用排风机送至水洗塔或与塔相连的通风橱内。储罐区最好设稀酸喷洒设施。漏气容器要妥善处理，修复，检验后再用

储运注意事项

氨水储存于阴凉、通风良好的仓间内。远离火种，热源，防止阳光直射。应与卤素（氟、氯、溴）、酸类等分开存放。罐储时要有防火防爆技术措施。配备相应品种和数量的消防器材。禁止使用易产生火花的机械设备和工具。验收时要注意品名，注意验瓶日期，先进仓的先发用。槽车运送时要灌装适量，不可超压超量运输。搬运时要轻装轻卸，防止钢瓶及附件破损。运输按规定路线行驶，中途不得停留

防护措施			
车间卫生标准	中国 MAC（mg/m³）　30　　　前苏联 MAC（mg/m³）20 美国　TVL-TWA 　　　OSHA　50pm，34mg/m³ 　　　ACGIH　25ppm，17mg/m³ 美国　TLV-STEL 　　　ACGIH　35ppm，24mg/m³		
工程控制	生产过程密闭，提供充分的局部排风和全面通风。提供安全淋浴和洗眼设备		
呼吸系统防护	空气中浓度超标时，建议佩戴过滤式防毒面具（半面罩）。紧急事态抢救或撤离时，必须佩戴空气呼吸器	身体防护	穿防静电工作服
手防护	戴橡胶手套	眼防护	戴化学安全防护眼镜
其他	工作现场严禁吸烟、进食和饮水。工作毕，淋浴更衣。保持良好的卫生习惯		

4. 脱硝系统工艺过程危险有害因素分析

生产过程安全事故发生，在于过程中能量的意外释放和危险、有害物质的意外泄漏。生产过程危险、有害因素分析，是从工艺操作角度出发，分析生产过程中能量意外释放和危险、有害物质意外泄漏发生的原因、条件、特点、危害程度和控制措施。

脱硝装置初次运行中，工艺试车必须谨慎进行。特别是开停车和非正常状态下的处理程序还需更加重视。局部操作条件需要在装置运行过程中调整、优化。而操作条件调整，可能对装置运行的安全性产生不利的影响，必须引起高度重视。

（1）氨水储罐充装过程的危险特性分析

①氨水充装前，应设置专人对氨水储罐体、阀门、管路及仪表等进行检查；

②储区应设置档棚，若没有遮阳设施，受阳光曝晒等，有发生气瓶爆炸事故的可能；

③槽罐车与储罐通过软管连接，要确保连接管路接头密封，不发生泄漏，充装过程中按规程操作。

（2）氨水储存过程危险特性分析

①氨水储罐若不按规定由有资质的设计单位设计、选型、检查、安装、试运行和验收，一旦遗留隐患，就有可能引起氨水泄漏，均易造成燃烧、爆炸、中毒等事故的发生；

②氨水储罐区若设置不符合要求、未设置防泄池等，一旦氨水泄漏，易造成火灾、爆炸等事故的发生；

③氨水泄漏后其中的氨扩散迅速，一旦从储罐等处发生大量泄漏，极易形成很大的危险区，发生灾难性的中毒甚至发生火灾、爆炸事故和造成巨大损失。

（3）储罐区建筑危险性分析

1）地坪

①地坪如果渗料、跑料，无法回收，不仅会污染水源和农田，还会造成耗损和带来火患。

②着火的氨水蔓延会危及邻近设施。枯草是火源的媒介，它会扩大火势，增加扑救难度。

③较深的洼坑，易积聚易燃氨水，形成爆炸危险浓度等。

2）水封井及排水闸

①装置失去作业和不起作用时，跑、冒的氨水回收困难。

②着火的氨水通过水封井及排水闸外流，扩大灾难范围。

3）消防道路

道路损坏、不平、堵塞等情况，在火灾条件下，影响消防车辆顺利通行，贻误战机。

4）储罐基础

储罐基础设计不符合标准或在软硬不一的地基上设计都可能造成基础严重下沉或不均匀下沉，将直接危及罐体稳定，撕裂底板及壁板、附属管线，造成大量氨水泄漏，带来重大火灾隐患。

5）罐体

储罐是储运系统的关键设备，也是事故多发部位。如罐体变形过大，则影响强度，腐蚀过薄甚至穿孔、焊缝开裂、刚度不足、密封损坏等因素都是安全生产的重大隐患，不可掉以轻心。储存氨水的储罐若不按规定定期检测，长期使用一旦腐蚀穿孔泄漏，易发生中毒、甚至造成燃烧、爆炸事故的发生。

6）储罐附件

储罐上的安全附件，若不定期校验或安全附件失灵造成指示错误等，易发生爆炸事故。

7）储罐防腐及保温

①储罐防腐层局部受到破坏，个别地方腐蚀加剧，造成穿孔跑料，或形成裂隙跑料。

②储罐在低温时会失稳扩张而产生冷脆。

③储罐保温层破坏，失去保温作用，同时在破坏处则容易进水，又可加快保温材料的溶解、粉化和老化。

8）罐区作业

①罐区作业常会发生事故，随着氨水的输进和输出作业，氨水的液位都在发生上升或下降的变化，如果储罐液位计控制不好、失灵或发生误操作有可能发生冒顶跑料，引发事故的发生。

②若信号连锁报警装置不符合规范或不按规定检修、保养等，有可能造成储罐冒顶跑料，易发生火灾、爆炸等事故。

③若储罐的排污阀未采取上锁等安全措施，很容易遭受人为破坏，造成氨水流散，污染环境，甚至引起火灾、爆炸等事故的发生。

④清罐、清洗作业时，若氨水和沉淀物不能彻底清除，残余氨气遇静电、摩擦、电火花等都会导致火灾事故的发生。

9）防雷、防静电与接地设施

①储罐、设备和管道若不按规定采取可靠的防雷、防静电接地措施，或防雷接地失效，达不到规定电阻要求，有发生燃烧、爆炸事故的可能。

②接闪器、引下线和接地装置，如发生断裂松脱，影响雷电通路，或土壤电阻增大，影响雷电流散，则可能在雷雨季节，遭受雷击，引起着火爆炸事故。

③雷电云的主放电在附近建筑物上引起的静电感应能产生数千 kV 电压和 10kA 以上电流，是形成火花的根源。罐区管道、建筑物顶的钢筋混凝土内钢筋，还会因电磁感应产生高电位，故储罐的接地非常重要。

④设备管道如不严格执行《防止静电事故通用导则》，极易引起静电积聚，从而引发火灾爆炸事故。

10）安全监测设施

由于传感元件、安全监测特别是自动监护设施的执行元件和有关设备本身安装方面的原因，精度不符合要求，防爆等级不够，动作失灵，不能起到可靠的监护作用，曾多次发生过高液位不报警而冒顶跑水事故。

5. 工艺设备、装置的危险有害因素分析

（1）新建工程项目使用的设备若不按规定由有资质的设计单位设计，不按规定对设备进行选型、检查、安装、试运行和验收，一旦遗留隐患，就有可能引起氨水泄漏，造成火灾、爆炸等事故的发生。

（2）因氨水具有易挥发的特性，而且有毒，一旦设备、泵、管道之间的阀门、法兰连接不良、松动等均能造成氨水泄漏，易造成人员中毒、窒息等事故。若设备与阀门、管道、安全附件等连接处发生磨损或垫片撕裂、腐蚀或设备设计、安装遗留的缺陷、损伤等任何一种因素都可能引发严重的泄漏事故，由于泄漏事故可造成中毒、火灾、爆炸及其他事故的发生，从而造成人员伤亡和财产损失。

（3）氨水储罐若不按规定定期检测或本身材质问题或储罐安全设施不符合要求等，一旦发生泄漏，易造成中毒、化学灼伤甚至引起燃烧、爆炸事故的发生。

（4）泵等机械设备的使用增加了作业和检修人员机械伤害的可能。机械设备运转时会产生噪声，噪声对人体的危害是多方面的，不仅可使人患上职业性耳聋，还可能引起其他疾病。这也是不容忽视的一种职业危害。

（5）生产中使用密闭容器，维修人员在维修、检查工作中若不严格按照规定和操作规程执行，易造成中毒、窒息事故发生。在罐、槽等容器清理作业中，如置换不彻底、缺少保护措施、使用工具不当，不严格按规程操作等，会引发爆炸、中毒事故的发生。装置区动火作业，若不按动火制度办理相关手续、不切断氨水来源和传动设备电源、泄压、放尽氨水、未对相对流程进行清洗置换或置换不彻底、未进行动火分析、检测、未采取防范措施、使用工具不当、不按规程操作、误操作等均有造成火灾、爆炸、中毒、窒息等事故发生的可能。

（6）工程建设中设备的装卸、经营氨水等的装运需要使用车辆，若厂内道路、车辆管理、车辆状况、驾驶人员素质等方面存在缺陷，可引发车辆伤害事故，同时可能造成人员中毒、灼伤等事故。

（7）建筑物维修、拆除，储罐、管道等的安装、检修作业，存在高处坠落、物体打击等危险、危害因素。

（8）由于氨水储罐设备容积较大，较高，较重，且系统中使用了各种类型的机械电器机具，装置内有不同高度的操作台、扶梯，而处理氨水有一定的温度和毒性，因此评价项目在正常生产及维修过程中，存在起重伤害、高处坠落、物体打击、触电伤害、机械伤害、噪声危害、灼烫伤害等，这些都必须通过严格的安全管理和规章制度来减少危险、危害因素的发生。

6. 电气设备、设施的危险危害因素分析

（1）脱硝项目的主要电气设备如输电设备、线路、泵电机、照明设备等，若发生短路、漏电、接地、过负荷等故障时，产生的电弧、电火花、高热极易引燃泄漏的易燃、易爆气体，从而造成事故的发生。

（2）在易燃、易爆场所（如：充装区、储罐区等），若使用的电气设备为非防爆型电气设备或防爆等级不符合工艺要求，使用的电气设备没有国家指定机构的安全认证标志，或属于国家颁布的淘汰产品，以及用电管理制度不健全或运行过程中不执行制度，都可能引发电气伤害，甚至造成火灾、爆炸等事故的发生。

（3）氨水卸车过程中，在有易燃、易爆危险的场所，电火花、静电放电、雷电放电均可成为引起燃烧、爆炸的点火源，导致火灾、爆炸事故的发生。若输料管道的阀门无金属跨接、无静电接地，储罐等无防雷设施都有引发火灾、爆炸等事故发生的可能。厂内若防雷、防静电设施或接地损坏、失效、遭受雷击，可能会发生火灾、爆炸、设备损坏、人员触电伤害等事故。

（4）氨水卸车过程中，易燃、易爆化学品的使用增加了对电气设备性能的要求；腐蚀性物品的使用提前了电气设备、线路老化的期限。若电气线路或电气设备安装操作不当、保养不善及接地、接零损坏或失效等，将会引起电气设备各绝缘性能降低或保护失效，有可能造成漏电，引起触电事故。电气设备在潮湿的环境中可引起电化学腐蚀及低压触电事故。触电保护、短路保护、过载保护等系统不完善，带电部分裸露、绝缘损坏、电缆老化等，均能引发触电事故。高压线断落可能造成跨步电压触电事故。

（5）若事故状态照明、消防、疏散用电及应急措施用电不可靠，将影响事故的控制，造成事故扩大。

7. 公用工程的危险有害因素分析

脱硝改造工程公用工程包括供水、供电等。

（1）电缆火灾

建设项目厂区内高、低压线路全部采用交联电缆，沿电缆隧道或电缆沟敷设，局部直埋。道路照明线路采用塑料电缆沿电缆沟或直埋地方式敷设。这些动力电缆和控制电缆，易发热产生火灾。电缆还具有着火猛、燃烧快、易于蔓延等特点，可以导致相关的电气设备和开关烧毁。主要危险因素有：

①虽然采用阻燃材料，但由于与高温体接触或绝缘破坏、受水浸渍、电缆接地或短路，继电保护未动作发生火灾。

②铺设电缆密集的封闭通道场所有油等易燃品，绝缘层过热或遇到漏电火花等点火源，可能发生电缆起火。

③电缆中间连接接头处不紧、电流过大、局部过热自燃。

④电缆防护层在施工中受到机械性损伤，造成气隙引起局部放电，电弧使电缆发生树纹状裂纹，导致接地短路，引起火灾。

⑤开关故障发生爆炸引起母线短路导致电缆起火。

⑥电缆头相间距过小，导致闪络放电起火。

（2）电气火灾

电火花是引起可燃气体与空气形成的爆炸性混合物及其他场所可燃物着火爆炸的常见火

源。电气设备和用电设施，如存在防爆电器安装不规范，火灾爆炸危险区域内未使用防爆型电气设备，防爆电气选型不正确，防爆电气因维护不善、老化造成防爆等级降低，防爆电机或接线盒、防爆灯具未按防爆要求接线，运行中有超负荷、短路、过电压、接地故障、接触不良等，均可产生电气火花、电弧或者过热，若防护不当，可能发生电气火灾或引燃周围的可燃物质，造成火灾甚至爆炸事故。

（3）触电

①供配电设备、设施设计不合理，安装不规范，产品质量不佳，绝缘性能不好，机械损伤，各种电气安全距离不够，无接零，接地保护，或接地不良，未安装漏电保护器，保护失灵，不按规范使用安全电压等安全措施和安全技术措施不完备或违章操作等原因，若人体不慎触及带电体或过分靠近带电部分，都有发生电击、电灼伤的危险。

②若电气维护不当，未严格遵守安全操作规程，无电工特种作业证人员从事电工作业，电线乱拉乱接，防护设施和电工工具缺陷，个体防护用品质量缺陷或使用不当等，也可能造成触电事故的发生。

8. 明火、静电、雷击等火源的产生及危险、危害因素分析

（1）明火的产生及危险、危害因素分析

氨储罐附近内违章吸烟、动明火、电焊作业等，极易引燃泄漏氨气或引爆弥漫在空气中的氨气，引起燃烧、爆炸事故的发生。

（2）静电的产生及危险、危害因素分析

氨水在充装及储存过程中会产生和聚积静电荷，而且消散慢，常常发生静电积聚的情况有：氨水在管道中输送；槽车、储罐的顶部；氨水在泵内通过；运输等晃动、振荡；人体带的静电；穿脱化纤衣服等，一旦放电形成火花，足以引燃或引爆因氨水泄漏而迷漫的易燃、易爆的氨蒸气。

①项目从氨水的装卸、充装、输送、储存，整个工艺过程都存在静电危险、危害，一旦因静电而产生燃烧、爆炸，往往不仅造成某一设备受损，而是造成某一场所、某一区域甚至是整个项目、厂区的安全都会受到威胁。

②静电的危险、危害是在瞬间完成的，如静电接地、静电跨接、限制流速等预防措施不到位，静电事故发生的概率将增大。

（3）雷击的产生及危险、危害因素分析

若氨水储罐区避雷装置设计不合理或发生故障，金属罐接地过大（大于10欧姆），静电荷消除不掉，在雷击时易引起火灾或爆炸事故的发生。

（4）其他因素分析

1）机械伤害事故

项目的机械设备，如泵等，其运动（静止）部件、工具、加工件直接与人体接触可引起夹击、碰撞、剪切、卷入、绞、碾、割、刺等伤害。如果安全防护设施不完善，防护罩、网、栏杆不齐全、不牢固，操作人员违章作业，防护装置因检修取下未复位，人体触及运转件，很容易发生机械伤害。

2）高处坠落事故

①SNCR 部分装置位于窑尾预热器框架钢框上，如果钢平台、护栏、钢梯未按规定设置，存在缺陷或长时间腐蚀，在框架上进行检查、操作或维修时，有可能发生高处坠落，造

成人员伤亡的后果。

②在项目建设和生产过程中，由于高处作业较多，若管理不善或违章作业，有引起高处坠落的危险。

③建筑物维修、拆除，设备、管道的安装、检修等作业，存在高处坠落、物体打击等危险、危害因素。

3）车辆伤害

企业机动车辆（包括临时进入厂内的厂外机动车辆），在行驶中，若道路、车辆管理、车辆状况、驾驶人员素质等方面存在缺陷，可引起人体坠落和物体倒塌、下落、挤压伤亡事故（不包括起重设备提升、牵引车辆和车辆停驶时发生事故造成的人员伤亡、财产损失）。其主要的危险、有害因素有：

①翻倒：提升重物动作太快，超速驾驶，突然刹车，碰撞障碍物，在已有重物时使用前刹，在车辆前部有重载时下斜坡，横穿斜坡或在斜坡上转弯、卸载，在不适的路面或支撑条件下运行等，都有可能发生翻车。

②超载：超过车辆的最大载荷。

③碰撞：与建筑物、管道、堆积物及其他车辆之间的碰撞。

④地（楼）板缺陷：地（楼）板不牢固或承载能力不够。在使用车辆时，应查明地（楼）板的承重能力（地面层除外）。

⑤载物失落：如果设备不合适，会造成载荷从叉车上滑落的现象。

4）噪声危害：本项目噪声有机械（如：泵等）噪声等。长时间在高强度噪声环境中作业，会对人的听觉系统造成损伤，给现场作业人员的健康带来危害。此外，噪声对人的心血管系统、消化系统等均有一定的影响。

二、危险、有害因素分析结论

（1）脱硝建设项目中无监控化学品、易制毒化学品、剧毒物品。脱硝项目使用的氨水为《危险化学品名录》（2012年版）第2项碱性腐蚀品之中，其危险货物编号为82503，UN编号为2672，CAS编号1336-21-6，属危险化学品。

（2）脱硝工程在项目建设和作业中存在火灾、中毒、窒息、灼伤、触电伤害、机械伤害、高处坠落、物体打击、噪声危害、车辆伤害等危险、危害因素。主要危险有害因素为人员中毒、爆炸事故，主要风险类型也为人员中毒、爆炸，其产生的破坏和危害主要是热辐射、冲击波和爆炸抛射物造成的后果，事故的后果主要是对人员造成伤亡，对厂区内的装置、建（构）筑物造成破坏。

此外，在生产和设备的维修过程中，还存在电气伤害、车辆伤害、机械伤害、中毒、灼烫、高处坠落、物体打击等危险、危害因素。事故后果主要是人员伤亡。

（3）根据《重大危险源辨识》（GB 18218）中危险源辨识的依据和方法，脱硝氨水储存区为重大危险源。在危险化学品装卸、储存、充装过程中，储存区中储存的危险物质量较大，一旦发生泄漏，会造成较大的事故。企业必须加强管理，建立监控网络和应急救援预案，并定期开展事故预案演练，提高反事故能力及异常情况下应急处理技能。

第二节　SNCR脱硝系统安全对策和预防措施

水泥窑烟气脱硝项目具有易燃、有毒、有害等危险、危害性，装置具有一定的潜在危险性。在施工、调试、充装、储存、检修等工作环境中都存在一定风险。新建工程项目中存在着火灾、中毒、窒息、灼伤、噪声、触电伤害、高处坠落、物体打击、起重伤害、机械伤害、车辆伤害等危险、危害因素。因此，建设项目必须安全可靠，布置合理，并严格执行国家防火设计等规范。在设计、施工和今后的充装、经营过程中，都必须高度重视生产安全和职业卫生，切实贯彻"安全第一、预防为主、综合治理"的方针，要严格执行国家有关标准、规范；采取必要的安全对策措施，加强管理，严格操作，确保安全生产和职工健康。

一、选址的安全对策措施与建议

（1）氨水储区的选址、设计、施工、安装应符合《工业企业总平面设计规范》《建筑设计防火规范》的要求。要贯彻工厂布置一体化的原则，按功能相对集中合理安排，特别是要根据项目的危险、有害因素特点，统筹考虑充装流程及装置、设施的平面布置，在满足安全距离和职业卫生要求的同时，还要考虑地形、风向、气候等自然条件，尽量减少危险、有害因素的交叉影响。

（2）储罐区与周边建筑物的间距符合《建筑抗震设计规范》要求。

二、主要装置、设备、设施布局方面的对策措施与建议

（1）储罐宜布置在全年主导风向的下风向，并选择通风良好的地点单独设置。各项设计内容应符合有关规范的规定；储罐应根据地质勘察情况进行基础建设，要具备良好的地质条件，不得造在有土崩、断层、滑坡、沼泽、流沙及泥石流的地区；储罐区应具备满足生产、消防所需的水源和电源的条件，还应具备排水的条件。氨水储罐区按乙类火险物质要求设置，应设消防车道，储罐区周围应设环形消防道路，消防车道的宽度不应小于4m；储罐区与民用建筑防火间距不宜小于25m；与明火或散发火花地点的防火间距不宜小于30m；与厂外道路（路边）的防火间距不小于20m；与厂内道路（路边）的防火间距主要的不小于15m，次要的不小于10m；与电力架空线的防火间距不小于1.5倍电杆高度。

（2）厂区必须设置消防通道和专用消防栓以及在紧急状况下处理事故的消防设施和器具，保证消防、急救车辆进入厂区内畅通无阻，工艺装置区、可燃氨水装卸区及其仓库区应设环形消防车道，消防车道的宽度不应小于4m，路面上净空高度不应低于5m。灭火器的配置应符合《建筑灭火器配置设计规范》（GB 50140）的规定。

（3）厂内的绿化不应妨碍消防操作；罐组防火堤内严禁绿化；工艺装置或可燃气体罐组与周围的消防车道之间，不宜种植绿篱或茂密的灌木丛；生产区不应种植含油脂较多的树木，宜选择含水分较多的树木。

三、工艺技术、装置、设备、设施方面的对策措施与建议

脱硝系统工艺设计要尽量合理、完善，并尽可能实施清洁生产，对氨水予以回收和利用。对使用易燃、有毒的物质设备应加强密闭，并配置防火、防毒设施。在生产过程中要加强对设备及管道的巡视和维修，防止跑、冒、滴、漏、串等现象发生。要贯彻"预防为主、安全第一、综合治理"的方针，把安全生产的要求切实体现到工艺设计之中去。

（1）储区装置的平面布置，除应按工艺流程进行设计外，还应考虑符合有关防火、防爆规范的要求。在进行工艺流程布置、设备定位以及公用工程的设置、储运设施、消防、电气的布置时，要按照《建筑设计防火规范》的标准要求，由具备设计资质的单位进行设计，并由具备安装资质的施工单位进行安装，参与调试、试生产等。

（2）工艺安全设计必须符合人—机工程原则，以便最大限度地降低操作者的劳动强度以及精神紧张状态。从保障整个充装、储存系统的安全出发，全面分析氨水、充装、储存过程、设备装置等的各种危险因素，以确定安全的工艺路线，尽量采用没有危害或危害较小的新工艺、新技术、新设备，淘汰危险性大、难以治理的落后工艺，选用可靠的设备，采用有效的安全装置和设施，不断提高生产过程中安全化的水平。

（3）在防火设计上，应根据提供的火灾、爆炸危险、有害因素情况和可能的火灾危害程度，采取相应措施。

（4）为保证设备的安全运行和监控，装置中所配备的各种安全装置和附件（如：压力表、流量计、温度计、液位计、安全阀、氨泄漏检测报警器等）必须齐全、完好、灵敏、可靠、定期校验，并有定检签证。

（5）重要的阀、泵要有旁通，设计布局要有利于操作、检修。在生产过程中应加强对各类阀门的日常检查和维修保养，保证阀门严密，不渗不漏、开关灵活。安装在设备周围的配管、阀门、仪表等要留有充分的空间，避免互相碰撞，同时便于操作和维修保护，并且稳妥地固定。

（6）设备、容器管道及附件、阀件应定期检查、检修和检验。动火必须严格执行动火制度的规定；在设备检修前排放液体或气体时，应将排放物排放到通风良好的大气中或专用排放处，必须有专人监护；排放处应设有明显的标志和警告牌，以保证排放安全。

（7）企业要重视设备检修作业的安全，要做到五定，即定检修方案、定检修人员、定安全措施、定检修质量、定检修进度。要按有关规定办理批准手续，如动火作业证、进容器作业证、登高作业证等；停车修理，必须办理"检修工作任务单""设备安全交出修理证明书"，由生产车间的设备员、安全员分别填写各项任务和安全注意事项与安全措施，并指定项目负责人向检修人员交代设备、管线、阀门等氨水介质清理分析合格。检修人员进入现场前要求规定有关停工检修安全管理工作的措施。对参加检修的所有人员有针对性地进行安全思想、安全管理制度、安全操作规程的教育，落实停工检修安全措施。生产与检修要有明确的交接程序，施工人员进入现场必须穿戴个人防护用品。

（8）企业应严格按照《用电安全导则》（GB 13869）等有关规定执行，防止火灾、爆炸、触电事故的发生。充装站爆炸危险场所的电力装置（含仪器仪表）的设计、安装、验收应符合《危险场所电气防爆安全规范》（AQ 3009）的规定。

（9）氨水储区应安装浓度自动测量报警装置，当氨气浓度接近爆炸下限的10%时，应能发出报警信号。

（10）氨水储区照明灯具应选用防爆类型的灯具，设置应急照明。

（11）建、构筑物的防雷设施应满足《建筑物防雷设计规范》的要求。应定期检测接地电阻，并有检测记录。

（12）汽车罐车应按有关标准设立静电专用接地线，以及时导除卸氨静电。

（13）氨水的装卸应采用密闭操作技术，并加强作业场所通风，配置局部通风和净化系统以及残液回收系统。

（14）有发生坠落危险的操作岗位上应按规定设计便于操作、巡检和维修作业的扶梯、平台、围栏等附属设施。

（15）高速旋转的机械零部件应设计可靠的防护设施或安全围栏。

（16）产生噪声的机械设备应根据生产工艺特点和设备性质，采取综合防治措施，在满足生产的条件下，应选用低噪声的机械设备，对单机超标的噪声源，在设计中应根据噪声源特性采取有效的防治措施，配备必要的个人噪声防护用具，必要时应设置隔声操作室。

（17）设计具有化学灼伤危害物质的生产过程时，应合理选择流程、设备和管道结构及材料，防止氨水外泄或喷溅。

（18）具有化学灼伤危害作业应尽量采用机械化、管道化和自动化，并安装必要的信号报警、安全联锁和保险装置，禁止使用玻璃管道、管件、阀门、流量计、压力计等仪表。

（19）在有毒性危害的作业环境中，应设计必要的淋洗器、洗眼器等卫生防护设施，其服务半径小于 15m，并根据作业特点和防护要求，配置事故柜、急救箱和个人防护用品。

四、事故应急救援措施和器材、设备方面的对策措施与建议

（1）消防设计必须根据工艺过程特点及火灾危险程度、氨水性质、建筑结构确定相应的消防措施。

①应由有相关设计资质的单位严格按照消防规范规定进行消防设计，充分尊重消防监督部门的意见，并由地方消防部门审核，按照消防审核要求施工建设。

②建设单位对重点防火部位（如储罐区、输送系统等）要加强管理，并设置重点防火部位分布图、消防警示牌、应急照明疏散标志。对岗位操作人员进行消防知识培训和演练，做到每个职工都会正确使用消防器材，提高全员的消防安全意识和技能，使其达到能应急处理初始火灾事故的要求。

③企业消防水源应可靠，能确保事故状态断电时具有一定压力的消防水量的供应，按《建筑设计防火规范》（GB 50016）中的有关规定要求，设立专用消防给水池，消防泵房（泵房供水系统要采用双电源、双泵）、消防给水管网，根据氨水性质设置室内外消火栓。消防系统应能随时投入正常使用，消防通道畅通无阻，总控制水阀应设置安全地区。

④按防火等级要求，采用合理的厂房结构，生产厂房应有足够的防爆泄压面积，乙类厂房泄压面积与厂房体积的比值应满足防火规范要求。

⑤根据各建筑物特征，按《建筑灭火器配置设计规范》（GB 50140）要求，在充装区、储罐区配置手提式、推车式干粉灭火器以达到扑救初始火灾的要求。

⑥消防器材要设置在明显、取用方便及较安全的地方，且不得影响安全疏散。消防器材要经常检查，做到"三定"（定点、定型号和用量、定专人维护管理），不准挪作他用。

（2）应配置防毒面具、防毒衣、橡皮手套、木塞、管夹、柠檬酸等必需的防护用具和抢救药品，并设在便于取得的位置，专人管理，定期检查，确保使用。

（3）应当制定事故应急措施和救援预案，包含以下内容：对可能发生的火灾和爆炸危险事故的基本预测和危害分析；消防器材的设置及分布情况；现场抢救措施和条件保障，如隔离、疏散方式、中毒、烧伤救护方法，预案演练等；事故处理后的善后洗消处理措施，如人员、场地、环境，对事故原因的调查、分析。

五、对氨水运输或储存过程配套和辅助工程方面的对策措施与建议

（1）应根据充装氨水的性质、环境特点以及被保护设施的类型，设计相应防雷设施，防雷设计应符合《建筑物防雷设计规范》等相关要求。

（2）正常不带电而事故时可能带电的配电装置及电气设备外露可导电部分，均应按《工业与民用电力装置的接地设计规范》（GBJ 65）要求设计可靠接地装置。移动式电气设备应采用漏电保护装置。凡应采用安全电压的场所应设计为安全电压。

（3）变配电房的设置应符合《低压配电设计规范》和《10kV 及以下变电所设计规范》的要求。

（4）电气设备必须具有国家指定机构的安全标志。

（5）消防用电设备应采用专用的供电回路，当生产、生活用电被切断时，应仍能保证消防用电。其配电设备应有明显标志。消防水泵房应设双动力源。

（6）电气线路应避开可能受到机械操作、振动、腐蚀及可能受热的地方，不能避开时，应采取预防措施。

（7）设备必须有良好的电气绝缘，以保证设备安全可靠并防止由于电流直接作用所造成的危险。

（8）照明设计应符合《工业企业照明设计标准》。

（9）根据项目危险有害因素及危险源，设置相应的安全标志。

六、风险管理

1. 风险防范措施

（1）规范设计

①集输管线设置自动截断阀。

②选用密闭性能良好的截断阀，保证可拆连接部位的密封性能。

③合理选择电气设备和监控系统，安装报警设施和自动灭火系统，做好防雷、防爆、防静电设计，配备消防栓、干粉灭火器等消防设施和消防工具；对可能产生静电危害的工作场所配置个人静电防护用品。

④对于易遭到车辆碰撞和人畜破坏的管线路段应设置警示牌，并应采取保护措施。

⑤除设有就地检测液位、压力、温度的仪表外，尚须考虑在控制室内设置远传仪表和报警装置。当储罐内液面超过容积的 85% 和低于 15% 或压力达到设计压力时，立即能发出报警信号，以便采取应急措施。

⑥设有气体浓度报警系统和火灾消防手动报警按钮、压力监测、超高液位联锁切断、现场作业监视双雷达液位监控等系统。

⑦氨水的槽车装卸车场，应采用现浇混凝土地面。

⑧氨水储罐及输送管线的工艺设计满足主要作业的要求，工艺流程简单，管线短，阀门少，操作方便，安全可靠，避免了由于管线过长而增加发生跑、渗、漏，由于阀门过多而出现操作上的混乱，发生泄漏等事故。

⑨将氨水储罐及输送管线区域设置为专门区域进行安全保护，可设立警示标志，禁止人为火源、禁止使用可能产生火花的工具；可设立围栏，防止汽车或其他碰撞。

（2）施工管理

①选用优质的钢管及管道附件，确保工程所用材料的质量，在重要部位适当增大管壁厚度。

②为保证工程质量，关键部件引进国外先进的技术和设备。

③加强工程质量监督，确保施工质量，完工后要进行严格的试压检验。

④储罐采取有效的防腐措施，降低因腐蚀而引发的事故可能性。

（3）运营管理

①定期进行安全保护系统检查，截至阀、安全阀等应处于良好技术状态，以备随时利用。

②加强日常维护与管理，定期检漏和测量管壁厚度。为使检漏工作制度化，应确定巡查检漏的周期，设立事故急修班组，日夜值班。

③保证通讯设备状态良好，发生事故及时通知停止脱硝系统运行。

④加强维护保养，所有管线、阀件都应固定牢靠、连接紧密、严密不漏。

⑤根据工作环境的特点，工作人员配置各种必需的安全防护用具，如安全帽、防护工作服、防护手套、防护鞋靴等。

⑥应特别注意防止野蛮施工对储罐的破坏。在建设单位领取施工证时，均应经有关部门查明附近有无管线，并提出相应要求后方可施工，并建立相关的责任制度。

⑦储罐进行切割和焊接动明火时，应有切实可行的安全措施。

⑧储罐放空时，应根据放空量多少和时间长短划定安全区域，区内禁止烟火，断绝交通。

⑨燃气的泄漏和爆炸一旦发生，后果严重，其发生与否和危险程度又与设备装置、施工质量、操作规程、人员素质等诸多因素有关，需要对社会各界广为宣传，使人们重视这一潜在的风险，并了解基本的减灾常识。做到燃气泄漏时避免明火，有序地进行自救互救，既要防止火灾引起的爆炸，又要注意防止爆炸引起的火灾并避免二次爆炸。

⑩保持罐区的阴凉、通风，远离火种、热源。氨水储罐和输送管线应严加密闭，避免与酸类、金属粉末接触。

⑪氨水罐区配备砂土、蛭石或其他惰性材料，以便于吸收小量泄漏的氨水。

⑫氨水罐区地表采用防渗材料处理，铺设防渗及防扩散的材料。

⑬配备事故排水系统：设置高压水枪和水炮及消防应急泵，将泄漏的氨水用大量水冲洗，洗水稀释收集后排入厂区事故水池，待事故结束后，废水处理合格后外排。

⑭加强原材料管理，确保储罐、设备、管道、阀门的材质和加工质量。所有管道系统均必须按有关标准进行良好设计、制作及安装。

⑮在氨水储罐 20m 以内，严禁堆放易燃、可燃物品。

⑯氨水储罐应设喷淋措施。

⑰对于大量泄漏的氨水，可用泵转移至槽车或专用收集器内，回收或运至废物处理场所处置。

⑱加强职工安全环保教育，增强操作人员的责任心，防止和减少因人为因素造成的事故；加强防火安全教育，配备足够的消防设施，落实安全管理责任。建立健全各种规章制度和岗位操作规程，落实安全责任。主要包括：安全生产责任制度、安全生产教育培训制度、安全生产检查制度、动火管理制度、防爆设备的安全管理制度、各种化学危险品的管理制度、重大危险源点的管理制度、各岗位安全操作规程等。

⑲定期对氨水储罐和管线进行泄漏安全检查，并做好检查记录。施工和检修按安全规范要求进行。装卸时要严格按章操作，尽量避免泄漏事故的发生。

每年投入足够的资金用于设备修理、更新和维护，使装置的关键设备保持良好的技术状态；建立一套严密科学的检修规程、操作规程和规章制度，实施严格的设备管理、工艺管理、安全环保管理、质量管理和现场管理，实行设备维护保养和责任制度，采用运转设备状态监测等科学管理方法和技术；配备一支工种齐全、素质较高的设备管理队伍，坚持不懈地对操作人员和检修人员进行技术培训。

2. 事故应急措施

（1）成立事故应急指挥中心

成立由生产部门为主和多个部门组成的事故应急指挥中心。负责在万一发生事故时进行统一指挥、协调处理好抢险工作。

（2）建立事故应急通报网络

网络交叉点包括消防部门、环保部门、卫生部门及公安部门等。一旦发生事故时，第一时间通知上述部门协作，采取应急防护措施。

（3）事故应急具体对策

一旦发生事故，现场操作人员应在发现后立即向负责人报警。

负责人在接报警后立即确认事故位置及大小，及时向事故应急中心报警。

事故应急指挥中心在接报警后，按照应急指挥程序，立即向环保部门以及消防部门发出指示，指挥抢险工作。

负责人在向指挥中心报警的同时，启动事故应急程序，实施应急对策。

环保部门应在接报警后在出事地点周围对环境状况进行监测。

消防部门应在接报后立即赶赴现场，以确保一旦引发火灾时能及时扑救。

政府部门负责疏散周围可能受影响居民。

（4）处理泄漏事故总则

任何严重的泄漏出现时，当班人员或当事人应立即停止所有的工作，消除泄漏区域及下风向500米内一切明火源，通知控制室和相关领导，并立即报告上级领导，拨打火警119，按如下步骤处理：

①现场应急队长应立即指挥应急行动人员采取应急处理措施（关闭隔断阀进行有效隔断、排放滞留氨水至相应管道或事故池、封堵泄漏区的下水道等）。

②应急行动人员必须正确穿戴个人防护用品（防毒、防窒息）、使用不发火花工具；配备一定数量的导管式防毒面具、化学安全防护眼镜、防酸碱工作服、橡胶手套。

③确定风向及紧急逃离线路。

④疏散无关人员离开罐区。

⑤准备必要的消防设备，如消防水带、移动式消防水炮等。

⑥利用喷雾水驱散和稀释泄漏气体（增加空气湿度防止静电产生），保护紧急行动人员。

⑦用 LEL 测爆仪确定易燃易爆危险区域（氨气最易引燃浓度为 17%），保证作业人员及外援车辆处于风向上方。

⑧禁止使用非防爆通讯工具，防止各种电器火花产生。

⑨确定受影响的容器或储罐中的液位。

⑩事故处理结束后，用消防水冲洗并检查排水系统及低洼处，消除残余氨水。

（5）处理火灾事故总则

罐区内任何员工当确定是火灾发生后，应立即通知控制室，并报告相关领导及上级领导。由于泄漏而引发的火灾，由当事者确定火灾发生后立即向中控室报告，停止一切作业，并拨打火警电话119，并按如下处理：

①现场应急队长应立即指挥应急行动人员开启水喷雾（淋）、移动水炮、固定水炮、使用消防软管喷雾等措施冷却受火灾影响的设备；要特别注意罐体的上部气相空间的冷却保护；

②采取应急处理措施切断燃料来源（关闭隔断阀进行有效隔断、排放滞留氨水至相应管道或事故池、封堵泄漏区的下水道等），但应注意在燃料来源不能有效切断前，不应扑灭火焰，以防形成"爆炸气团"发生空间燃爆；

③应急行动人员必须穿戴正确的个人防护用品（防窒息、消防隔热服）、使用不发火花工具；

④确定风向及紧急逃离线路；

⑤组织疏散无关人员和抢救受火灾危及伤员；

⑥利用喷雾水冷却保护紧急行动人员；

⑦禁止使用非防爆通讯工具，防止各种电器火花产生，消除一切明火源；

⑧确定受影响的储罐中的液位；

⑨当储罐紧急放空阀或泄漏点猛烈排气，并有刺耳哨音、罐体震动、火焰发白时即为爆炸前兆，现场人员应立即撤离；

⑩着火储罐向外倒送氨水时，严禁形成负压将罐外火焰吸入罐内引起爆炸。

3. 事故应急预案

根据《中华人民共和国安全生产法》《危险化学品安全管理条例》等法律法规要求，通过对污染事故的风险评价，各相关企业单位应制定防止重大环境污染事故发生的工作计划及应急预案，消除事故隐患的发生及突发性事故应急处理方法实施等。报当地区级以上人民政府负责危险化学品安全监督管理综合工作的部门备案。

应急预案一般包括下述内容：工厂项目概况，重大危险源筛选及危险性评估，应急救援指挥机构，应急救援队伍，应急救援程序，事故后现场处理，应急救援设备和器材，社会救援，网络通讯，应急救援预案的模拟演习等。具体内容见表7-8。

表7-8 突发事故应急预案

序号	项　目	内容及要求
1	总则	概述、编制目的和目标
2	危险源概况	详述危险源类型、数量及其分布
3	应急计划区	布置区、储存区、邻区
4	应急组织	厂指挥部——负责现场全面指挥 专业救援队伍——负责事故控制、救援、善后处理
5	应急状态分类及应急相应程序	规定事故的级别及相应的应急分类相应程序
6	应急设施设备与材料	生产装置： 防火灾、爆炸事故应急设施、设备与材料，主要为消防器材 防有毒有害物质外溢、扩散，主要是水幕、喷淋设备等 储罐区： 防火灾、爆炸事故应急设施、设备与材料，主要为消防器材 防有毒有害物质外溢、扩散，主要是水幕、喷淋设备等

序号	项　目	内容及要求
7	应急通讯、通知和交通	规定应急状态下的通讯方式、通知方式
8	应急环境监测及事故后评估	由专业队伍负责对事故现场进行侦察监测，对事故性质、参数与后果进行评估，为指挥部门提供决策依据
9	应急防护措施、消除泄漏措施、方法和器材	事故现场：控制事故，防止扩大、蔓延及连锁反应。清除现场泄漏物，降低危害，相应的设施器材配备 邻近区域：控制防火区域，控制和清除污染措施及相应设备配套
10	应急剂量控制、撤离组织计划、医疗救护与公众健康	事故现场：事故处理人员对毒物的应急剂量控制规定，现场及邻近装置、人员撤离组织计划及救护
11	应急状态终止与恢复措施	规定应急状态终止程序 事故现场善后处理，恢复措施
12	人员培训与演练	应急计划制定后，平时安排人员培训和训练
13	公众教育和信息	对工厂邻近地区开展公众教育、培训和演练
14	记录和报告	设置应急事故专门记录，建立档案和专门报告制度，设专门部门负责管理
15	附件	与应急事故有关的多种附件材料的准备和形成

七、氨事故预防与处理

1. 事故预防

氨储存及装卸站区域应严禁烟火，电气设备应采用防爆装置型，氨区有关容器避免阳光直射，且在通风良好的安全场所放置，不可与氧气容器放置在一起，氨的处理人员应穿着适当的防护用具。

2. 氨水危害急救措施

（1）氨水泄漏的处置安全要点

①氨水泄漏会挥发成比空气轻的氨气（相对密度为 0.597，空气为 1），很容易扩散；

②氨水泄漏时，应迅速将其附近（特别是下风侧）的一切火源取走、除去或熄灭；

③发出警报警告该区域内与邻近区域（特别是下风侧）内的人员，如果有必要撤离时，应往上风侧撤离躲避。

④实施堵漏或修理人员，必须穿戴防毒用品；

⑤如泄漏事故有扩大趋势或可能引发其他事故，则应立即向安全生产监督、特种设备安全监察、公安、消防部门及氨水生产厂家报告求援；

⑥在用水喷淋泄漏部位的同时，必须用大量的水稀释留出的氨水，以免流入江河湖海造成公害。

（2）储罐泄漏

①如泄漏出自阀门或阀门法兰处，遇到这种情况可用浸水湿布盖在泄漏处，在连续喷淋水的情况下，操作人员站在侧面关闭阀或旋紧螺栓、螺母，所用扳手不得加套加力杆；

②如不能用一般方法阻止泄漏，应在阀顶部盖上浸过水的湿布或草席子，继续喷洒水，则应将罐内氨水倒入其他储罐，或通过放空阀将其排空；

③如卸氨时储罐泄漏，发现者启动现场手动报警，停止氨水注入，并以最快速的方式报告值班主任或值班工程师；

④通知洒水车开至现场待命；

⑤通知相关人员启动消防泵，以增加消防水压力；

⑥消防系统喷水，以稀释空气中氨的浓度；

⑦若无法隔离，人员应迅速疏散至逆风处并作警戒；

⑧若有人员受伤，应将患者由泄漏现场移至空气新鲜处立即施行急救并送医治疗；

⑨必要时通知氨水供应商支援处理。

（3）管道泄漏

①管道发生泄漏时，应立即关闭上游阀门切断气源；

②如在泄漏时无法进行堵漏，则要用水冲释到常压为止。

（4）槽车卸氨时软管破裂

①发现者紧急使用氨车上"紧急操作杆"，防止槽车内氨水泄出；

②关闭卸氨泵及后端阀门，防止氨罐内氨泄出；

③通知相关人员抢修。

（5）氨水毒害的急救

1）安全要点

①生产设备必须严加密封，加强局部排风和全面通风。由于氨比空气轻，因此抽风口应装在高处。

②空气中氨浓度超标时，必须佩戴防毒面具。紧急情况下抢救或逃生时，应佩戴空气呼吸器。戴化学防护眼镜，保护眼镜。必要时，戴防护手套。工作或急救现场，严禁吸烟、进食、吸水。离开工作或急救现场后，应淋浴、更衣。

③轻度急性中毒者表现为皮肤、黏膜的刺激反应，出现鼻炎、咽炎、气管炎和支气管炎；也会使角膜或皮肤灼伤。重度者出现头水肿、声门狭窄、呼吸道黏膜细胞脱落，气道阻塞而窒息，会发生中毒性肺水肿和肝损伤。氨会引起反射性呼吸停止。如氨溅入眼内，会致晶体混浊、角膜穿孔，甚至失明。

④有的中毒情况是，中毒之初感觉不出有任何症状，而几小时之后会出现严重的肺水肿。

⑤救护人员进入事故现场后，应迅速将中毒者移至空气新鲜处。在抢救转移过程中，要注意中毒者人身安全，不能强拖硬拉以造成外伤，致使病情加重，特别是对待中毒后从高处跌落下来的患者，更要倍加注意。

⑥转移患者的同时应迅速请医生前来诊治。在医生到来之前，应安置患者在约 20℃ 的室内休息，松懈患者的颈、胸部衣服纽扣和腰带，以保持呼吸畅通。同时要注意保暖和保持安静，严密注意患者神志、呼吸状态和循环系统的功能，并根据病情实施急救。

2）吸入氨气的处置

①中毒患者若停止呼吸，则应立即进行人工呼吸。人工呼吸方法有压背式、振臂式和口对口（鼻）式三种。最好采用口对口式人工呼吸法，以防刺痛肺部引起更大伤害。口对口式，首先应使呼吸道通畅，松懈衣服，去掉枕头，抬高额角，除去假牙，除去（吸出）呕吐物或其他异物。

操作方法：抢救者位于患者一侧，用一手捏合患者鼻孔，抢救者深吸一口气，口对患者口密切接触（可覆盖一纱布或手帕），以中等速度均匀地吹气，开始两次速度可快些，可见患者胸部隆起，然后离开，让其胸部收缩自行呼出，然后做下一次吹气，直至自出呼吸恢复。速度：每分钟吹气12～16次，吹气时间约为2s。如口对口呼吸法执行有困难，可改口对鼻呼吸法，即用一手闭合患者口部，口对鼻孔吹气入内。

②中度患者若深度昏迷，颈动脉或股动脉无搏动，如瞳孔放大，脸呈土灰色或发绀，呼吸停止，可认为心搏骤停，应立即进行胸外心脏按压急救。

操作方法：将患者放平仰卧在硬地或木板床上，抢救者骑跨在患者身上，将双手手根部叠加，垂直加压在胸骨上2/3、下1/3交界处，手指不要接触胸壁。身体前倾，力加在胸骨上，将胸骨明显压下。此时检查股动脉，应出现明显搏动，才为有效。注意勿用力过大，以免发生肋骨骨折和气胸血胸。两次间歇期，手不离开胸部。速度与心律相近，每分钟成年人约70次，儿童100～120次，效果最佳。次数过多，心脏血液回流不够并不增加效果。复苏指示是：停止按压后，自助心搏恢复。

③中毒患者若呼吸微弱，为防止发生肺水肿，应使患者呼吸医用氧与二氧化碳（含量为5%）混合气或高纯医用氧。如使用高纯医用氧，呼吸器的呼气管端应插入蒸馏水过滤瓶内水面下4cm处。每小时使患者吸氧30min，如此至少要连续3h。

④鼻腔和咽喉受害，可用2%的硼酸水洗鼻腔。如患者可以进食的话，可以饮用0.5%柠檬酸或柠檬水。

3）氨水溅入眼内的处置

眼睛受害患者应提起眼睑（皮），用流动的洁净清水冲洗眼睛，或将面部浸入盛有洁净清水的面盆里左右摇摆，连续洗15min，而后在1h之内，每10min清洗5min。如果用5%的硼酸水，在其配置期间，应不间断用水清洗。未经医生允许，不得随意用眼药膏一类的油脂药膏。

4）皮肤溅上氨水的处置

皮肤溅上氨水时，不论其吸收与否，均应立即采取下列措施清除皮肤上沾染的氨，防止伤害加重：

①脱去被污染的衣服、鞋袜、手套等；

②立即彻底清洗被沾染的皮肤，冲洗时间要求15～30min，而后用柠檬水、食醋、5%的醋酸或2%的硼酸溶液清洗，再用水冲洗，然后盖上用5%的醋酸、柠檬酒石酸或盐酸浸湿的敷料，也可以用2%以上的硼酸水湿敷；

③较大面积的冲洗，要避免着凉、感冒，必要时将冲洗剂保持适当温度，但以不影响冲洗剂的作用和及时冲洗为原则。

八、水泥脱硝安全性设计及设备配置

（1）总平面布置时，氨水储区与电控室和煤磨制备车间等对消防要求较高的区域留出安全防火距离，并留出消防通道，保持卸氨及氨区环境通风良好。

（2）氨区最好采用敞开式独立布置，设遮阳顶棚进行隔热，设置防火堤，最好将氨区布置在阴凉、通风处，防止因温度高而加速氨水的挥发；设置安全淋浴、洗眼器和逃生风向标等安全防护措施。

（3）在氨气可能泄漏处设置氨气泄漏监测仪，加强氨泄漏检测。对于易于出现氨水泄漏的点位，如布置在氨区的卸氨模块、氨水储罐、氨水输送模块等处，设置氨气泄漏监测仪，24h 监测空气中氨的含量，与储罐区自动喷淋系统连锁，可自动启、停喷淋系统。当环境中氨气浓度超过报警上限（50ppm）时，启动系统报警系统和喷淋系统。氨气泄漏监测仪的设置及安装要求可参照《石油、化工企业气体检测报警设计规范》（SH3063）的规定。氨气泄漏检测器的测定范围及报警限制的设置应满足《工业场所有害因素职业接触限值化学有害因素》（GBZ2）的相关要求。

（4）设置喷淋装置，操作室设置就地、远程报警信号显示屏。就地和远程都能 24h 监控氨储罐的压力和温度。当温度接近 40℃或压力接近 1.45MPa 时发出警报信号，操作人员闻警后可立即采取降温措施。当氨水大面积泄漏或周围有明火、环境温度＞50℃时，氨气浓度＞50ppm 时，连锁启动喷淋装置，防止人员中毒和发生火灾。自动喷淋系统按《水喷雾灭火系统设计规范》（GB 50219）规定。氨区消防系统纳入水泥厂消防系统，其消防用水均由水泥厂的消防水系统提供。喷淋水可从厂区消防水管引来，喷淋用水量和水压要能满足消防用水要求。

（5）氨区配置氨气吸收水罐，用于吸收卸氨时储罐排空气体中所含的 NH_3。储罐设置有事故池及围堰，事故池设置有事故排出泵，故障排除后，将氨水泵送回氨水储罐，做到节约资源和不产生二次污染。

（6）阀门、仪表选型需为防爆型设备。由于脱硝系统管道阀门接触的介质氨水为腐蚀性介质，因此，对于所选的阀门仪表除了常规要求，如具有良好的产品设计、扭矩小、动作灵活、运行可靠、使用寿命长、维护费用少之外，还要求防腐蚀、耐磨损，采用优质防腐防爆材料。电气、自控设计和设备选型都应满足有关规定。

（7）氨水储罐液位实施集中监控和自动报警，设备应配置所需的维护和检修平台、梯子及护栏；氨水储存区域应设安全警告装置；工作人员在氨水装卸场所应使用不发火花的工具。根据规范要求设置防雷和防静电系统，采取措施与周围系统作适当隔离，保证系统安全运行。

（8）连锁保护，一旦高温风机停止运行，脱硝装置停止运行并启动软化水冲洗系统，对氨水流经的设备和管道上残留的氨水进行冲洗，尽量减少残留氨对设备管道的腐蚀。

（9）此外，还需加强系统外部的安全性配置：①氨区设置安全标识和防护栏，避免主干道可能发生的不必要的机械撞击；②卸氨划定专门的区域，卸氨过程中，卸氨区域需放置警示牌；③保证充足的消防用水及处理事故用的通风设施；④配备足够的事故抢救物品专用柜——柜内设有空气呼吸器、防毒衣、过滤罐、防毒面具、橡胶防护手套和胶皮水管等防护用具；配备必要的抢修工具，放置易取处，如：管钳子、活扳手、各种规格管卡子、橡胶板、石棉板、阀门、填料、铁丝、改锥和克丝钳子等。配备足够数量的抢救药品，其中包括：柠檬酸、硼酸和酸性浓缩柠檬汁、酸梅汁或食用醋等。

九、附件

1. 安全评价依据的国家现行有关安全生产法律、法规和部门规章、文件：

（1）《中华人民共和国安全生产法》（2002.11.1）；

（2）《中华人民共和国职业病防治法》（2002.5.1）；

（3）《中华人民共和国消防法》（2009.5.1）；

（4）《中华人民共和国劳动法》（1995.1.1）；

(5)《中华人民共和国清洁生产促进法》(2003.1.1);

(6)《危险化学品安全管理条例》(国务院令第 344 号);

(7)《使用有毒物品作业场所劳动保护条例》(国务院令第 352 号);

(8)《特种设备安全监察条例》(国务院令第 549 号);

(9)《建设工程安全生产管理条例》(国务院令第 393 号);

(10)《国务院关于进一步加强安全生产的决定》(2004 年 1 月 9 日);

(11)国家发展和改革委员会、国家安全生产监督管理局关于加强建设项目安全建设"三同时"工作的通知(发改投资 2003 年 1346 号);

(12)《消防监督检查规定》(公安部令第 107 号);

(13)《危险化学品登记管理办法》(国家经贸委令,第 35 号,2002.10.8);

(14)《危险化学品包装物、容器定点生产管理办法》(国家经贸委令,第 37 号,2002.10.15);

(15)《产业结构调整指导目录(2005 年本)》(国家发展和改革委员会令第 40 号);

(16)《危险化学品生产企业安全评价导则》(试行)(安监管危化字〔2004〕127 号);

(17)《安全评价机构管理规定》(国家安全生产监督管理局令第 13 号 2004.10.20);

(18)《危险化学品事故应急救援预案编制导则》(单位版)(安监管危化字〔2004〕43 号);

(19)《关于规范重大危险源监督与管理工作的通知》(安监总协调字〔2005〕125 号);

(20)国家安全监管总局关于印发《危险化学品建设项目安全评价细则(试行)》的通知(安监总危化〔2007〕255 号);

(21)《劳动防护用品监督管理规定》(国家安全生产监督管理总局令第 1 号);

(22)《生产经营单位安全培训规定》(国家安全生产监督管理总局令第 3 号);

(23)《危险化学品建设项目安全许可实施办法》(国家安全生产监督管理总局令第 8 号);

(24)《关于督促化工企业切实做好几项安全环保重点工作的紧急通知》(安监总危化字〔2006〕10 号);

(25)《危险化学品名录》(国家安全生产监督管理局等 8 部门公告,2003 第 1 号);

(26)《国务院安委会办公室关于进一步加强危险化学品安全生产工作的指导意见》(安委办〔2008〕26 号);

(27)《高毒物品目录》(卫法监发〔2003〕142 号);

(28)《职业健康监护管理办法》(卫生部令第 23 号);

(29)《易燃易爆化学物品消防安全监督管理办法》(公安部令第 18 号);

(30)《中华人民共和国爆炸危险场所电气安全规程》(劳人护〔1987〕36 号);

(31)《爆炸危险场所安全规定》(劳部发〔1995〕56 号);

(32)《压力管道安全管理与监察规定》(劳部发〔1996〕140 号);

(33)《工作场所安全使用化学品规定》(劳部发〔1996〕423 号)。

2. 安全评价依据的国家现行有关安全生产技术规范和标准规范

(1)《火灾分类》(GB 4968);

(2)《职业性接触毒物危害程度分级》(GB 5044);

（3）《安全色使用导则》（GB 65272）；

（4）《机械安全防护装置固定式和活动式防护装置设计与制造一般要求》（GB 8196）；

（5）《防止静电事故通用导则》（GB 12158）；

（6）《有毒作业分级》（GB 12331）；

（7）《生产过程安全卫生要求总则》（GB 12801）；

（8）《用电安全导则》（GB 13869）；

（9）《工业企业照明设计标准》（GB 50034）；

（10）《危险场所电气防爆安全规范》（AQ 3009）；

（11）《固定式钢直梯安全技术条件》（GB 4053.1）；

（12）《固定式钢斜梯安全技术条件》（GB 4053.2）；

（13）《固定式工业防护栏杆安全技术条件》（GB 4053.3）；

（14）《固定式工业钢平台安全技术条件》（GB 4503.4）；

（15）《工业企业总平面设计规范》（GB 50187）；

（16）《工业企业厂内铁路、道路运输安全规程》（GB 4387）；

（17）《常用化学危险品储存通则》（GB 15603）；

（18）《消防安全标志设置要求》（GB 15630）；

（19）《工业建筑防腐蚀设计规范》（GB 50046）；

（20）《生产设备安全卫生设计总则》（GB 5083）；

（21）《化学品安全标签编写规定》（GB 15258）；

（22）《易燃易爆性商品储藏养护技术条件》（GB 17914）；

（23）《腐蚀性商品储藏养护技术条件》（GB 17915）；

（24）《毒害性商品储藏养护技术条件》（GB 17916）；

（25）《化学品安全技术说明书编写规定》（GB 16483）；

（26）《重大危险源辨识》（GB 18218）；

（27）《建筑物防雷设计规范》（GB 50057）；

（28）《安全色》（GB 2893）；

（29）《建筑抗震设计规范》（GB 50011）；

（30）《工业管道的基本识别色、识别符号和安全标识》（GB 7231）；

（31）《危险货物分类和品名编号》（GB 6944）；

（32）《危险货物品名表》（GB 12268）；

（33）《建筑灭火器配置设计规范》（GB 50140）；

（34）《储罐区防火堤设计规范》（GB 50351）；

（35）《建筑设计防火规范》（GB 50016）；

（36）《工业企业设计卫生标准》（GBZ 1）；

（37）《工作场所有害因素职业接触限值（化学有害因素）》（GBZ 2.1）；

（38）《工作场所有害因素职业接触限值（物理因系）》（GBZ 2.2）；

（39）《工业与民用电力装置的接地设计规范》（GBJ 66）；

（40）《化工企业安全卫生设计规定》（HG 20571）；

（41）《常用危险化学品安全周知卡编制导则》（HG 23010）；

（42）《化学品生产单位动火安全规范》（AQ 3022）；

（43）《化学品生产单位受限空间作业安全规范》（AQ 3028）；

（44）《化学品生产单位设备检修作业安全规范》（AQ 3026）；

（45）《化工企业静电接地设计规范》（HGJ 28）；

（46）《化工企业静电安全检查规程》（HG/T 23003）；

（47）《石油化工企业职业安全卫生设计规范》（SH 3047）；

（48）《石油化工企业可燃气体和有毒气体检测报警设计规范》（SH 3063）；

（49）《石油化工剧毒、易燃、可燃介质管道施工及验收规范》（SHJ 3501）；

（50）《生产经营单位安全生产事故应急预案编制导则》（AQ 9002）；

（51）《安全评价通则》（AQ 8001）；

（52）《安全预评价导则》（AQ 8002）；

（53）《汽车运输、装卸危险货物作业规程》（JT 618）；

（54）《噪声作业分级》（LD 80）；

（55）《气瓶颜色标记》（GB 7144）；

（56）《永久气体气瓶充装规定》（GB 14194）；

（57）《永久气体气瓶充装安全技术条件》（GB 17264）；

（58）《液化气体气瓶充装规定》（GB 17265）；

（59）《危险化学品经营企业开业条件和技术要求》（GB 18265）；

（60）其他相关的技术标准和规程。

第八章 水泥窑 SNCR 系统施工与安装

一般来说，SNCR 脱硝装置的安装包括氨水（尿素溶液）储存制备区和脱硝区（主要设备是分解炉反应喷枪、计量分配设施）两部分，这两部分中都包括常规安装的一些内容（如土方工程、给排水管道安装、装修工程、建筑电气工程、开关控制柜安装、电缆敷设等），本章主要对 SNCR 脱硝系统专有的一些设备（设施）——氨水（尿素溶液）储存制备区、喷枪安装等内容进行说明，供读者参考。

第一节 水泥窑 SNCR 工程的施工与验收规定

一、有关施工的基本要求

脱硝工程施工单位应具有国家相应的工程施工资质；脱硝工程的施工应符合国家和水泥行业施工程序及管理文件的要求；应按设计文件进行施工，对工程的变更应取得设计单位的设计变更文件后再进行施工；施工中使用的设备、材料、器件等应符合相关的国家标准规定，并应取得供货商的产品合格证后方可使用；稀释系统、计量系统、分配系统等，设计、施工时应充分考虑冬季防寒、防冻的措施，防止各输液管道冰冻；施工单位应遵守国家有关部门颁布的劳动安全及卫生、消防等国家强制性标准及相关的施工技术规范。

二、有关竣工验收的基本要求

脱硝工程验收应按《建设项目（工程）竣工验收办法》、相应专业现行验收规范、GB 50295《水泥工厂设计规范》、火电厂脱硝工程技术规范的有关规定进行组织。工程竣工验收前，严禁投入生产性使用。

脱硝工程验收应依据主管部门的批准文件、批准的设计文件和设计变更文件、工程合同、设备供货合同和合同附件、设备技术说明书和技术文件、专项设备施工验收规范及其他相关文件执行；脱硝工程中选用国外引进的设备、材料、器件应按供货商提供的技术规范、合同规定及商检文件执行，并应符合我国现行国家标准或行业标准的有关要求；工程安装、施工完成后应进行调试前的启动验收，启动验收合格并对在线仪表进行校验后方可进行调试；通过脱硝系统调试（首先需要水压试验，不泄漏方可进行氨水或尿素溶液试运行），各系统运转正常，技术指标达到设计和合同要求后，应启动试运行；对启动试运行中出现的问题应及时消除。在启动连续试运行 72h、技术指标达到设计和合同要求后，建设单位向有审批权的环境保护政府主管部门提出生产试运行申请。经批准后，方可进行生产试运行。

三、安装后的单体调试

单机试运行是安装工作不可缺少的一部分，是检验单体设备安装质量的重要手段，因此单机试运行应由安装人员为主，根据设备的使用说明书，编制调试运行手册，做好安装调试记录，校准仪器仪表；在单机运行前做好管道的清吹工作，处理完管路中的异物杂质；保证单机试车的顺利进行。现场分工明确，职责落实到个人，确保单机设备运行正常，为后续工作做好准备。

单机试运行应编制措施（安全措施落实到位），措施中分工要明确、各负其责；带电区域内工作应办理工作票，经认可签发后，方可进入带电区域；带电区域内工作，首先应按工作票的安全措施进行检查，落实后方可工作，工作时设专人监护。

电动机空载前应做好检查，电缆连接及电动机引出线应连接可靠，电动机绝缘合格，润滑脂符合要求，电动机接地良好。

试运行人员应做好试运行记录，记录电动机启停时间、启动电流、运行电流、电动机轴承温度。任何停送电工作，必须有人监护，禁止单独操作，监护人确认操作间隙，监督操作的步骤和方法。

试运行结束或中间停机处理时，必须将开关退出工作位置，断开控制电源。

试运行中，必须确保有可靠的通信联系。

设备试运行前，水、电、照明等必须正式投入，现场环境保持整洁。

第二节　主要安装设施及相关目标

一、相关规程规范

SNCR 脱硝工程的建设过程应本着安全第一的原则，切实做好现场的安全防护设施，创造良好的文明施工环境，全面实现各项安全指标。

以创"精品工程"为目标，树立质量是生命的意识，全面提高施工、技术等各项管理水平，合理配置资源，优化施工方案，合理安排施工工期，严格按计划实施，提高劳动生产率中，优质、高效地完成整个脱硝项目。

安装过程应执行的规程规范主要有：

《水泥机械设备安装工程施工及验收规范》（JCJ 03—90）；

《钢结构工程施工质量验收规范》（GB 50205）；

《通风与空调工程施工质量验收规范》（GB 50243）；

《机械设备安装工程施工及验收规范》（GB 50231）；

《起重设备安装工程施工及验收规范》（GB 50278）；

《固定污染源排气中颗粒物测定与气态污染物采样方法》（GB/T 16157）。

二、需要安装的主要设施

对于以氨水或尿素为还原剂的脱硝系统工艺主要设备（设施）包括氨水储罐安装、尿素溶解罐安装、尿素溶液储罐安装、氨水输送泵（尿素溶液输送泵）安装、卸氨泵安装、空气压缩机站系统设备安装（如果有）、尿素搅拌装置安装（如果有）、稀释水系统安装（如果有）、氨水输送计量分配系统（尿素溶液计量分配系统）安装、各模块气水控制组件、液位计、温度计和压力表的安装等。

由于氨对某些金属具有腐蚀性，因此氨系统的管道和附件安装需要给予注意（禁止使用铜质等腐蚀性材料）。

三、安装工程质量目标

安装工程质量目标为：单位工程优良率 100%，分项工程合格率 100%，分项工程优良率大于 90%，受监焊缝一检合格率不低于 98%，整体试运行一次成功。

所有工程项目的施工质量将全部受监受检，施工过程受控，将不合格品消除在施工过程中，确保施工结果及成品质量项项符合标准，达到优良。

四、安全及文明施工目标

认真贯彻"安全第一，预防为主，综合治理"的安全生产方针。建立并健全安全管理网络，明确各单位、各级安全第一责任人，加强进厂施工前三级安全教育，工程施工合同签订的同时签订安全责任合同，强化施工现场巡视及重点部位的监控，严格执行各项安全施工、生产的制度规定，加重对违章违纪的处罚力度，努力实现施工企业和工程项目的"事故零标"。

工程应提供全员"三个保护"和"三不伤害"自我保护和相互保护的安全意识，全员无轻伤，安全事故突发率控制在不超过 0.1%，力争零目标。

第三节　还原剂为尿素的 SNCR 系统设备安装

一、主体设备安装

尿素溶解罐、尿素储存罐、尿素溶液缓冲罐、除盐水储罐等均为常规设备，安装方案可参照国家相关标准。喷枪与各子系统的安装参照厂家说明书进行。

1. 尿素溶解罐、尿素储存罐、尿素溶液缓冲罐、除盐水储罐安装

通常尿素溶解罐、尿素储存罐、尿素溶液缓冲罐、除盐水储罐等在车间制作成整体，在现场只需吊装并按规范进行安装和焊接即可。

在尿素溶解罐、尿素储存罐、尿素溶液缓冲罐、除盐水储罐的上部焊上吊耳，用吊机慢慢起吊，中间位置用辅助吊机配合，如图 8-1 所示；竖起后直接就位到底座上，并调好垂直度后进行固定（与预埋钢板或底架焊接固定）；在尿素溶解罐、尿素储存罐、尿素溶液缓冲罐、除盐水储罐主体安装完成后，再进行尿素溶解罐、尿素储存罐、尿素溶液缓冲罐、除盐水储罐附属设备（含护栏）的安装；安装爬梯平台时先做好安全措施，再按规范要求施工。另外，行车的安装按照特种设备相关规范进行，并且需要获得相关部门的验收，取得行车许可证后方可投入使用。图 8-2 为尿素和尿素溶液厂房设备安装实例。

图 8-1　尿素溶解罐　　　　　图 8-2　尿素和尿素溶液厂房设备安装实例

2. 泵类设备安装

（1）泵类设备在进行安装找正时，要按照规范及说明书要求进行。

（2）驱动机与泵连接时，以泵的轴线为基准找正；驱动机与泵之间有设备连接，以中间

设备轴线为基准找正。

（3）管道与泵连接后，应复查泵的原找正精度，当发现管道连接引起偏差时，应调整管道。

（4）管道与泵连接后，不得在其上进行焊接工作，防止焊渣进入泵内。

（5）对于公用底座泵，调整联轴节对中时，在驱动机下宜垫置耐腐蚀材料薄片，对中应符合随机说明书的要求及规范。

（6）泵安装时，其水平度应符合说明书要求。

（7）泵的拆洗与检查应按说明书和规范要求，检查泵体密封环与叶轮密封之间的径向间隙、支撑环与轴密封，检查前后轴承轴向间隙。

（8）对于滑动轴承，应检查轴承瓦与轴颈的顶侧间隙，检查轴瓦盖上的瓦盖背紧力；对于滚动轴承，应检查外圈与轴承盖的顶间隙，检查轴承与轴承端盖间的轴向间隙。

（9）泵的轴封件应符合说明书及规范要求，装好轴封后检查转子的轴向是否符合要求。

（10）泵试转前应按说明书要求加入规定强度等级和数量的润滑油，并检查各部位有无松动。

3. 喷枪与各子系统的安装

喷枪安装说明：

（1）安装套管的焊接，设备开孔后将安装套管与设备表面钢板进行焊接，注意法兰螺栓孔为跨中布置，见图8-3。

图 8-3　喷枪套管安装示意图

（2）调整好喷嘴喷雾角度，喷雾面与水平面平行（针对扇形喷嘴）。

（3）将喷枪与安装套管的法兰通过螺栓进行连接固定。

（4）连接液路、气路管道和控制气路。

喷枪的液路和雾化气路采用DN15金属软管连接，安装时需将聚四氟垫片装到金属软管的活接头内再与喷枪的外螺纹接口连接。控制气路采用塑胶软管连接，安装时只需将软管一端接到二联件的进口，另一端接到气源的快速接头上即可。

首先安装喷枪的套管（图8-3），将接管焊接在图纸指定的位置，在焊接接管时必须先做好安全措施，防止施工人员高空坠落。待系统管道完成水压试验后再进行喷枪和模块的安装。在装喷枪前应先安装好检修平台及扶手，在有效的安全保障下再进行喷枪的就位工作。结合设计图纸和厂家说明书将喷枪就位在套管上（图8-4），并用螺栓固定；大喷枪还需安

图 8-4 喷枪的安装

装吊架，将喷枪的尾部固定。

有些模块比较重，需要动用吊机，基建期间在尿素房区域交叉作业较多，吊机可能与主体安装公司的吊机交叉作业，为防止安全事故，尽量协调落实好起吊方案。通常是将各模块吊入到指定的安装平台上，再用人力（或借助千斤顶）移动模块定位，找正垂直度后固定。安装时技术人员进行现场指导施工，按厂家（或技术人员）提供方案进行施工验收。

表 8-1～表 8-3 所列是喷枪、模块及相关管路的分项工程质量检验评定表。

表 8-1 喷枪装置分项工程质量检验评价表

检验指标	性质	单位	质量指标
			合格
部件外观检查		mm	无裂纹、变形等缺陷
喷枪喷口中心至受热面边缘偏差		mm	±6
合金钢部件材质	主要		无错用
喷枪转动部分	主要	mm	转动灵活，移动平稳，行程开关动作与喷枪管行程相符
喷枪的纵向水平偏差			≤0.1%长度
密封防磨装置			符合图纸及规范
支吊架			符合图纸及规范，安装牢固，位置正确

表 8-2 模块装置（子系统）安装分项工程质量检验评价表

工序	检验指标	性质	单位	质量指标	
				合格	优良
检修	模块内清洁度	主要	mm	无浮锈和杂物	
模块安装	中心偏差		mm	±10 以内	±5 以内
	水平度				基本水平
	标高变差		mm	±10 以内	±5 以内

表 8-3 喷枪管路安装分项工程质量检验评价表

工序		检验指标	性质	单位	质量指标
					合格
管子及管道附件检查		管材	主要		符合设计
		管子外面			无裂纹、撞伤、龟裂、压扁、砂眼、分层；外表局部损伤深度不大于10％管壁设计厚度
		合金钢元件材质	主要		无错用
		管子外径、壁厚			符合设计
		管子内部清洁	主要		无尘土、锈皮、积水、金属余屑等
		阀门检查			符合水泥行业设计规定
		弯头配			符合水泥行业设计规定
		支吊架配置			符合水泥行业设计规定
安装	管道布置	规划布局			统筹规划，布局合理
		管线走向			走线短捷，不影响通道，整齐、美观
		热膨胀补偿			应满足运行要求
		阀门布置			位置便于操作和检修，阀门排列整齐、间隔均匀
		支吊架布置			布置合理，结构牢固，不影响管系的热膨胀
		管子对口			符合相关施工质量检验及评价标准的规定
	水平管弯曲度	$D_g \leqslant 100mm$		mm	$\leqslant 0.1％$长度，且$\leqslant 20$
		$D_g \geqslant 100mm$		mm	$\leqslant 0.15％$长度，且$\leqslant 20$
		立管垂直度偏差		mm	$\leqslant 0.2％$长度，且$\leqslant 15$
		成排管段			排列整齐，间隔均匀
		管道坡向、坡度			符合设计
		管道热膨胀	主要		能自由热补偿，并不影响本体部件的热膨胀
管道附件安装		阀门			符合相关施工质量检验及评价标准的规定
		支吊架			符合相关施工质量检验及评价标准的规定
		法兰连接			结合面平整，无贯穿性划痕，加垫正确，法兰连接平行、同心；螺栓受力均匀，丝扣露出2～3扣
		焊接			符合相关施工质量检验及评价标准的规定

二、系统管路的吹扫及清洗

1. 系统管路的吹扫

稀释水管道及雾化空气管道需要进行清扫。吹扫必须用大气量连续吹除，反复吹除，直至吹除口无黑点为止；吹扫工作要按程序分段进行吹除，程序为：（1）计量分配系统雾化空气管道（拆开阀前法兰）；（2）氨水输送系统管道（拆开阀前法兰）；（3）压缩空气管道；（4）喷射系统雾化空气管道（拆开阀前法兰）；（5）其他区域（拆开阀前法兰）。

2. 系统管路的清洗

（1）蒸汽管道的清洗

将蒸汽管道进水及回水管道接口法兰解开，进行临时短接；打开蒸汽管道进水电动阀、蒸汽管道排放手动阀，检查蒸汽管道回水电动阀为关位；缓慢打开蒸汽管道进口电动阀，观察排放水质由脏到干净。

（2）稀释水管道的清洗

解开稀释水管道与计量子系统的接口法兰，增加临时管道和手动阀进行排水。启动稀释水泵对管路进行冲洗，直至水质变干净。

三、工艺设备（设施）保温主要施工

保温材料选用岩棉制品，要求保温材料敷设牢固，紧贴设备壁面，保温层外表平整，同层保温必须错缝，缝隙严密；多层保温之间必须压缝；保温钉、骨架在设备严密性试验前焊接完毕；金属保护层下料时应考虑必要的搭接余量，以保证密封良好；设备附件等部位的金属罩壳应便于拆卸；金属保护层自下而上安装；金属保护层紧贴保温层；裁剪外保护板时，必须使用专用工具，不准用气割。尿素房选用混凝土结构的，房内保温一般采用暖气保温，暖气片等安装按照相关规范进行安装。

四、尿素溶液制备区设备安装

1. 工艺安装

尿素溶液制备区安装的基本内容与水泥厂余热发电的一些汽水管道的安装基本类似，主要包括尿素溶液制备区设备的安装和管道安装，其主要工作流程如图 8-5 所示。尿素（尿素溶液）设备管道的安装主要是指尿素溶解罐、尿素储存罐、除盐水储罐、尿素溶液输送模块及连接以上设备的管道、阀门及相关附件的安装。

各设备在安装前，需要检查基础以保证安装过程中不会出现问题，管道系统安装过程中不会出现问题，管道系统的安装必须与相关图纸一致，并按相关规定进行水压试验。

图 8-5　SNCR 安装工程工作流程

2. 电控设备及系统的安装

为了保证系统安全，通常在尿素溶液制备区设置一个单独的就地电控设备间，电控的盘柜通常选择为防爆型的元器件，尿素溶液制备区尿素的自动执行机构满足相关规程规范的要求，其安装与主厂（水泥厂）相关设备的安装及要求基本一致，在此不再赘述。

3. 消防系统的安装

尿素（尿素溶液）区安装的另一项重要的工作就是为了保证尿素（尿素溶液）区系统的安全稳定运行而设置消防与相关监控设施的安装。

尿素溶液制备区的消防设备通常应包括安装在尿素溶液制备区各设备水消防喷淋系统、按规范设置消火栓、干粉灭火器等。

消防系统的安装必须选择具有省公安厅颁发的消防工程安装许可证的施工队伍承担消防工程的施工；消防系统的施工图纸经消防监督部门审批后才可施工；设备、管道、阀门及相关附件应符合设计要求，其中消防配件有国家质量监督检验中心的认证文件；施工中管道已按设计校对无误，内部清理干净，无杂物，管道的坡向、坡度符合设计要求，管道焊接符合《火电施工质量检验及评定标准》规定。

4. 消防系统的调试

通常尿素溶液制备区的消防系统只作为整个水泥厂消防系统的一部分，因此尿素溶液制备区消防系统的调试应结合主机一起进行，但基本的工作内容和程序如下：

（1）消火栓给水系统的调试在整个系统施工结束和设备、阀门单体调试结束后进行。系统调试负责人与专业技术人员、业主、监理工程师共同研究调试方案后统一实施。

（2）消火栓、消防泵接合器、转盘水枪出水试验2～3次，达到设计和规范要求为合格，其中最不利点消火栓的水压和流量应符合规范要求。

（3）自动喷水灭火系统管网安装完毕后，隔离不参加试验的设备、仪表、阀门及附件，加设盲板，后对系统进行水压及水冲洗试验。

（4）对自动消防系统的管道阀件进行单体调试，全部合格后进行系统分部试运行。系统分部试运行由业主指定几个系统进行喷放试验，检测喷水效果及区域是否符合设计要求。

（5）消防给水的联动调试。正常情况下，消防给水管网中的水压由消防稳压泵维持，稳压泵为2台，1台运行，1台备用。稳压泵由出水管上的压力控制装置自动控制启停，当出水管上的压力降至1.15MPa时，稳压泵自动投入运行，维持消防给水系统的压力，当压力水管网发生故障，出水管的压力降至1.10MPa时，消防水泵自动投入运行，同时将消防水泵紧急运行的信号传送到中控楼的控制室。当主消防水泵因故停运时，备用消防水泵能在规定的时间内自动投入运行。

第四节　还原剂为氨水的 SNCR 系统相关设备安装

一、主体设备安装

氨水储存罐、卸氨模块、氨水输送模块、水箱、喷射控制及计量分配模块等均为常规设备，安装方案可参照国家相关标准。

1. 氨水储存罐安装

用吊机将氨水储存罐慢慢起吊，中间位置用辅助吊机配合，如图 8-6 所示；竖起后直接就位到底座上，并调好垂直度后进行固定（用地脚螺栓固定）；在氨罐主体安装完成后（用混凝土进行灌浆），再进行氨罐附属设备的安装；安装楼梯平台时先做好安全措施，再按规范要求施工。图 8-7 为氨水储存罐工程实例。

2. 水箱安装

用吊机将水箱慢慢起吊，竖起后直接就位到底座上，并调好垂直度后进行固定（用钢板焊接固定）；在水箱主体安装完成后，再进行水箱附属设备（液位计等）的安装。图 8-8 为安装后水箱实例。

图 8-6　氨水储存罐安装示意图　　　　图 8-7　氨水储存罐工程实例

3. 卸氨模块和氨水输送模块安装

用吊机（或人力）将卸氨模块和氨水输送模块慢慢起吊，吊入到指定的安装平台上，再用人力（或借助千斤顶）移动模块定位，找正垂直度后固定（用钢板焊接固定）；在卸氨模块和氨水输送模块主体安装完成后，再进行卸氨模块和氨水输送模块附属设备的安装。基建期间在氨罐房区域交叉作业较多，吊机可与主体安装公司的吊机交叉作业，为防止安全事故，尽量协调好起吊方案。在技术人员进行现场指导施工，按厂家（或技术人员）提供方案进行施工验收。图 8-9 为安装后卸氨模块实例，图 8-10 为安装后氨水输送模块实例。

图 8-8　安装后水箱实例　　　　图 8-9　安装后卸氨模块实例

4. 喷射控制及计量分配模块安装

用人力将喷射控制及计量分配模块慢慢移到到指定的安装平台上，再用人力（或借助千斤顶）移动模块定位，找正垂直度后固定（用角钢焊接固定）；再进行喷射控制及计量分配模块附属设备的安装。在技术人员进行现场指导施工，按厂家（或技术人员）提供方案进行施工验收。图 8-11 和图 8-12 为安装后的喷射控制及计量分配模块实例。

5. 其他模块及喷枪等设备安装

其他模块及喷枪等设备安装同第三节内容。

图 8-10   安装后氨水输送模块实例

图 8-11   安装后的喷射控制及
计量分配模块实例（一）

图 8-12   安装后的喷射控制及
计量分配模块实例（二）

二、氨逃逸测量仪的安装

1. 安装前的准备工作

（1）了解项目配置、主机配置、需要测量的参数等。

（2）看现场，确认如下事项：现场开孔位置；取样管线走向；电缆及桥架走向；压缩空气管走向；电源供给；分析小屋的位置及内部布置（包括：空调，排风，分析柜位置，操作台位置，标气位置，电缆进线位置等）。

2. 确定采样探头安装位置

确定设备安装位置时遵循以下原则：

（1）能充分反应被测气体浓度的位置；

（2）安装位置不漏风；

（3）便于操作维护的位置。

3. 采样探头法兰焊接

确定安装位置后就可以进行法兰焊接了。采样探头的法兰焊接按照图 8-13 所示施工。注意法兰螺栓孔的方向，以保证测量准确。图 8-14 为安装后的氨逃逸测量仪实例。

4. 分析机柜及标准气钢瓶设备就位

分析机柜及标准气钢瓶。机柜可用膨胀螺栓直接固定在地面上或预埋槽钢和钢板固定。标准气钢瓶固定采用钢瓶架固定，钢瓶架根据钢瓶实际数量现场制作。分析小屋需要考虑如下开孔：采样管线的进线孔要开在机柜顶部的上方；电缆进线孔可采用墙壁上开孔或电缆沟的方式。

图 8-13　采样探头的法兰焊接示意图

图 8-14　安装后的氨逃逸测量仪实例

5. 管线及电缆敷设

现场电缆敷设方式可走桥架或穿管方式。桥架及穿管的走向根据现场实际定，但应遵循以下原则：

（1）采样管线长度尽量短，一般不要超过 20m，以小于 15m 为佳；

（2）采样管线走向不能出现 U 形弯，防止积水及阻塞管线；

（3）采样管线不能折死弯，大于 90°，水平方向大于 15°。弯曲半径不小于 400mm；

（4）信号电缆及通讯电缆必须带屏蔽。

6. 压缩空气管敷设

现场采样探头吹扫及分析采样需要压缩空气，所以必须提供气源。压缩气源要求：0.4～0.6MPa，干净，无油。若现场气源不洁净时，需增加压缩空气过滤器进行除水、除尘及除油处理。若现场无压缩空气时，可通过增设空压机来完成。

三、系统管路的吹扫及清洗

系统管路的吹扫及清洗同第三节。

四、工艺设备（设施）保温主要施工

工艺设备（设施）保温主要施工同第三节。

五、其他设备安装和调试

其他工艺、电气及消防设备安装和调试同第三节。

第九章 水泥窑 SNCR 脱硝装置的 调试、运行与维护

第一节 水泥窑 SNCR 系统调试内容

水泥厂 SNCR 脱硝装置安装完成之后，在正式投运以前，SNCR 系统的承包商需要对该套系统进行一系列的调试。完整的 SNCR 系统调试一般包括单体调试、分部试运、联动调试、整体系统 72h 满负荷试运四个过程。单体调试是指对 SNCR 脱硝系统的各个模块进行检查和试运，该工作一般由安装单位负责完成；为了保证模块与模块之间的联动性，分部试运一般会加上负载，对系统的动力、电力进行检查，同时检查管道及阀门；联动调试是指对 SNCR 脱硝装置进行整体运行，在这个阶段，调试过程中必须要加入负载以保证系统模拟的真实性；72h 满负荷试运是在一切准备工作就绪的情况下，使用氨水或者尿素对 SNCR 脱硝系统效果进行考核。

一、单体调试

单体调试是在 SNCR 脱硝装置安装完成之后，在安装单位和供货厂家的配合下对系统内的各个泵、阀门、流量计、液位计、温度计、电磁阀等进行现场就地控制，以确保单体设备正常开启、运行和关闭，以及检验设备在连续试运转中的轴承升温、振动及噪声等，并进行各种设备的冷态连锁和保护实验。

在单体调试的过程中，设备厂商和安装单位代表为主要调试人员，承包商、设计等单位代表辅助设备厂商代表进行调试。安装单位负责该阶段调试的方案和措施，并完成单体试运工作及试运后的验收单；提交相应的运行记录和文件资料；并做好试运设备和施工的安全工作。

二、分部调试

对于还原剂为氨水的 SNCR 脱硝系统，分部调试是指对 SNCR 系统的各组成系统（卸氨模块、氨水储罐模块、氨水输送模块、稀释混合模块、计量分配模块、压缩空气系统及喷枪等）进行冷态模拟运行测试，全面检查设备情况，并进行相关的连锁和保护实验。

对于还原剂为尿素的 SNCR 脱硝系统，分部调试是指对 SNCR 系统的各组成系统（尿素房尿素溶液配置输送系统、尿素溶液储区、尿素溶液稀释计量输送系统、高位尿素溶液槽控制系统、尿素溶解喷射泵系统以及喷枪系统）进行冷态模拟运行测试，全面检查设备情况，并进行相关的连锁和保护实验。

脱硝部分试运主要分为工艺、电气、自控三大专业类，每个专业分为若干系统。安装单位相应成立若干试运小组，配有工艺、电气、自控人员，分别负责系统分部试运工作，水泥厂运行人员配合。

三、联动调试

联动调试分为两个部分，分别为使用纯水进行的联动调试和使用氨水或尿素溶液进行的

联动调试。在使用纯水进行联动调试的阶段，调试的主要目的是为了确保溶液可以持续稳定地进入水泥窑内，各个设备和系统都起停正常。在使用氨水或尿素溶液进行联动调试的阶段，调试的主要目的是为了考察各关键仪表及是否达到所预期的性能指标。

四、72h 满负荷试运

水泥窑 SNCR 脱硝系统 72h 满负荷运行是调试的最后阶段，这个阶段主要由水泥厂相关操作人员进行操作，确保整套系统在 72h 内稳定连续运行，并且确保整套系统在此阶段可以达到合同所承诺的脱硝效果。在这个阶段，如果系统出现任何问题，承包商、设计单位、施工方、设备厂家都有责任配合整改。水泥窑 SNCR 脱硝系统调试内容及程序见表 9-1。

表 9-1　水泥窑 SNCR 脱硝系统调试内容及程序

序　号	步　骤
1	设备检查
2	仪表校准
3	仪表线路检查，检查中控信号
4	管道、阀门、模块查漏
5	模块间调试（水试），冲洗管道及设备
6	联动调试（水试）
7	联动调试（氨试），并检验喷氨效果，调整氨/氮摩尔比
8	72h 满负荷连续运行（验收测试）

第二节　水泥窑 SNCR 系统调试准备

调试工作是脱硝装置建设过程中十分重要的一道工序，是由安装转为生产的重要环节，调试工期直接影响装置的投产时间，调试质量控制将决定装置是否能够长期安全、稳定、高效地运行。因此，在调试过程中，必须严把质量关，严格执行审定的调试大纲的条款，科学合理地组织脱硝装置启动调试工作，提高调试质量，达到国家、地方有关法律法规标准及合同的要求，使脱硝装置尽快投入运行并发挥其经济、环境、社会效益。

一、适应规范的确认

在开始脱硝系统的调试以前，为了保证调试的有效性，调试经理应检查和确认与 SNCR 系统调试相关的依据性文件，依据性文件包括：

（1）与设备供应商签订的技术规范。

（2）应用于水泥窑 SNCR 系统调试的测试程序规范。

（3）相关的规则和法律，如各级政府颁发的关于污染控制的法规、规章等。常用的规范主要有：

GB/T 16157《固定污染源排气中颗粒物测定与气态污染物采样方法》

HJ/T 76《固定污染源排放延期连续监测系统技术要求及监测方法（试行）》

GB 3095《环境空气质量标准》

GB 16297《大气污染物综合排放标准》

GB 4915《水泥工业大气污染物排放标准》

GB 8978《污水综合排放标准》

GB 12348《工业企业厂界环境噪声排放标准》

GBJ 87《工业企业噪声控制设计规范》

GB 50019《采暖通风与空气调节设计规范》

二、安全预防

安全文明生产是开展一切工作的前提，调试工作中的安全文明生产是保证顺利且高质量调试不可替代的基础，在调试执行过程中必须保证人身、设备安全，必须严格执行各项安全法规，制定和执行事故防范措施，贯彻"安全第一，预防为主，综合治理"的方针，做到防患于未然。

在系统开始运行或设备试运时，为保证设备及人员的安全，调试经理应进行如下事项：

（1）将调试时间进度表告知所有可能进入操作设施区域的运行人员及现场施工人员，并包括正在施工的建筑项目的工作人员。

（2）在开始调试前，将警示信息以警示牌或警示标签的形式放在相关的地方。这些警示牌或警示标签上面注明进行的工作性质、开始和结束的时间和工作人员的职责。

（3）确定危险地带的限制范围的设定，确认和标记危险地带。

（4）如果有必要，应制定临时的通行线路以便记录数据、运行或巡视。

（5）应制定预案，以保证调试操作人员、辅助工作人员和从外面进入的参观者的安全。

（6）针对不同的设备和系统，制定不同的紧急预案，以保证设备运行安全。

三、自控仪表的标定

1. 根据 SNCR 系统的特点，在开始调试前工作人员应考虑并了解如下事项：

（1）熟悉掌握相关仪表的效用和使用

（2）检查所有的仪表（包括气体分析仪）是否已经校准，$NO_x/O_2/NH_3$ 气体分析仪的标度应与相关的使用守则或标准及厂家的用法说明书一致。

2. 水泥窑 SNCR 系统调试常用的监测仪器有：

（1）氨逃逸监测仪表

（2）NO_x 氮氧化物监测仪

四、通信和组织系统的确定

为了保证调试的有效及时沟通，应明确如下几点：

（1）明确现场和控制室之间采用临时的电话和收发器等进行交流的形式。

（2）明确在调试期间的运行和维护负责的负责人。

（3）应制定好包含每一项工作每一个方面的职责组织机构表格，如图 9-1 所示。

五、设备安装及系统的检查

1. SNCR 系统试运前应具备的主要条件

SNCR 系统分部试运前应具备的主要条件如下：

（1）相应的建筑、安装工程已经

图 9-1 调试过程某项目工作组织机构图范例

完工并验收合格，试运需要的建筑和安装工程的记录等资料齐全。安装完成后形成详细且系统的安装结束状态文件包，并经安装单位之间部门审阅后，移交试运小组审定。

（2）试运范围内土建施工结束，地面平整，照明充足，无杂物，通道畅通，具备安全消防设施，事故照明可靠投入。

（3）试运专业小组人员已经过培训；试运计划、方案措施已经编制并审批、交底；实验器具已具备。

（4）电、汽、水、油等物质条件已满足系统分部试运的要求（一般将具备设计要求的正式电源）。

（5）现场设备系统命名、挂牌、编号工作结束。

（6）相关系统设备与相邻或接口的系统及设备之间已有可靠的隔离，并挂有警告牌，必要时加锁。

（7）脱硝系统的保温、油漆工作已完成，各工序验收合格。

（8）尿素溶液制备和存储系统静态调试已结束，满足热态试运要求。

（9）喷射系统静态调试已结束，满足热态试运要求。

（10）脱硝系统内的所有安全阀均已校验合格，满足试运要求。

（11）在分系统调试期间发现的缺陷均已处理完毕，并验收合格。

（12）脱硝系统出口的氮氧化物分析仪、氨气分析仪等所有仪表已完成静态调试，并经标定合格，满足热态试运条件。

（13）脱硝系统的所有连锁保护在各个分系统调试时已实验合格。

（14）尿素存储和制备区域已安排好专人值班，以防止无关人员进入该区域内。

（15）有关脱硝系统的各项制度、规程、图纸、资料、措施、报表与记录齐全。

2. 试运前的设备检查

在开始调试前，应检查和确认安装施工、SNCR 喷射系统、尿素溶液配置系统或氨供应系统已具备调试运行条件。

（1）脱硝系统所有设备已准确命名并已正确悬挂设备标识牌。

（2）检查以下脱硝辅助系统能正常投运：

① 脱硝压缩空气系统能为整个脱硝系统供应合格的雾化空气。

② 冷却水源、稀释水源压力及流量能充分保证。

（3）SNCR 喷射系统的检查

①喷射系统的保温、油漆已安装结束，妨碍运行的临时脚手架已拆除。

②喷枪及其前后烟道内部杂物已清理干净，将喷枪置于固定插口。

③窑尾烟囱出口的氮氧化物分析仪、氨气分析仪可以正常工作。

④SNCR 系统的相关检测仪表已校验合格，投运正常。

⑤稀释水泵试运合格，转动部分润滑良好，绝缘合格，动力电源已送上，可以随水泥窑系统一并启动。

⑥检查各泵体入口在开位，检查各区供水阀、尿素溶液供给手动阀在开位，检查各分配模块雾化空气总阀及每支喷枪所对应的手动阀在开位，检查每路尿素溶液手动阀在开位。

（4）尿素制备及储存系统的检查

①系统内的所有阀门已送电、送气，开关位置正确，反馈正确。

②溶解罐及储罐内部杂物已清理干净，并把人孔门关闭。

③调试期间所需要的尿素已备好，满足试运要求。

④尿素溶液循环泵及尿素溶液输送泵、稀释水泵等设备机封水满足要求，阀门位置正确，开关满足送电条件。

（5）对于氨水为还原剂的氨水供应系统

①系统内的所有阀门已送电、送气，开关位置正确，反馈正确。

②储罐内部杂物已清理干净，并把人孔门关闭。

③调试期间所需要的氨水已备好，满足试运要求。

④氨水溶液输送泵、稀释水泵等设备机封水满足要求，阀门位置正确，开关满足送电条件。

（6）连锁和报警测试检查

①氨水、尿素溶液关断阀正常。

②报警测试正常。

（7）脱硝系统相关的自控设备已送电，工作正常。

（8）脱硝地坑来的溶液满足循环及外排的要求。

六、调试阶段需要控制的关键节点

根据合同的要求，脱硝装置调试程序为分部试运和整套启动试运行。分部试运是指设备系统安装完毕，并开始设备调试起至整套系统启动开始为止这一段的调试工作，包括设备单体试运和分部调试。整套启动试运行阶段是指从分部调试结束后的脱硝装置整套启动调试和对各项参数进行优化的工作，宣布满负荷72h试运行结束，脱硝装置全面进入临时移交代管阶段。

调试阶段需要控制的关键节点有以下几个方面：

（1）电气系统受电；

（2）DCS内部调试；

（3）脱硝装置各工艺系统分部试运；

（4）脱硝装置冷态整套启动；

（5）脱硝装置热态整套启动试运；

（6）72h试运行；

（7）脱硝装置临时移交。

第三节　还原剂为尿素的SNCR系统调试

一、分系统调试管理程序

分系统试运调试措施作为分系统试运、调试的指导性文件，由安装、调试单位根据系统实际情况进行编制、审核、批准。重要调试措施报试运指挥部，由试运总指挥批准。

根据单体调试情况，对具体分系统调试的系统编制好相应的分系统调试方案及措施，填写调试方案报审表和分部试运指挥部提出分系统调试申请。试运指挥部组织水泥厂、总包单位（或调试单位）、监理公司、建设安装单位对申请项目检查并做好记录，申请经会签后由总包单位（或调试单位）组织实施，调试中做好分系统试运技术记录。调试完成后，由试运指挥部组织各有关单位对调试项目做出评价，并会签分项调整试运质量检验评定表及分部试运后签证验收卡。试运指挥部根据调试完成情况及各相关单位意见，决定是否进入整套启动调试。

经分系统试运合格的设备和系统，当由于生产和调试需要继续运转时，可交生产单位代行保管，由生产单位负责运行、操作、检查，但消缺、维护工作及未完成项目仍由施工、安装单位负责。

设备及系统的代保管，由施工、安装单位填写设备/系统代保管交接表。水泥厂组织代保管签收后，由水泥厂代保管，在调试人员的指导下进行运行监护操作。

二、分部试运的内容

分部试运的内容包括电气系统受电调试、DCS或PLC系统调试、脱硝装置工艺系统分系统调试。其中脱硝装置工艺系统分系统调试主要包括SNCR尿素喷射系统、雾化空气系统、尿素制备及存储系统、稀释水系统、冷却水系统和排放系统等。

三、尿素溶液制备与储存系统

1. 系统功能描述

尿素溶液配制系统是实现尿素储存、溶液配制和溶液储存的功能。需要解决尿素溶液配比的自动控制，溶液加入泵运行的自动控制，尿素溶液储罐液位、温度的自动控制，以及一些关键阀门的自动控制。目前以尿素为还原剂的SNCR脱硝系统中的尿素溶液配制系统主要还是由现场操作人员进行人工控制，系统只能集中采集一些关键的控制值，不能根据采集的信息发出相应的指令。

干尿素通过卡车运输至尿素储存间，固体尿素经人工拆袋后投放到尿素溶解罐进行溶解，保持溶解罐温度在35℃以上，避免尿素结晶析出。在尿素溶解罐中，干尿素与水充分混合搅拌（同时使用溶解罐内的蒸汽盘管进行加热）成50%的尿素溶液，由尿素溶液加入泵送到尿素溶液储罐中。

尿素溶液制备及储存系统的主要设备有电动小型车、尿素溶解罐、尿素溶液加入泵、尿素溶液储罐、管道附件（阀门、测量仪表等）及有关管道等。

实际工程中，设置一台溶解罐，溶解罐上安装有搅拌器、蒸汽（或热水）加热盘管、液位计、温度计、液位变送器等。设两台储罐，尿素溶液储存罐上安装有蒸汽（或热水）加热盘管、温度计、液位计、液位变送器等。设两台离心式尿素溶解加入泵，将尿素溶解罐中的尿素溶液输送到尿素溶液储罐中，一用一备。

2. 尿素溶液制备系统调试

（1）尿素溶液配比系统控制

尿素溶液配比系统的控制可分为尿素溶液的配比控制和尿素溶液的输送充装控制两部分。尿素溶液的配比是将尿素颗粒和除盐水配比成一定浓度的尿素溶液，主要涉及溶解罐液位的控制、搅拌电机的运行控制；而尿素溶液的输送充装则是将配制好的尿素溶液，由尿素溶液加入泵充装到尿素溶液储罐中，主要涉及加入泵的控制。

尿素溶液系统的溶解和充装过程只在需要时进行，相对于整个脱硝系统的运行，不是一个连续的过程，目前此过程中的大部分环节为现场操作，如袋装尿素颗粒的填充，溶解罐搅拌电机的开启和关闭，尿素溶液加入泵的启动和关闭等操作。除尿素颗粒填充外，整个系统的其他环节均可以用自动控制代替，如溶解罐液位的控制、尿素溶液储罐液位的控制等，以保证所配尿素溶液的质量和溶解充装系统的安全。在一些重要工序的操作上，系统需要设置一些连锁和闭锁控制，以保证关键设备的安全运行，如在溶解罐液位达到加料液位前，手动开启溶解罐搅拌机的操作应视为无效，以防止搅拌机在溶解罐液位过低的情况下运转；又如系统应在确认尿素溶液加入泵出口阀开的情况下，才能允许启动溶液加入泵，从而保证溶液加入泵的安全运转。

通常是计算好制备50％浓度的尿素溶液所需要的合适水量及尿素总量，先向溶解罐中加入适量高度的工艺水，然后向其中导入固体尿素，待液位接近设计液位时，测量尿素溶液的密度和浓度，待满足条件后停止加尿素。图9-2为某工程尿素溶解系统PLC控制画面。

图 9-2　某工程尿素溶液系统 PLC 控制画面

溶解罐液位控制如图9-3所示。根据事先确定好的尿素溶液浓度和溶解罐的液位，可计算出所需的尿素颗粒量，从而确定出所需填充的尿素颗粒袋数。每次配料时直接向溶解罐添加定量的袋装尿素颗粒，然后通过控制溶解罐的液位，配得所需浓度的尿素溶液。

尿素溶液配料过程的控制方案如图9-4所示。系统开始尿素溶液配比过程后，在打开溶解罐除盐水阀前，系统需要检测加热介质（如蒸汽或热水）的温度是否符合设计要求、检测溶解罐的剩余液位（下限）是否符合要求，如果均符合设计要求，则系统发出信号打开溶解罐的热水阀开始向溶解罐中注入热水。在溶解罐液位达到一定的设计值（加料所需的液位）后，关闭除盐水阀，打开加热介质阀门，当罐内液体温度大于80℃时，系统启动溶解罐搅拌电机，并提示尿素站工作人员向溶解罐中添加一定数量的袋装尿素颗粒（袋数事先确定）。当尿素颗粒添加结束后，可由工作人员向系统发出信号，然后再由系统发出信号重新开启除盐水阀，向溶解罐中继续注水。当溶解罐水位达到设计水位（上限）时，系统自动切断除盐水阀；当溶液温度稳定在不低于 40℃时，关闭加热介质阀门。通过溶解罐内浓度检测仪表，检测罐中尿素颗粒的溶解情况，当溶解罐浓度达到设计要求时，系统自动停止搅拌电机。此时，尿素溶液配料完成。

图 9-3　溶解罐液位控制

在配料过程中，如果系统没有接收到除盐水阀的打开状态反馈信号或关闭状态反馈信号，则系统应自动发出报警，提示除盐水阀门故障，并停止后面的操作流程。

图 9-4　尿素溶液配料过程控制方案

在尿素溶解过程中，主要是除盐水阀和溶解罐液位之间的连锁控制，包括与溶解罐液位下限液位、加料所需液位、上限液位之间的关系。同时，还有搅拌电机的闭锁控制，即防止其在溶解罐液位不足时启动搅拌器，造成搅拌器负荷异常，损坏搅拌器电机。

尿素溶液配制完成后，由尿素溶液加入泵将溶解罐中的尿素溶液输送到尿素溶液储罐中储存，为在线稀释系统提供稳定的尿素溶液供应。

溶解过程的启动顺序如下：

首次启动（全部手动）：开除盐水进水控制阀，累计进水为设计值 5t（假设值，下同）时，关除盐水进水控制阀。

①关闭尿素溶液加入泵到尿素溶液储罐的控制阀和尿素溶液密度计入口的控制阀。

②打开加热蒸汽进尿素溶解罐控制阀。

③当尿素溶解罐温度达到 80℃时，启动尿素溶解罐搅拌器。

④开始倒（装）入适量的尿素颗粒。

⑤启动尿素溶液输送泵 A。

⑥打开尿素溶液密度计入口控制阀。

⑦当尿素溶液密度不低于 1140mg/m³、尿素溶解罐温度不低于 40℃、稳定 2min 后（延时；假设值，下同），关闭加热蒸汽进尿素溶解罐控制阀，关闭尿素溶液密度计入口控制阀，打开尿素溶液加入泵去尿素溶液储罐控制阀。

⑧当尿素溶解罐液位显示液位不高于 0.35m（假设值，下同）时，停止尿素溶液加入泵；关闭尿素溶液加入泵去尿素溶液储罐控制阀。

⑨打开除盐水进水控制阀，向尿素溶解池注水。

⑩累计进水为设计值时，关闭除盐水进水控制阀。

⑪启动尿素溶液加入泵，打开尿素溶液密度计入口控制阀持续 2min，停止尿素溶液加入泵，关闭尿素溶液密度计入口控制阀，溶液制备完成。

加热蒸汽进尿素溶解罐控制阀、尿素溶解罐搅拌器、尿素溶液加入泵与尿素溶解罐液位连锁。液位低于 0.5m 时，加热蒸汽进尿素溶解罐控制阀保护关；液位低于 0.5m 时，尿素溶解罐搅拌器保护停；液位低于 0.35m 时，尿素溶液加入泵保护停。

尿素溶解罐温度与加热蒸汽进尿素溶解罐控制阀连锁，当温度低于 40℃ 时，自动开加热蒸汽进尿素溶解罐控制阀；当温度高于 60℃ 时，自动关加热蒸汽进尿素溶解罐控制阀。

加热蒸汽进尿素溶解罐控制阀开允许条件是，溶解罐液位高于 0.5m 且溶液温度低于 40℃。

（2）尿素溶液充装过程控制

结束尿素溶液配比过程后，溶解罐中的尿素溶液由尿素溶液加入泵输送到尿素溶液储罐中储存。在加入泵启动前，应按照现有的转动设备的泵阀启停与连锁的规程，对加入泵进行例行检查。加入泵启动后，应检查泵出口压力是否升至正常值，然后打开加入泵出口阀。在加入泵运行时，应检测其出口压力，当压力异常时，系统报警并执行相关动作。

由于储罐的容积一般较大，而溶解罐的容积较小，一般需要进行多次充装。第一次尿素溶液充装前，系统先判断1、2号两个尿素溶液储罐液位，确定需要充装尿素溶液的储罐，并打开对应储罐的进液阀，同时系统需要确认另一储罐的进液阀已经关闭，使两个储罐的进液阀形成开、闭的连锁。在充装过程中，系统应同时检测溶解罐和储罐的液位，当溶解罐液位低于下限值或储罐液位高于上限值时，均要自动关闭尿素溶液储罐进液阀。如果是溶解罐液位低于下限值，则进行下一次配料过程；如果是溶解罐液位高于上限值，则整个配料过程结束；在关闭加入泵出口阀的情况下，关闭尿素溶液储罐进液阀后，关闭加入泵，结束溶液输送过程。加入泵的停运与溶解罐液位及尿素溶液储罐液位之间的连锁控制，是尿素溶液充装过程自动控制的关键。

（3）尿素溶液储罐控制

尿素溶液储罐作为配料系统和在线稀释系统的过渡环节，主要作用是储存一定量的尿素溶液，为在线稀释系统提供稳定的尿素溶液供应。系统运行时，储罐是连续不间断工作的，因此需要对两个储罐的液位、温度进行实时监控，确保系统的正常运行。

系统运行时，可采用1、2号尿素溶液储罐轮流工作来提供尿素溶液。由于尿素储罐容量远大于溶解罐的容量，因此需要适时充装尿素溶液储罐。需要对尿素溶液储罐的储罐液位进行连续监控，防止因溶液排干而导致故障出现。如图 9-5 所示，由尿素溶液储罐上的液位检测装置，监控尿素溶液储罐的液位，当液位在高低限之间时，尿素溶液储罐正常工作。储罐液位高于限值出现在尿素溶液充装时，如前所述。当储罐液位低于设定值时，则关闭储罐出液阀，并切换到另一储罐进行工作，然后再启动配料工序充装该储罐，从而保证两个储罐连续供应尿素溶液。

图 9-5　尿素溶液储罐液位控制

当尿素溶液储罐液位达到低限值、开始进行两个储罐之间的切换时，首先要关闭正在工作的储罐的出液阀，然后再打开另一储罐的出液阀，使两个储罐的出液阀形成开、闭的连锁。在此过程中，应继续监测尿素溶液储罐的液位，并设置一个最低限，如果储罐液位达到最低限，则应启动报警装置，提醒操作人员检查系统设备，同时关停储罐出口处的尿素溶液泵，防止因储罐出液阀未关闭等原因导致储罐液位排干而出现的故障。

（4）尿素溶液储罐温度控制

另一个需要控制的尿素溶液的变量是尿素溶液储罐的温度。由于 20% 尿素溶液的结晶温度约为 0℃，一旦储罐中溶液温度低于此值时（考虑冬天的情况），将出现尿素结晶颗粒，可能会堵塞尿素喷射系统中的喷枪，造成系统故障。

因此在系统实际运行时，应确保储罐中溶液温度高于结晶温度 5～10℃。如果温度过低，系统应报警，提醒操作人员打开尿素站的暖气系统。

3. 尿素溶液输送及循环系统调试

尿素溶液输送管道的流量决定了喷入水泥窑的尿素量，因此需要根据燃烧烟气中的 NO_x 含量来决定，如果喷入的尿素溶液过少，则将会导致 SNCR 反应不完全，影响脱硝效率。如果喷入的尿素溶液过多，则将会导致氨逃逸量增加，造成新的污染。整个尿素输送管道的控制包括尿素溶液泵的控制和尿素溶液的流量控制两个环节。

（1）尿素溶液泵的控制

尿素溶液泵一般设有两台，用于对尿素溶液进行加压，一备一用，并在正常运行情况下两泵构成开、停连锁。由于两台泵的功能相同，因此应防止出现主泵长期运行而备用泵得不到运行情况，否则会造成备用泵生锈，可能污染尿素溶液，产生的铁锈还可能堵塞喷枪。为了解决备用泵长期得不到运转而产生的负面影响，可以使尿素溶液泵的运行与尿素溶液储罐进行连锁，当尿素溶液储罐液位达到下限值、切换到另一储罐继续工作时，同时切换尿素溶液泵到另一台进行工作。当主泵运转一次后，下次应为备用泵运转，当备用泵停止运转时，接着又为主泵运行，两泵交替运行，自动进行新的循环，当其中一台泵故障时，另一台泵自动投入运行。

如图 9-6 所示，在尿素溶液泵运行时，需要对泵出口压力进行检测，当出口压力不正常时，应及时切换到另一台泵进行工作，同时系统报警，等待工作人员对泵进行检查。如果在

图 9-6　尿素溶液泵的控制方案

图 9-7　尿素溶液输送系统的控制 PLC 画面

尿素溶液泵运行时遇到故障，也应采取同样的措施。如果泵的运行正常，则在尿素溶液储罐液位达到下限、切换到另一储罐工作时，同时切换到另一台尿素溶液泵工作，从而保证两台尿素溶液泵交替工作。图 9-7 为尿素溶液输送系统控制 PLC 画面。

打开尿素溶液输送泵 A 入口阀，启动尿素溶液输送泵 A，打开尿素溶液输送泵出口阀。或打开尿素溶液输送泵 B 入口阀，启动尿素溶液输送泵 B，打开尿素溶液输送泵出口阀。尿素溶液输送泵 A 和尿素溶液输送泵 B 与尿素溶液储罐液位连锁，尿素溶液储罐液位低于 0.3m 时，尿素溶液输送泵 A 入口阀和尿素溶液输送泵 B 入口阀自动关闭。尿素溶液储罐液位高于 0.5m 时，尿素溶液输送泵 A 入口阀和尿素溶液输送泵 B 入口阀允许启动。当尿素溶液储罐温度低于 40℃时，自动开加热蒸汽进尿素溶液储罐控制阀；当尿素溶液储罐温度高于 60℃时，自动关加热蒸汽进尿素溶液储罐控制阀；尿素溶液储罐液位低于 0.5m 时，自动关加热蒸汽进尿素溶液储罐控制阀。

（2）尿素溶液的流量控制

尿素溶液输送泵为炉前喷射系统入口提供稳定的压力以保存喷射系统正常运行，这是一个单回路调节系统，通过调节尿素溶液输送泵的转速达到稳定尿素溶液回尿素溶液储罐管线压力的目的。尿素溶液回尿素溶液储罐管线压力调节设定值 0.4MPa（假设值，下同），回流液自动返回尿素溶液储罐，尿素输送管道需要保温、伴热，保持溶液温度在 35℃以上，避免管道内有尿素结晶析出。

四、尿素溶液在线稀释系统调试

由于尿素溶液管道的流量由烟气中 NO 和 NH_3 的浓度共同决定，因此可能会存在需要调节尿素溶液浓度的情况。设置稀释水管路就是为了可以调节尿素溶液浓度，通过混合器进入高位水槽。

稀释水泵共有一台，用于对稀释水进行加压。图 9-8 为尿素溶液在线稀释系统 PLC 控制画面。

五、尿素溶液的计量与分配系统

1. 分解炉中需要的还原剂——尿素溶液量

图 9-8　尿素溶液在线稀释系统 PLC 控制画面

要确定进入在线喷射系统的尿素量，首先要知道烟气中 NO 的量，然后根据 *NSR* 值计算得到使用的尿素量。可认为烟气中 NO 的浓度为一定值 [NO]，烟气流量为 q_{vy}，则 NO 的含量可表示为 q_{vy} [NO]。根据尿素总量的守恒，喷入烟气中与 NO 反应的尿素量与尿素管路中的尿素量相等，即分解炉脱硝所需要的尿素流量计算式为

$$q_{v1} = 1.34 \times 10^{-6} \times \frac{NSR \times q_{vy}[NO]}{\mu_1 \times \rho_1} \tag{9-1}$$

式中　μ_1——储罐中尿素溶液浓度（质量分数），%；

　　　ρ——尿素母管溶液密度，kg/m³；

　　　q_{v1}——尿素母管溶液流量（标态），m³/s；

　　　q_{vy}——烟气标量（标态），m³/s；

　　[NO]——尿素喷射处 NO 浓度，ppm；

　　NSR——标称氨氮比。

储罐尿素溶液浓度系统已事先设定，尿素总管溶液密度可根据尿素溶液浓度查表得到，尿素总管溶液流量由系统中的流量计测得，烟气流量可根据分解炉负荷计算得到，尿素喷射处 NO 浓度已由系统事先设定，氨氮比则由系统运行时根据实际情况在一定范围内调节。

根据式（9-1），通过检测分解炉负荷，计算出烟气流量，就可以确定尿素总管的流量。通过分解炉负荷来控制尿素溶液流量，可以作为尿素溶液流量控制的前馈部分。如图 9-9 所示，分解炉负荷检测的信号，直接通过前馈控制器进行前馈补偿。由于尿素溶液在通过尿素管路控制阀后，还要经过稀释管路、炉前喷射系统才能与烟气混合，而 NO_x 的浓度检测在烟囱出口处及 C1 筒出口处，所以整个控制系统的滞后性很大。采用前馈控制以后，系统可根据分解炉负荷的变化，立即对尿素管路调节阀进行操作，不必等到尾部烟气中 NO_x 浓度变化时再操作，可提高系统的控制精度。

图 9-9　尿素溶液流量前馈—反馈控制系统

但是只采用前馈控制是不够的，因为前馈控制是开环控制系统，对补偿效果没有检验，

控制的结果无法消除被控变量的误差。在 SNCR 的尿素喷射脱硝过程中，其他因素的变化也会影响 NO_x 的脱除效果，例如尿素输送管路上的压力波动、炉前喷射时雾化空气的压力波动，均会影响 NO_x 的脱除效果。如图 9-9 所示，系统还需通过烟囱尾部设置的 NO_x 浓度检测和 NH_3 在线检测仪表，检测尾部烟气中 NO_x 和 NH_3 的浓度，作为尿素溶液流量控制系统的反馈信号，从而对尿素溶液流量做进一步的精确控制。反馈控制主要是根据尾部烟气中的 NO_x 浓度和 NH_3 浓度值调节 NSR 值或切换喷氨投运层。

因此，尿素溶液流量控制采用前馈—反馈控制。这样既可以降低对分解炉负荷前馈控制的进度要求，又能对未选作前馈信号的干扰产生校正作用。同时由于前馈控制的存在，对干扰起了及时粗调作用，大大减轻了反馈控制的负担。尿素溶液的流量控制系统方框图如图 9-10 所示。烟气流量的波动作为干扰之一，主要受分解炉负荷、燃料、氧量的影响，因此系统反馈控制信号通过仪表输入 DCS/PLC，DCS/PLC 根据 PID 算法，对稀释后尿素溶液阀进行控制。

图 9-10 尿素溶液流量控制系统方框图

2. 稀释水流量控制阀

稀释水管路的流量由分解炉需要稀释后尿素溶液总流量和该分解炉 50% 尿素溶液稀释前流量之差决定，稀释后尿素溶液总流量由投入尿素喷射的运行层数、投入的喷枪数量决定，稀释后尿素溶液流量由系统的前馈—反馈控制系统决定，即

$$q_{v1} = q_v - q_1 \tag{9-2}$$

稀释后尿素溶液的浓度为

$$\mu_2 = \frac{\mu_1 q_{v1} \rho_q}{q_{v1} \rho_1 + q_{v2} \rho_2} \tag{9-3}$$

式中 q_{v1}——稀释前尿素溶液流量，m^3/s；

　　　q_{v2}——稀释水流量，m^3/s；

　　　q_{v2}——稀释后尿素溶液流量（根据投运层数设定），m^3/s；

　　　ρ_1——稀释前尿素溶液密度，kg/m^3；

　　　ρ_2——稀释水密度，kg/m^3；

　　　μ_1——储罐中尿素溶液密度（质量分数），%；

　　　μ_2——稀释后尿素溶液密度（质量分数），%。

3. 计量系统管路调节和检测

（1）计量系统管路调节原理

计量系统管路调节原理如图 9-11 所示。根据前面介绍的脱硝系统运行调节的原理，首先确定稀释前尿素溶液管道的流量，从而对尿素管道的控制阀开度进行控制。稀释前尿素溶

液的流量由分解炉负荷（通过前馈控制）和分解炉尾部烟气中 NO 和 NH_3 的浓度（通过反馈控制）共同决定，而稀释后尿素溶液的流量则根据脱硝系统运行时启动的喷氮投运层数及喷枪数决定。稀释水流量由稀释后尿素溶液流量和尿素溶液稀释前流量的差值决定。各区支管尿素总管调节阀的开度由本区尿素溶液总管流量决定，稀释水管调节阀开度由稀释水管流量决定。

图 9-11　计量系统管路调节原理

（2）计量系统运行检测

计量系统是一个连续运行的系统，一般处于无人监控的状态，因此系统需要设置一些自动监控点，防止系统因为压力、流量或温度的异常波动而出现意外。如果管道内的压力过高，则可能对阀门产生冲击，造成其损坏；如果压力过低，则可能会影响后面尿素溶液的喷射动力，使尿素溶液和烟气混合不充分，从而影响 NO 的脱除效率。流量如果频繁地大范围波动，则会降低系统运行的稳定性，从而影响脱硝过程。如果管道内的温度过低，则会造成尿素溶液的结晶，并造成尿素溶液喷枪的堵塞。因此，系统采取如图 9-12 所示的监测形式，通过系统设定值与系统实测值进行比较，如果比较结果在系统设定值的范围之内，则计量系统正常运行；如果某一检测结果超出或低于系统的设定值，则系统发出报警，并采取进一步的措施，防止发生意外。

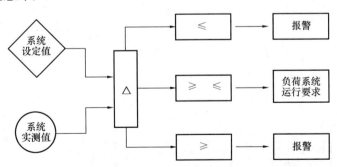

图 9-12　计量系统运行检测

系统运行时的检测对象包括：来自尿素溶液储罐的尿素溶液的浓度，经尿素溶液输送泵后的尿素溶液的压力、温度及流量，从主厂总管输送来的稀释水压力和温度，经水加压泵加压后的稀释水压力。实测值与系统设定值之间的误差允许的具体范围由实施自动控制改造时现场实际调试决定。

六、炉前喷射系统控制方案

炉前喷射系统实现各喷射层的尿素溶液分配和雾化喷射包括：各喷射层的启动、关停、切换，喷射层喷枪的保护控制，以及一些电磁阀、调节阀的控制。

七、喷枪保护控制

为减少尿素喷枪暴露于高温烟气中的时间，对于可伸缩式喷枪，当喷射层停运时，将喷枪退出运行。在SNCR系统的运行过程中，喷枪保护可分为喷枪启动和停运的保护、喷枪运行的保护两个部分。

1. 尿素溶液喷枪进位的保护控制

尿素溶液喷枪进位保护主要是确定喷枪进位、尿素溶液电磁阀、雾化压缩空气、冷却水等电磁阀几者之间启动的先后关系。

喷枪在进位时，如果管道内存在液体，容易导致喷枪进位失败，从而发生事故，造成喷枪损坏。因此，在系统确定启用某一喷射层时，在尿素溶液喷枪进位前，系统应确保该喷射层的尿素溶液电磁阀处于关闭状态。同时，由于分解炉内温度较高，雾化空气等可以充当喷枪的冷却介质，故应确保在喷枪进位时，雾化空气电磁阀处于开启状态，且雾化空气调节阀的开度应大于10%。

单层（支）喷枪进位时的保护控制如图9-13所示。当系统确认尿素溶液电磁阀处于关闭状态、雾化空气电磁阀处于开启状态、雾化空气调节阀的开度大于10%时，系统发出喷枪进位指令。得到进位指令后，喷枪延迟10ms后开始进位。当喷枪进到位后，分别向系统发出喷枪进到位的信号。控制系统接受到这个信号后，确定喷枪已进到位，否则系统应自动报警，提示操作人员对喷枪进行检查，然后系统才能发出打开尿素溶液电磁阀的指令。

图9-13　单层（支）喷枪进位保护控制

同时系统在启动本层喷枪之前，需要先检查雾化空气管路的压力，只有当管路压力处于正常值范围内，才能正常开启雾化空气电磁阀，否则雾化空气电磁阀不能开。

2. 尿素溶液喷枪退位的保护控制

尿素溶液喷枪退位保护主要是确定喷枪退位、尿素溶液电磁阀关闭和雾化空气电磁阀关闭三者之间的先后关系。

喷枪在退位时，如果管道内存在尿素溶液，则容易导致喷枪退位操作失败，从而引发喷枪退位事故，并有可能造成喷枪损坏。因此，在系统决定关停某一喷射层时，系统在发出尿素喷枪退位指令前，应先关闭尿素溶液电磁阀。同时，由于喷枪深入炉膛内有一定的距离，长时间受到高温烟气的冲击，在尿素溶液停止喷射后，如果没有冷却介质通过喷枪，极易导致喷枪因高温烧坏，所以在喷枪退到位之前，雾化空气将作为喷枪冷却介质，故雾化空气电磁阀必须一直保持打开状态，同时雾化空气调节阀必须保持一定的开度。

当系统确认本层的尿素溶液电磁阀已关闭，本层雾化空气电磁阀和雾化空气调节阀均处于开启状态时，系统可发出喷枪退位指令，延时10ms后，喷枪开始退位。当喷枪均退到位后，分别向系统发出喷枪退到位的信号。控制系统接受到这个信号后，确定喷枪已退到位，否则系统应自动报警，提示操作人员对喷枪进行检查，然后系统再关闭雾化空气电磁阀，并将雾化空气调节阀阀门开度调到零。

3. 系统运行时的喷枪保护

如图9-14所示，由于喷枪需要深入分解炉内部，长期经受高温烟气的冲击，因此在尿素喷枪运行时，需要通过雾化空气（蒸汽）对喷枪进行冷却，故雾化空气（蒸汽）必须保持一定的压力。当压力不足时，需要停止尿素喷射，并进行喷枪退位保护操作。同时，系统应检测投运喷射层中尿素溶液的压力、流量和温度，当压力或流量值过低时，可能会导致喷射压力不足，这时喷枪进行停运操作。因此喷枪运行时，当尿素溶液温度低于结晶温度，或喷射管路的压力、流量低于系统设定的警戒值时，系统自动进行喷枪停运操作，同时系统报警，提示操作人员进行相关检查。

图9-14　喷枪运行时的保护控制

4. 单层喷枪运行的控制

如图9-15所示，在系统确定需要启动的尿素喷射层后，按照喷枪进位的保护控制，先开启本层的雾化空气电磁阀，然后开始喷枪进位，最后再开启尿素溶液电磁阀。在开启雾化空气电磁阀时，还需要调节雾化空气调节阀到适合的开度；开启尿素溶液电磁阀时，还需要调节尿素溶液电磁阀到适合的开度。此时该喷枪层投入运行，计量系统控制尿素溶液喷射流量。而炉前喷射系统主要检测喷射系统中管道的尿素溶液压力、流量是否正常，如果这些值超过系统警戒值，则启动关闭程序，同时系统报警提示操作人员进行检查。

如果系统运行正常，则当系统确定该喷射层停运时，应按喷枪退位的保护控制，先关闭本层的尿素溶液电磁阀，然后进行喷枪的退位操作，最后关闭雾化介质电磁阀。在关闭尿素

图 9-15　单层喷枪运行控制

溶液电磁阀时，还需调节尿素溶液电磁阀到零开度；关闭雾化介质电磁阀时，还需调节雾化介质调节阀到零开度。完成后，该喷射层退出运行。

八、单层喷枪切换运行控制

由于分解炉的容量较大，分解炉负荷变化及其他因素都会导致烟气的温度场发生变化，因此适合喷射尿素的 SNCR "温度窗口" 位置也在不断变化。单一喷射层很难做到准确将尿素溶液从 "温度窗口" 喷入烟气中，因此整个尿素系统设置了二层喷射，布置在分解炉的不同位置，脱硝系统运行时启动其中的一层喷射即可。具体启动哪层喷射层，则需要根据分解炉运行监控来确定。检测炉膛出口温度，然后根据现有炉膛出口温度和实验数据算出真正炉膛出口温度，再根据 SNCR 反应的 "温度窗口" 确定需要投入运行的喷射层。

系统运行时，当尾部烟气中 NH_3 和 NO 浓度同时偏高时，也需要切换喷射层，使尿素溶液以适合的 "温度窗口" 喷入烟气中，最后系统从当前喷射层切换到其他合适的喷射层。

单层喷枪切换运行如图 9-16 所示，以第一层喷枪切换到第二层喷枪为例介绍。当系统确定切换喷枪层后，先开始启动第二层喷枪，第二层喷枪启动控制逻辑与单层喷枪运行控制逻辑中的启动程序一致。当第二层喷枪启动完毕、尿素溶液电磁阀打开时，系统开始关停第一层喷枪。第一层喷枪的关停控制逻辑与喷枪层运行控制逻辑中的退出程序相同，先关闭尿素溶液电磁阀，将尿素溶液调节阀开度调到零，然后进行喷枪退位；最后关闭雾化空气电磁阀，并将雾化空气调节阀的开度调到零。当系统确定第二层喷枪已投入运行、第一层喷枪已退出运行时，表明从第一层喷枪切换到第二层喷枪的运行控制成功。

图 9-16　单层喷枪切换运行控制

第四节　还原剂为氨水的 SNCR 系统调试

本章所述内容不仅适用于 SNCR 烟气脱硝系统新建后的第一次运行，也适用于日常停机检修后的正常开机运行。本节主要介绍氨水系统与尿素系统不同部分的相关内容。

一、冷态调试

在整个系统所有模块都安装完毕之后，包括卸氨、氨罐、氨水输送模块、软水输送模块、高位氨水槽、稀释混合模块、计量分配模块以及喷枪管路连接，进行以下步骤：

第一步：用压缩空气对所有焊接管道进行清吹，把管道里面的焊渣以及铁锈吹干净。

具体步骤：

（1）卸氨模块至氨罐，氨罐至氨水输送模块，将管道连接法兰卸下，从附近厂区压缩空气源接管道至氨罐房使用，将气管连接至管道进行清吹。清吹时注意把管道移开，离模块有一段距离，以免残渣洒在模块上。

（2）氨水输送模块、软水输送模块至高位氨水槽部位，将两端法兰卸下，利用窑尾原有压缩空气源接管道至氨水输送管道及软水输送管道，从上往下吹管道，将残渣吹干净，同时也须注意把管道移开，离模块一段有距离，以免残渣洒在模块上。

（3）高位氨水槽至稀释混合模块、稀释混合模块至计量分配模块均采用此办法对管道进行清吹。

第二步：用水进行冲洗以及检查是否有漏点。

（1）从附近水源接管道至卸氨模块，开启卸氨泵，将水输送至氨罐，此时先将氨罐连接至氨水输送模块的法兰先卸下，检查卸氨模块、氨罐及管道是否有漏点。

（2）完成（1）后，将氨罐至氨水输送模块、软水管至软水输送模块法兰连接起来，分别开启软水和氨水输送泵，往高位氨水槽打水，关闭高位氨水槽出口球阀，人工由下往上检查是否有漏点，记录下来以补漏。

（3）从高位氨水罐至稀释混合模块管道，开启氨水输送泵，检查稀释混合模块、计量分配模块是否漏水。

第三步：喷枪的试水。先将喷枪放地面上，暂不接电磁阀，将液路、气路软管连接后，开泵进行喷枪试射。随后检查管路是否有漏点以及检查雾化效果，此过程通过现场的控制柜进行操作。之后加上电磁阀，现场控制开停效果，然后再通过中控控制操作，看中控是否能够准确控制各个喷枪喷停，最后没问题后才能将喷枪装至分解炉。

二、整体热态调试

整体热态调试是指 SNCR 系统在水泥窑系统正常运行的状态下对系统所做的调试工作，其主要内容是校验关键仪表（如 NO_x 分析仪、氨逃逸分析仪、流量计等）在工作环境中的准确性，并进行整个系统的运行优化实验，包括 PLC 的模拟量调节及顺序控制系统在工作环境中可靠性等，同时检查系统各部分设备、管道、阀门的运行情况。一般采用中控或现场手动控制。

SNCR 系统 72h 试运转：72h 试运转是 SNCR 脱硝系统调试运行的最后阶段，即在水泥窑标准运行状态下，SNCR 系统全面自动运行，检查系统连续运行能力和各项性能指标。

1. 脱硝控制系统操作

（1）脱硝控制系统上位操作界面（图 9-17）

（2）水泵状态显示及启停操作

当电机有备妥信号时，电机显示为蓝色；当电机有备妥和运行信号时，电机显示为绿色；当电机没有备妥，有运行信号时，电机显示为青色；当电机启动失败时，电机显示为黄色；当电机故障时，电机显示为红色。当界面显示电机备妥之后，即可通过点击

电动机弹出对话框：

根据提示来完成启停操作。

（3）电动调节阀门开度的给定操作及状态显示

正常生产时调节阀门的开度，是在操作站的流程图画面中，点击需要调节的阀门旁边的开度给定控件，通过键盘输入数字的方式调整阀位开度。当电动调节阀门开度＞0％时，显示为绿色，否则显示为灰色。

（4）泵频率的给定操作

泵频率的给定在流程图画面中点击控件，通过键盘输入数字的方式调整泵的频率。

图 9-17　氨水系统脱硝控制系统操作界面

（5）电动开关阀状态显示及开关操作

当电动开关阀打开时，显示为绿色 ；当电动开关阀关闭时，显示为灰色 ；当电动开关阀无位置反馈信号时，显示为黄色 。在画面中点击电动开关阀弹出对话框：

根据提示来完成启停操作。

（6）模拟量状态显示

在操作站的流程图画面中，温度正常显示绿色 ，温度不正常显示红色 ；压力正常显示绿色 ，无压力显示蓝色 ，压力异常显示黄色 ；流量正常显示绿色 ，无流量显示蓝色 ，流量异常显示黄色 ；浓度正常显示绿色 ，浓度不正常显示红色 ；液位状态通过 3D 棒图指示 ，其中绿色范围表示液位正常，黄色范围表示液位上限或下限，红色区域表示液位上上限或下下限。

（7）喷枪操作及状态显示

在操作站的流程图画面中点击喷枪，喷枪显示为绿色 ，并开始闪烁，此时喷枪液路电磁阀和推进电磁阀打开，喷枪开始推进并且喷射氨水，当喷枪前进到位时，喷枪显示为绿色 ，并停止闪烁，喷枪持续喷射氨水；再点击喷枪时，喷枪显示为灰色 ，并开始闪烁，此时喷枪后退电磁阀打开，喷枪开始后退，当喷枪后退到位时，喷枪显示为灰色 ，并停止闪烁，喷枪结束喷射。当喷枪前进或后退一段时间后无到位反馈信号则喷枪状态异常，显示为黄色 。

（8）模块控制说明

① 卸氨模块及氨水储罐模块

现场设置两座氨水储罐，脱硝系统运行时，两氨罐分别为系统提供氨水，即当其中一个氨水罐液位低至限定值后，切换到另一氨水罐供氨水。此时可让氨水车对使用完的氨水罐加氨水。两氨水罐处于一用一停的状态。

卸氨模块处设置就地控制箱，设置自吸泵卸氨启动、停止按钮，可就地控制自吸泵启停。当卸氨自吸泵出口流量为 0 时（氨水卸载完毕，但卸氨泵没有手动停止），卸氨自吸泵出口处的流量开关动作，蜂鸣器报警，工作人员应立即停止卸氨泵，再次启动卸氨自吸泵后，手动旋起系统报警复位按钮。

当 1 号氨水储罐氨水温度<－20℃，1 号氨水储罐氨水温度低报警；当 1 号氨水储罐氨水温度>65℃，1 号氨水储罐氨水温度高报警；当 2 号氨水储罐氨水温度<－20℃；2 号氨水储罐氨水温度低报警，当 2 号氨水储罐氨水温度>65℃，2 号氨水储罐氨水温度高报警。图 9-18 为氨水储罐模块界面图。

② 氨水输送模块

在氨水输送过程中，如果氨水储罐内液位计显示低于设定值，则要停止氨水输送，并切换到另一个氨水储罐进行氨水输送。当氨水储罐需要排空时，停止卸氨和氨水输送模块。

氨水输送模块泵站处设置就地控制箱，设置氨水输送泵启动、停止按钮，可就地手动启停氨水输送泵。中控设置氨水输送瞬时流量、氨水液路压力、累积氨水输送量显示窗口。图 9-19 为氨水输送模块界面图。

图 9-18　氨水储罐模块界面

图 9-19　氨水输送模块界面

　　按下氨水输送泵开启按钮，并且 1 号或 2 号氨水储罐液位≥0.3m，同时高位槽溶液液位小于设定低位达到设定时间 10s，氨水输送泵启动；高位槽溶液液位大于设定液位达到设定时间 10s，或 1 号、2 号氨水储罐液位小于 0.3m 时，氨水输送泵停止。氨水输送模块工艺冲洗水管路上设有电动开关阀。当整个脱硝系统停止运行较长时间，氨水输送模块需冲洗时或检修，中控开启电动开关阀。

　　③ 稀释水模块、稀释混合模块

　　通过高位氨水槽上液位计控制氨罐房内氨水输送泵的开启，通过高位氨水槽上浓度计检测稀释氨水的浓度，以及稀释氨水的流量（SNCR 喷射系统实际消耗量），调节进口 25% 氨水和软水的流量来配置所需设定浓度的稀释氨水溶液。

　　软化水系统模块泵站处设置就地控制箱，设置稀释水泵启动、停止按钮，可就地启停稀释水泵。中控设置软化水输送瞬时流量、软化水输送压力、累积软化水输送量显示窗口。稀释水模块界面图见图 9-20。稀释混合模块稀释混合模块界面图见图 9-21。

　　稀释混合模块系统泵站处设置就地控制箱，设置氨水加入泵启动、停止按钮，按下氨水加入泵开启按钮，收到 1 组（1～5 号喷枪气路）或 2 组（6～10 号喷枪气路）雾化气路备妥信号（雾化气路压力正常），同时收到 1 组（1～5 号）喷枪或 2 组（6～10 号）喷枪处于喷射备妥状态，并且确认炉膛温度满足喷射温度条件后，启动氨水加入泵（启动频率为 30Hz，可设定），氨水加入泵的 30～50Hz 频率输出由操作员调节（但不得低于 30Hz），当烟囱出

图 9-20　稀释水模块界面

图 9-21　稀释混合模块界面

口 NO 浓度高于设定值，加大喷射量；远低于设定值，减少喷射量。

当氨水加入泵运行，且泵频率不变的情况下，调节稀释混合氨水溶液回水路电动调节阀开度（0%～100%开度，可设定），也可调节稀释混合氨水喷入量。当整个脱硝系统停止运行较长时间，稀释混合模块系统需冲洗检修时，中控开启稀释混合模块软化水冲洗路电动开关阀。

④ 计量分配模块、氨水喷射模块

收到 1 组雾化气路备妥信号（雾化气路压力正常）及启动信号后，开启喷枪推进气缸（向前进），喷枪处于喷射备妥状态，2 组喷枪控制同 1 组喷枪。计量分配模块、氨水喷射模块界面图见图 9-22。

确认雾化气路压力正常、喷枪处于喷射备妥状态，同时炉膛温度满足喷射温度条件后，开启氨水加入泵，1 组喷枪（1～5 号喷枪）和 2 组喷枪（6～10 号喷枪）之间喷氨量比例分配，可通过分别调节两个分配模块中液路手动球阀开度来实现（可观察转子流量计读数）。

主动关停顺序同系统保护动作顺序。

⑤ 压缩空气模块

收到系统备妥信号及启动信号后，100%打开雾化气路电动调节阀。图 9-23 为压缩空气模块界面图。

图 9-22　计量分配模块、氨水喷射模块界面

确认喷枪溶液路电动调节阀已关闭后，延时三分钟（可调整），退出喷枪，气路电动调节阀开至 30%开度状态。

喷枪退出状态下：

喷射点温度＜800℃；

喷射点温度＞1100℃。

2. SNCR 脱硝系统调试

（1）氨水储区氨水罐充装过程调试

图 9-23　压缩空气模块界面

现场设置 1 号、2 号两座氨水储罐，脱硝系统运行时，两氨罐分别为系统提供氨水，即 1 号氨水罐向系统提供氨水，当该 1 号氨水罐液位低至限定值后，自动通过罐口电动开关阀切换到 2 号氨水罐供氨。此时可让氨水车对使用完的 1 号氨水罐加氨。两氨水罐处于一用一停的状态。

充装氨水前，系统先判断 1、2 号两个氨水储罐的液位，确定需要充装氨水的储罐。在充装过程中，系统应检测储罐的液位，当储罐液位高于上限值时关闭卸氨泵。

卸氨过程：用快速接头将软管与氨水槽罐车连接上，开启卸氨泵，氨水由槽罐运输车通过 1、2 号罐进口手动阀切换，实现向 1 号或 2 号氨水储存罐内输送。当氨水储存罐的液位仪显示液位高于设定值时，关闭卸氨泵，结束卸氨。

（2）氨水储区氨水罐输送调试

氨水储罐作为高位氨水槽氨水稀释系统的过渡环节，主要作用是储存一定量的氨水，为高位氨水槽氨水稀释调配提供稳定的氨水供应。SNCR 系统运行时，氨水储罐是间断工作的，需要对两个储罐的液位、温度等进行实时监控。

系统运行时，可采用 1、2 号氨水储罐轮流工作来提供氨水溶液。为了防止储罐内溶液排干而导致故障出现，在两座氨水储罐上设置液位检测装置，监控储罐的液位，通过液位仪比较，当一个储罐的液位低于设定值，则关闭该储罐出液阀，同时打开另一储罐出液阀，切换到另一储罐供氨水，两座氨水储罐出液阀根据液位反馈形成开、闭连锁，同时提示及时对空罐充装氨水。

（3）喷枪的控制调试

喷枪由电磁阀控制是否投运，喷枪为伸入式，在不投运时由气动推进装置驱动退出。喷枪是否投运和喷射状态根据窑尾烟气中 NO 和 NH_3 的浓度由在线监测仪器反馈信息以及氨逃逸监测数据决定，并且根据每层喷枪所在的位置的温度窗口决定，温度窗口（设定为 850～1050℃，由铂热热电偶反馈温度信号），合适该层喷枪投运，温度窗口不合适则关闭该层喷枪。喷枪定为单支可控，根据窑尾烟气中 NO 和温度窗口决定某一层是否运行。

每支喷枪均可通过中控手动控制其喷射及伸缩。可同时使用多层喷枪，也可使用单独一层喷枪。喷枪带伸缩装置，能由中控对每把喷枪进退分解炉进行控制，喷枪可安装多层，可根据需要同时推出某一层的全部喷枪。当系统不运行时，喷枪全部退出。

喷枪退出分解炉后，氨水入口电磁阀关闭停止氨水喷射，但压缩空气继续喷射，起到降温防堵保护喷枪的作用。

（4）SNCR 系统开关机步骤

系统开机步骤：

打开压缩空气气源，当供气压力达到要求值并稳定后，将喷枪推进分解炉，打开氨水喷射泵，打开液路电动调节阀，根据检测窑尾 NO 排放浓度，调节所需喷氨水量，SNCR 系统启动完毕。

系统停机步骤：

高位氨水槽在自动进水状态下，关闭氨水喷射泵，关闭液路电动调节阀，同时退出喷枪，保持压缩空气通气。

第五节　SNCR脱硝系统热态试运行及性能验收

脱硝系统安装完毕，且完成各个单体、分系统调试后，需进行整套启动试运行，以及设计、施工和设备质量进行动态检验。检验脱硝系统的设计是否合理，是否能够达到设计的脱硝效率。整个脱硝系统安全稳定地通过72h满负荷试运行，发现并解决系统可能存在的问题，使之投产后能安全稳定运行，尽快发挥投资效益，为环保作贡献。

一、整套启动调试管理程序

整套启动试运是指设备和系统在分部试运合格后，脱硝系统第一次整套启动开始，至完成72h试运结束、移交为止的启动试运工作。

1. 整套启动程序

整套启动程序如下：

整套启动前必须完成的分系统调试项目完成签证──┐

学习已审批的整套试运方案措施──→编制整套启动计划──→提出整套

启动申请──→整套启动前质量监督检查──→启委会审议启动前准备工作──→

整套启动前系统检查──→实施整套启动试运调试

整套试运结束──┬→办理移交签证──→移交，进入试运阶段

　　　　　　　└→整理试运记录──→填写验收文件──→编制总结报告

2. 文件编写

（1）整套启动调试措施、计划

整套启动调试措施、计划由调试单位负责编写，建设、生产、监理、安装等单位共同讨论、修改。整套启动调试措施、计划需经试运指挥部批准后方可实施。

（2）整套启动申请报告

整套启动申请报告由调试单位向试运指挥部提出。由安装、调试、建设、生产、监理分别试运指挥部提出相关工作报告并向指挥部汇报。由试运指挥部向启动委员会报告，由启动委员会决策。

3. 启动委员会审议启动前的准备工作

试运指挥部负责安排启动委员会在整套启动前，审议试运指挥部有关整套启动准备情况的汇报，协调整套启动的外部条件，决定整套启动的时间和其他有关事宜。

4. 整套启动前的系统检查

由工厂负责组织生产、建设、监理、调试、安装等单位组成检查组，根据整套启动调试措施的要求对启动前的条件、系统进行全面检查。

5. 整套启动试运实施

（1）由调试单位组织各专业组实施整套启动试运调试计划，完成合同要求的各项试验内容，做好各项调试记录。

（2）72h 稳定试运行

整套启动试运阶段完成各项调整、试验后，由试运指挥部向启动委员会申请进行72h 试运行。试运行期间，做好电气及热工保护投入记录、满负荷试运阶段技术经济指标记录、自动装置投入情况记录、主要保护投入情况记录、介质品质记录。

6. 整套启动试运结束

由试运总指挥上报启动委员会同意后，宣布 72h 试运结束。对暂时不具备处理条件而又不影响安全运行的项目，由试运指挥部上报启动委员会确定负责处理的单位和完成时间。

7. 办理移交签证

整套启动试运结束后，由试运指挥部安排召开启动委员会会议，听取并审议整套试运和移交工作情况的汇报，办理移交试生产的签字手续。

8. 缺陷处理管理

各参建单位均有发现缺陷和及时处理缺陷的义务，对不影响调试工作的问题，应及时处理。对存在的重大问题，发现单位向调试单位提缺陷通知单，由调试单位归口向试运指挥部提出整改意见，试运指挥部组织各有关单位讨论决定后由消缺单位实施，对存在的设计问题则须由设计单位确认后实施。处理缺陷时，应按现场缺陷管理办法办理相应手续。

缺陷管理程序如下：

发现缺陷──→填写缺陷通知单──→调试单位接受申请──→通知相关单位采取安全措施──→消缺单位消缺──→填写缺陷消除回执单──→消缺系统或设备投入调试

9. 定值及软件修改流程

发现保护、连锁定值及软件有必要修改，应汇报给调试单位，由调试单位填写定值修改申请单，提出修改意见，试运指挥部同意后，交 DCS/PLC 厂商负责上机修改。若定值属设计问题，应经设计单位确认后才能修改；若定值属设备问题，应经设备厂家认可后才能修改。

在 DCS/PLC 厂商组织执行时，对重大问题必须经业主、监理、设计、调试单位讨论确认后方可进行修改，所有修改必须记录在案，对修改的软件进行及时备份。

二、整套调试应具备的条件

（1）系统设备包括各喷射区均已安装完毕，并经监理验收合格，文件包齐全。

（2）现场设备系统命名、挂牌、编号工作结束。

（3）脱硝系统的保温、油漆工作已经完成，各工序验收合格。

（4）试转现场周围无关脚手架拆除，垃圾杂物清理干净，沟洞盖板齐全。

（5）试转现场通道畅通，照明充足，事故照明可靠投入。

（6）还原剂溶液制备和储存系统静态调试已结束，满足热态试运的要求。

（7）喷射系统静态调试已结束，满足热态试运的要求。

（8）脱硝系统内的所有安全阀均已处理完毕，并验收合格。

（9）在分系统调试期间发现的缺陷均已处理完毕，并验收合格。

（10）脱硝反应出口的氮氧化物分析仪、氨气分析仪已完成静态调试，并经标定合格，满足热态试运的条件。

（11）脱硝系统的其他所有仪表均调校完毕，能满足系统热态运行的需要。

（12）脱硝系统的所有连锁保护在各个分系统调试时已实验合格。

（13）通信设施齐全。

（14）还原剂存储和制备区域已安排好专人值班，以防止无关人员进入该区域内。

（15）共用系统（包括压缩空气系统、消防水系统、生活水系统等）投入运行。

（16）有关脱硝系统的各项制度、规程、图纸、资料、措施、报表与记录全齐。

三、SNCR 烟气脱硝系统整套启动前的检查

（1）脱硝系统所有设备已准确命名并正确悬挂设备标识牌。

（2）检查以下脱硝辅助系统能正常投运。

① 脱硝压缩空气系统能为整个脱硝系统供应合格的雾化空气。

② 冷却水源、稀释水源压力及流量能充分保证。

（3）SNCR 喷射系统的检查

① 喷射系统的保温、油漆已安装结束，妨碍运行的临时脚手架已拆除。

② 喷枪及其前后烟道内部杂物已清理干净，将喷枪置放于固定插口。

③ 脱硝系统出口的氮氧化物分析仪、氨气分析仪可正常工作。

④ 系统的相关检测仪表已校验合格，投运正常，CRT 参数显示准确。

⑤ 稀释水泵试运合格，转动部分润滑良好，绝缘合格，动力电源已送上，可随分解炉一起启动。

⑥ 检查各泵体入口在开位，检查各区供水阀、还原剂溶液供给手动总阀在开位，检查各分配模块雾化空气阀总门及每支喷枪所对应的手动门在开位，检查每路还原剂溶液手动阀在开位。

（4）还原剂制备及储存系统的检查

① 系统内的所有阀门已送电、送气，开关位置正确，反馈正确。

② 溶解罐及储罐内部杂物已清理干净，并关闭人孔门。

③ 调试期间所需要的还原剂已备好，满足试运要求。

④ 加入泵及还原剂溶液输送泵等设备机封水满足要求，阀门位置正确，开关满足送电条件。

⑤ 脱硝系统相关的热控设备已送电，工作正常。

⑥ 脱硝地坑来的溶液满足循环及外排的要求。

四、脱硝系统的正常启动（以某氨水脱硝工程为例）

1. 机组的启动

投入 SNCR 喷枪时应及时投入雾化空气，防止炉膛温度过高烧坏喷枪。在投入雾化空气前，要注意压缩空气的压力，只有压缩空气的压力达到要求后，才能达到理想的雾化效果。必须保证压缩空气的最低压力达到 0.5MPa 以上。

分解炉运行后，就可以对喷射系统进行检查，准备还原剂溶液的制备，当脱硝系统入口温度满足喷还原剂条件后就可以向系统喷入还原剂。

2. 喷射区及喷枪调试

喷射区共由计量模块和分配模块及喷枪组成，二层布置可伸缩喷枪共 10 根。

对喷枪进行调试前，需通过 PLC 单点强制，对计量模块与分配模块的各个电动阀、调节阀进行启动，确保动作无误。对喷枪和分配模块分别进行就地和远方启动，确保动作无误。

3. SNCR 系统的首次投运

（1）如果分解炉已具备了一定的负荷，值长通知脱硝系统可以投入。

（2）根据分解炉负荷状况选择先投入一层或二层。

（3）投入运行前，先检查系统阀门位置反馈有无错误，报警信号有无恢复。确定投运时，先将该层切换到"投入"，然后选择"手动启动"。

（4）顺序控制的顺序按照以下步骤启动喷射系统：

① 打开该区氨水溶液输送电动阀；

② 打开稀释水供水阀；

③ 启动氨水溶液输送泵；

④ 启动稀释水输送泵；

⑤ 待高位水槽中的氨水溶液达到要求容量，打开喷枪气路电动阀，推入喷枪，开启氨水加入泵。

（5）调整氨水溶液流量调节阀及稀释水调节阀开度，保证合适的氨水溶液混合后的浓度在 20%～25%。

五、脱硝系统 72h 满负荷试运

在完成所有试验后，各方确认脱硝系统已具备进入 72h 满负荷试运条件，开始脱硝系统 72h 满负荷试运。72h 满负荷试运期间，脱硝效率设定在 60%。在此期间，应定时详细记录机组负荷、脱硝效率、还原剂溶液储罐液位及温度、还原剂溶液循环回路压力、还原剂流量、稀释水流量及压力、窑尾烟囱出口氮氧化物含量等参数。

六、SNCR 系统的停运

1. SNCR 系统的短期停运（分解炉不停，可能因为相关条件不满足条件而停止喷还原剂）

（1）将要停止的各层还原剂按钮切换到水，对各分配模块和喷枪进行冲洗，约 3～5min。

（2）分别点氨区"手动停止"按钮，顺序执行如下程序：

① 停稀释水泵及入口电动阀；

② 关闭还原剂溶液电动总阀；

③ 关闭稀释水供水阀；

④ 关闭还原剂混合溶液电动阀。

（3）分别点窑尾模块"手动停止"按钮，顺序执行如下程序：

① 停氨水加入泵及入口电动阀；

② 关闭高位氨水槽供水阀；

③ 退出喷枪；

④ 3～5min 后关小气路电动阀。

2. SNCR 系统的长期停运（分解炉停运）

（1）将要停止的各层还原剂按钮切换到水，对各分配模块的喷枪进行冲洗，约 3～5min。

（2）分别点氨区"手动停止"按钮，顺序执行如下程序：

① 停稀释水泵及入口电动阀；

② 关闭还原剂溶液电动总阀；

③ 关闭稀释水供水阀；

④ 关闭还原剂混合溶液电动阀。

（3）分别点窑尾模块"手动停止"按钮，按顺序执行如下程序：

① 停氨水加入泵及入口电动阀；

② 关闭高位氨水槽供水阀；

③ 退出喷枪；

④ 3～5min 后关小气路电动阀。

（4）若在冬季长期运行，要做好防冻措施，将各模块中残留的水或溶液排干净。

七、SNCR 系统的正常运行维护

（1）每天定期检查整个系统，检查是否存在泄漏，特别是涉及还原剂溶液的所有设备和管道，如有泄漏，要及时联系安装单位进行处理。

（2）重点监视分解炉反应区间温度、还原剂溶液储存罐的压力和温度、循环压力等重点参数，若发现异常，要及时分析原因，即使排除隐患，将系统恢复至正常的运行状态。

（3）每天检查输送泵及稀释水泵的运行情况，包括其噪声、振动、轴承温度、润滑情况等；每周要检查稀释水泵入口滤网的污染情况、连接部件的紧固情况。

（4）每周要定期检查 SNCR 喷枪及固定卡套等是否损坏。

（5）每周要定期检查系统各阀门是否有裂纹，是否有渗漏痕迹，工作状态是否正常，阀门行程是否充足；每月要定期检查系统内的阀门是否有腐蚀，设备标签是否丢失。

（6）每天要定期检查系统内所有管道是否存在振动过大现象；每周要定期检查系统内的管道是否有泄露痕迹，膨胀情况是否良好；每月要定期检查系统内的管道是否出现连接不良而弯曲的现象，是否有堵塞，支吊架是否正常工作。

（7）对系统内的仪表每天要检查是否存在振动大现象，是否存在泄漏痕迹，数据是否准确；每周要定期检查是否有堵塞，连接部位是否松动，电缆连接是否正常，传感器工作是否正常，控制柜是否干净；每月要定期检查标签是否丢失，是否有零部件丢失，是否已到了检验日期。

（8）每月还要定期对系统内所有的平台、护栏、人行道、梯子等通行设施进行检查，确保上述设施完好，可正常使用。

八、水泥厂 SNCR 系统的性能验收试验

在 SNCR 系统经过 72h 满负荷试运后，应按合同规定的期限，组织 SNCR 脱硝系统性能保证值的验收试验，确认系统的设计是否合乎合同规定的相关性能。如果各项指标都达到要求，即意味着竣工验收测试完成，移交业主正式商业运行。

1. 准备工作

为了确保测试工作的顺利实施，应同业主在合同规定的基础上，明确性能测试适用的法规、标准和测试方法，同时准备好以下仪表：

（1）在性能测试实验中将适用到的所有安装在实际设备上的永久分析器。为了保证测试结果的有效性，在测试前后，对 NO_x/O_2 分析器都应经标准气体标定后才能适用。

（2）临时测试用仪表（如 NO_x、O_2、SO_x、NH_3、H_2O、烟气速度、烟气温度等的测试仪表）。

2. 性能试验需要测量的项目

在确定的各测试负荷下，不投入 SNCR 系统装置，同时对以下参数进行测试：

（1）分解炉出口烟气 NO_x 浓度（mg/m^3，标态），包括其他主要烟气成分，具体测点位置为窑尾烟囱，同下；

（2）分解炉热效率（％）；

（3）分解炉运行主要参数；

（4）燃烧系统运行参数；

（5）分解炉温度场；

（6）氨逃逸率（ppm）；

（7）还原剂的消耗量（kg/h）；

（8）其他物料消耗（电、蒸汽、压缩空气、水等）；

（9）控制系统的负荷跟踪能力。

3．测试程序

（1）确认分解炉正在额定负荷的条件下运行。

（2）在系统稳定运行后开始进行测量和取样。

（3）记录好分解炉的负荷情况和 SNCR 系统的过程数据。

（4）在整个性能测试中，应保持机组连续稳定运行，尽可能不改变燃料成分和分解炉系统设备的运行状态。

在性能测试运行时，应做好作为确认脱硝性能的基本数据的过程记录：烟气流速、反应前后 NO_x 浓度、出口 NO_x/O_2 浓度、分解炉烟气温度、还原剂流量、系统出口氨浓度、分解炉负荷、燃料种类、冷却水流量、雾化空气流量等。

4．试验分析

（1）当测试的条件偏离规定的设计条件时，测得的数据都应根据修正曲线进行修订。

（2）如果性能测试的结果经过修正值后仍不符合保证值，则性能测试应重新进行。

（3）若在第二次试验中保证值还不理想，则应重新完成喷射系统的参数设置、NH_3/NO_x 摩尔比的变化试验，以保证还原剂的分布均匀性，然后再重新进行性能测试。

（4）若经过（3）重新试调后，SNCR 脱硝效率等设计值要求仍得不到满足，则可按下列程序寻找原因：

① 检查 NO_x 检测器的标度是否精确，特别是检查气体取样管是否堵塞或是有气体泄漏。

② 检查氧气分析器是否精确，并检查取样管。

③ 检查气体流场是否改变。

④ 检查还原剂流量计和气体流量计是否精确。

⑤ 修正和/或调解控制其设定值和摩尔比。

（5）若多次试验测量的数据仍超过保证值，则应考虑对系统的相关内容进行重新设计或修改。

5．性能考核试验的一般要求及项目内容

（1）性能考核试验的一般要求，应对水泥窑不同负荷下脱硝系统的性能进行测试。

（2）性能考核实验的项目至少应包括：脱硝效率（％），氨逃逸率（ppm），还原剂消耗量（kg/h），脱硝系统电耗、水耗、压缩空气、蒸汽等消耗量、控制系统的负荷跟踪能力，噪声。

6. SNCR 系统竣工环境保护验收要求

脱硝工程竣工环境保护验收除应满足《建设项目竣工环境保护验收管理办法》规定的条件外，在生产试运行期间还应对脱硝系统进行性能试验，性能试验报告应作为环境保护验收的重要内容。脱硝系统性能试验包括功能试验、技术性能试验、设备和材料试验、各试验要求如下：

（1）功能试验。在脱硝系统设备运转前，应先进行启动运行试验，以确认这些装置可靠。

（2）技术性能试验参数至少应包括脱硝效率、还原剂利用率和 NH_3/NO_x 比、烟气排放温度、电能消耗等。

（3）设备试验和材料试验。确认在分解炉额定负荷下及在实际运行负荷下的性能（根据需要）。

脱硝系统竣工环境保护验收的主要技术依据包括以下几点：

① 项目环境影响报告书审批文件；

② 各类污染物环境检测报告；

③ 批准的设计文件和设计变更文件；

④ 脱硝性能试验报告；

⑤ 试运行期间烟气连续监测报告；

⑥ 完整的启动试运（验）、试运行记录等。

第六节　水泥窑 SNCR 系统的运行

由于各工程的系统配置不尽相同，本节主要介绍水泥窑典型 SNCR 系统正常启动前的检查、正常启停的基本程序、紧急停运操作及相关的注意事项等，供读者在实际工作中参考。

一、脱硝系统的启动

1. 启动前的准备工作

虽然在分部调试前，各系统都进行了检查，但在整个 SNCR 系统启动前，仍需要对所有的设备、喷枪、管道和 SNCR 系统的电控设施进行检查，以确定它们处于能无障碍工作的状态。

（1）系统投运前的检查准备

① 检查系统溶液管道和蒸汽管道，无损坏，不外漏，蒸汽管道保温良好。

② 测量仪表正常无故障，阀门开关/调节灵活无故障，所有设备正常无故障，设备操作控制置于远方控制。

③ 待投运喷枪前的还原剂手动阀和蒸汽阀打开。

④ 泵类（还原剂泵、稀释泵）设备状态（绝缘合格）全面良好。

⑤ 还原剂溶液储罐状态良好，内存有合格的尿素/氨水溶液，液位不低于 600mm。

⑥ PLC 柜供点正常，给待运行设备及阀门供上电（平时运行必须保持送电的设备及阀门、泵、蒸汽门、PLC 控制柜、操作台、二次回路、NH_3 仪表、照明）。

⑦ PLC 控制系统运行正常,能实现远程设备操作,所有数据显示正确。

⑧ CRT 控制室保持适温干爽,空调机常开"自动",电源来自照明总开关。

⑨ 确保所有电机都已受电且试运正常,相关系统防雷接地设施完好。

⑩ 管道系统中,确保在法兰和连接处没有松动,每个阀门都可以打开或关闭。

(2) 尿素/氨水溶液泵的启动准备工作

① 尿素/氨水输送泵状态良好。

② 待运尿素/氨水溶液储罐的出口阀门全开。

③ 开启出料阀门的尿素/氨水溶液储罐液位高于 600mm(假设值,根据工程需要确定)。

④ 待开启尿素/氨水溶液泵的进口手动阀全开(出口手动阀要等泵启动后才缓慢打开)。

⑤ 全关尿素/氨水溶液管道电动(流量)调整阀,全关尿素/氨水溶液稳压回路电动调整阀,待运尿素/氨水溶液储罐旁路罐顶入口手动球阀全开。

⑥ 炉前喷射系统的手动球阀全开。

⑦ 炉前喷射系统的放水门(排污门)全关。

⑧ 关闭稀释水电动调节阀及其后的手动球阀。

(3) 稀释水泵的启动工作。

① 稀释水泵状态良好。

② 系统自来水母管的总阀全开。

③ 待开启泵的进出口手动球阀全开,泵入口压力为 0.3~0.6MPa。

④ 尿素/氨水泵停运且尿素/氨水溶液泵后的电动(流量)调节阀和旁路电动调节阀全关。

(4) 喷枪投运前的准备工作

① 检查推进器的电源/气源,确保能正常驱动。

② 喷枪软管完好无泄漏,能在行程内正常移动无阻碍。

③ 喷枪前尿素溶液和蒸汽的手动阀门正常调节,处于开启状态。

④ 喷枪无卡死,能随推进器正常进退。

⑤ 喷枪内部流道无堵塞。

⑥ 喷射层的各层就地压力表无损坏,电动调节阀门能正常调节,电动阀能正常开启。

2. 检查中禁止和预防的事项

为保证启动前检查和准备工作中人员和设备的安全,在检查工作中应注意以下事项:

(1) 所有负责操作和维护工作的人员应配适合的工作服装和安全设备。

(2) 在对 SNCR 反应区、输送管、箱罐等进行检查或维修时,应严格遵守下列规定:

① 事先要使设备内部彻底通风,保证氧浓度始终大于 18%。

② 必须将 NH_3、N_2、易燃气体和其他危险的流体完全与设备隔离。

③ 至少两个人一组工作,一个人作为观察者留在外面。

3. 脱硝系统的启动

脱硝系统投运稳定后(10min),再根据排放烟气中 NO 浓度的反应变化作比较,改变各调门的开度,调整稀释水和尿素/氨水流量的比例,尽可能用最少的尿素/氨水量来控制各参数在最佳值。

需要特别注意的是：在喷枪推进前，一定要保证喷枪中通有一定压缩空气冷却；在喷枪"通水"前，一定要保证喷枪进到位。

二、系统的运行和调节

1. 调节目的

运行调节 SNCR 系统的投运状态以设备安全和 NO 排放浓度达到标准为最终目的，同时运行成本最低。

2. 调节手段

(1) 主要调节手段（根据反应效果）为：

① 喷射层尿素溶液/氨水电动调节阀，调节喷射层稀溶液流量；

② 炉尿素溶液/氨水母管电动调整阀，调节浓尿素溶液/氨水流量；

③ 炉稀释水母管电动调整阀，调节稀释水流量；

④ 切换喷射层。

(2) 辅助调节手段为：

① 稀释水稳压回路电动调整阀，调节稀释水母管压力 MPa；

② 尿素溶液/氨水母管稳压回路电动调整阀，调节尿素溶液母管压力/氨水；

③ 喷射层压缩空气电动调整阀，调节喷射层压缩空气压力。

3. 调节原理及方法

通过改变投运喷射层、调节喷射层尿素溶液/氨水电动调整阀、炉尿素溶液/氨水母管电动调整阀和分解炉稀释水母管电动调整阀的开度，达到 NO 排放浓度达标的目的。正常运行时，分解炉负荷和 NO 排放浓度会在小范围内波动，这是正常的，无须因参数波动而进行投运调整，只有当 NO 浓度变化幅度较大时才进行调整。

4. 其他调整

(1) 稀释水稳压回路电动调整阀

通过调整稀释水稳压回路电动调整阀的开度，可实现稀释水母管压力在一定范围内的调节，能更好地实现稀释水和浓尿素溶液在线可控比例稀释。由于稀释水源头压力一般为 $0.4 \sim 0.6$ MPa，通过调整此阀门，可实现稀释水母管压力在 $1.4 \sim 2.0$ MPa 的范围内调节。当浓尿素溶液流量偏小而分解炉尿素溶液母管电动调整阀开度很大、分解炉稀释水母管电动调整阀开度很小时，可开打此阀门；当浓尿素溶液流量偏大而炉尿素溶液母管电动调整阀开度很小、炉稀释水母管电动调整阀开度很大时，可关小此阀门。

(2) 尿素母管稳压回路电动调整阀

通过调整尿素母管稳压回路电动调整阀的开度，可实现尿素溶液母管压力在一定范围内的调节，能更好地实现稀释水和浓尿素溶液在线可控比例稀释。当浓尿素溶液流量偏小而炉尿素溶液母管电动调整阀开度很大、炉稀释水母管电动调整阀开度很小时，可关小此阀门；当浓尿素溶液流量偏大而炉尿素溶液母管电动调整阀开度很小、炉稀释水母管电动调整阀开度很大时，可开大此阀门。

(3) 喷射层压缩空气电动调整阀

通过调整喷射层压缩空气电动调整阀门，可实现喷射层压缩空气压力在一定范围内的调节。若母管压力偏高，则可减小此阀门开度使层压力不大于 0.7MPa；若母管压力偏低，则可开大此阀门开度使层压力不小于 0.5MPa。

改变压缩空气压力时，可能会对喷射层流量略有影响，这是正常的。

5. 配置尿素溶液

（1）配料前的准备工作

① 确认有足够的袋装尿素。

② 确认脱硝水源和气源的总阀已开，有蒸汽和除盐水供给配料。

③ 溶解罐液位不在高位。

④ 溶解罐和储罐的各阀门正常，管道密闭无外漏，保温良好。

⑤ 溶解罐搅拌电机有足够合格的润滑油，搅拌电机绝缘合格后送上电。

⑥ 尿素溶液循环输送泵检查正常无故障，绝缘合格，操作模式在远方控制，给配料输送泵送上电。

⑦ 明确配置溶液的浓度，一般为 50％。

（2）尿素溶解

① 记录溶解前溶解罐液位 L1。

② 配置溶液完成后液位为 L2。

③ 若溶解罐液位 L1 低于最低液位，则开启入口水门补水至 N_m（N 值，需根据工程确定，下同）液位。

④ 向溶解罐倒入适量的尿素，加料时注意不要让缝包线或包装袋碎片等杂物进入溶解罐。

⑤ 加料完成后启动搅拌电机，盖上加料孔。

⑥ 开启溶解罐入口蒸汽电动阀和手动阀，通入蒸汽加热。

⑦ 搅拌 20min 左右直到尿素完全溶解，停止搅拌电机，也可转输溶液至罐内液位剩下将近 N_m 时才停止搅拌电机。

⑧ 检查液位是否低于 L2，若是则开启入口水阀补水至 L2 液位。

⑨ 关闭入口水阀和蒸汽阀，关闭入口水阀手动阀和蒸汽阀的手动阀。

（3）尿素溶液输送至储罐

① 检查待入储罐的罐顶入口手动阀打开，底部排污手阀全关，出口电动阀关闭。

② 开启尿素溶液循环输送泵入口管道二次阀。

③ 开启输送泵入口 Y 形过滤器反冲洗阀和配料输送泵入口管道一次阀，向配料输送泵入口管道注水。

④ 待注水 1min 后开启配料输送泵，开启输送泵出口手动阀，开启待灌入储罐的入口电动阀，向储罐中输送溶液。

⑤ 关闭输送泵入口 Y 形过滤器反冲洗阀。

⑥ 待液位低于最低液位时，停止输送泵。

⑦ 关闭储罐入口电动阀、输送泵入口管道一次阀和二次阀。

⑧ 结束。

（4）配置结束

① 可开始重新另一个配制过程。

② 配制过程全部结束后，若喷射系统已不运行，则通知水泥窑炉运行人员关闭供气阀和供水阀，并确认已关闭。关闭 PLC 设备电源，结束。

6. 推荐运行方式

下面介绍系统设计、调试和试运行情况推荐的几种运行方式，以供运行人员参考。推荐的运行方式并不是最优的，运行人员可根据自己的运行经验寻找更优的运行方式，特此说明。

分解炉喷枪根据不同的负荷对应不同的喷枪投运层。具体为：

（1）50％负荷的时候投入一层。

（2）75％～100％负荷的时候投入一层或二层。

需要说明的是：不同负荷下不同层的还原剂用量也不一样；不同负荷下同一个层的还原剂用量也不一样。

每层的具体还原剂剂量都由流量计控制，具体的数值需要通过热态调试时，结合 NO_x 的排放和氨的逃逸量来确定，从而建立一个不同负荷对应的不同层的流量数据库，实际运行时只要读取这个数据库就可以控制每层的流量。

三、脱硝系统停止

1. 长期停运（水泥窑停运）

（1）停溶液

① 停止尿素溶液泵，为较全面地疏通尿素溶液管路，至少 3min 后，关闭炉尿素溶液电动调整阀，关闭储罐出口阀，关闭炉尿素溶液电动调整阀前的手动球阀。

② 调节保持稀释水流量冲洗管路，运行超过 5min，这时 NO 排放浓度明显升高并趋于稳定。

③ 停止稀释水泵，关闭炉稀释水电动调节阀，关闭炉稀释水稳压回路电动调整阀，关闭炉稀释水电动调整阀前的手动球阀。

（2）退出喷枪

① 关闭喷射层尿素溶液电动球阀和电动调整阀。

② 通压缩空气吹扫 5min。

③ 退出所有喷枪，并务必确认喷枪全部退出。

④ 打开喷射层尿素溶液疏水（排污）管道一次阀和二次阀。

（3）停压缩空气

① 关闭喷射层压缩空气电动球阀和电动调整阀。

② 关闭压缩空气总调整阀开度。

（4）切断水源和汽源

① 通知水泥窑运行人员关闭脱硝系统的供水阀。

② 通知水泥窑运行人员关闭脱硝系统的供汽阀。

③ 确认供水和供汽阀已关闭。

（5）其他

① 确认溶解罐入口处盐水阀（包括其前手动阀）和入口蒸汽阀（包括其前手动阀）关闭。

② 关闭 PLC 系统。

③ 关闭设备电源。

④ 系统停止结束。

需要注意的是：在喷枪退出前，一定要确认无尿素溶液通入；一定要在喷枪退出后再断压缩空气；停运后一定要通知水泥窑运行人员切断水源和气源。

2. 短期停运（水泥窑不停）

这里的系统停止指的是系统的正常停止。当水泥窑负荷过低或因某种原因影响时，按正常顺序停止 SNCR 系统。

（1）停溶液

① 停止尿素溶液泵，为较全面地疏通尿素溶液管路，至少 3min 后，关闭窑尿素溶液电动调整阀，关闭储罐出口阀，关闭窑尿素溶液电动调整阀前的手动球阀。

② 调节保持稀释水流量冲洗管路，运行超过 5min。

③ 停止稀释水泵，关闭窑稀释水电动调整阀，关闭窑稀释水稳压回路电动调整阀，关闭窑稀释水电动调整阀前的手动球阀。

（2）退出喷枪

① 关闭喷射层尿素溶液电动球阀和电动调整阀。

② 通压缩空气吹扫 5min。

③ 退出所有喷枪，并务必确认喷枪全部退出。

④ 打开喷射层尿素溶液疏水（排污）管道一次阀和二次阀。

（3）关小压缩空气

关小喷射层压缩空气电动球阀和电动调整阀。

3. 紧急关闭

（1）停止电源供应。

将所有运行中的设备的开关切换到"停止"状态。

（2）停止控制（仪器）空气。

四、启动与停运时的注意事项

（1）水泥窑 SNCR 系统在操作过程中应主要考虑维护人员和设备的安全，如果有任何威胁安全和安全运行状态的情况出现，操作者应立即采取适当的措施使 SNCR 系统回到一个已知的安全运行的条件，即使它会引起 SNCR 系统跳闸。

（2）水泥窑故障发生时，水泥窑停机并应尽快停运还原剂的喷射。

（3）水泥窑负荷发生变化或 NO_x 波动较大时，应及时调整运行的喷射层及各喷嘴喷射量，保证 NO_x 的出口浓度在合适的范围内。

（4）只有在 SNCR 系统的连锁试验通过后，才能启动 SNCR 系统的运行。当任何连锁系统暂时失去可用性时，为保证运行，该期间应尽量减少关闭次数并增加监视的频率。脱硝系统的各种设备都配有不同的连锁系统来保证安全和对设备的保护。

（5）如果发现水泥窑烟气或氨气泄漏，则应注意以下几点：

① 应立即用警示牌和安全绳索确定危险区；

② 熄灭危险区域内的所有明火；

③ 在危险解除以前，泄漏区域不要点燃任何火焰。

（6）任何设备关闭后的第一次运行时，应注意以下几点：

① 确保所有仪表的探测器安装正确、仪表管线连接正确、报警器和安全装置设置已完成，然后在运行前使连锁电路回到最初状态。

② 检查相关的部分，保证设备重启运行的安全。

第七节　水泥窑 SNCR 系统的检查和维护

由于 SNCR 系统的箱罐、搅拌器、泵与阀组、管道和电气设备等与水泥窑其他系统的设备是一样的，因此本节主要介绍 SNCR 系统在运行和关闭期间与 SNCR 系统紧密相关的检查维护的典型内容，供读者参考。

一、检查和维护工作内容

SNCR 系统的维护工作一般都是在定期关闭系统时进行的，若有必要，维护人员应记录检查和维修的结果，主要维修工作如下：

1. 喷枪驱动机构的检查。
2. 氨水、尿素溶液喷嘴的检查。
3. 计量、分配装置的检查。
4. 所有热工仪表设备的校准。
5. 各安全阀的检查。

详细内容见表 9-2。

表 9-2　SNCR 烟气脱硝系统需要检查的内容和检查间隔时间

需检查的设备	检查内容	检查周期								
		Op	Sh	Op/Sh	时间间隔					
					S	D	W	M	Y	O
泵、搅拌器	检查每个叶轮部件磨损情况	✓						✓		
	材质的老化		✓						✓	
	检查部件腐蚀情况	✓						✓		
	检查机封磨损情况	✓						✓		
尿素溶液、NH₃ 喷嘴	检查喷嘴内部堵塞的外部原因		✓					✓		
	检查变形或腐蚀		✓					✓		
固定式喷枪 自动伸缩式喷枪	确保每部分没有泄漏	✓				✓				
	检查驱动机构是否运行灵活		✓					✓		
	检查内部件的腐蚀及烧损情况		✓					✓		
	检查内部件变形情况		✓					✓		
尿素溶液、NH₃ 系统的控制阀、关断阀	功能确认	✓			✓					
	设定压力、温度	✓			✓					
	检查气体泄漏	✓			✓					
	检查任何的异常		✓					✓		
	压盖填料的检查或更换		✓					✓		
供电设备的中央控制盘	检查 ANN 和指示灯	✓		✓						
	确认指示	✓		✓						
	压缩空气源头的排水	✓		✓						
	检查和清洁内部		✓					✓		
	检查和维护主要开关的接触点		✓					✓		
	接线端子上紧（颜色是否变化）		✓					✓		

需检查的设备	检查内容	检查周期								
		Op	Sh	Op/Sh	时间间隔					
					S	D	W	M	Y	O
供电设备继电器	绝缘电阻的测量		✓						✓	
	检查辅助的继电器电路并测试顺序		✓						✓	
	检查复位	✓		✓					✓	
	继电器的二次测试		✓	✓					✓	
	检查转动体并上油		✓						✓	
	确认触点的连接		✓						✓	
供电设施的仪表	用眼睛检查内部	✓		✓						
	刻度测试和指示检查								✓	
电磁阀、安全阀	噪声和加热的检查	✓			✓					
	阀门的检查维护及内部清洁（O形圈的更换）		✓						✓	
	润滑剂的更换		✓						✓	
	绝缘电阻的检查		✓						✓	
	功能的测试			✓					✓	
压力开关	检查电线是否露出	✓		✓						
	再次上紧		✓					✓		
	绝缘的测量		✓					✓		
	功能的确认测试		✓							
限位开关	检查腐蚀和磨损	✓		✓						
	再次上紧接线端		✓						✓	
	绝缘电阻的测量		✓						✓	
	功能的确认		✓						✓	
中央控制面盘	ANN 和指示灯的确认	✓					✓			
	控制系统的任何故障	✓					✓			
指示控制器，计算指示器	电缆的确认	✓					✓			
	内表面的检查和清洁		✓						✓	
	上紧接线端子		✓						✓	
	顺控测试		✓						✓	
	控制系统的任何问题	✓		✓						
	交互仪表指示误差测试		✓					✓		
	上紧接线		✓					✓		
	内部的检查、清洁和上油		✓					✓		
	控制系统回路的确认		✓					✓		

续表

需检查的设备	检查内容	检查周期								
		Op	Sh	Op/Sh	时间间隔					
					S	D	W	M	Y	O
变送器	清洗探测器管，清除空气			✓		✓				
	检查内部并清洁		✓						✓	
	上紧接线端		✓						✓	
	确认输入和输出		✓						✓	
	误差检查		✓						✓	
NO$_x$ 仪表	标准气体的校准									
	取样回路的检查			✓		✓				✓
	过滤器的检查和替换			✓						
	内部的检查和清洁		✓	✓						
尿素溶液、NH$_3$ 仪表	标准气体的校准					✓				
	检查清洁取样回路			✓						✓
	过滤器的检查和替换			✓						
	内部的检查和清洁		✓						✓	
	上紧接线端		✓						✓	
热电偶	清除附着物质			✓						✓
	校准测试		✓						✓	
压力测量和指示器	指示值的确认	✓		✓						
	校准测试	✓								
	检查损坏情况		✓						✓	
运行记录	SNCR 系统还原剂耗量和堵塞情况的判断	✓					✓			
	NO$_x$ 含量的测量并定期检查脱硝效率	✓					✓			
	尿素溶液浓度、压力	✓					✓			
	雾化介质的流量、压力	✓					✓			

注：Op—运行中；Sh—关闭时；S—每次变化；D—每天；W—每周；M—每月；Y—每年；O—其他。

二、喷枪检查和维护时需要注意的问题

（1）停运时，先停尿素溶液或氨水泵，再用自来水冲洗管路，然后停稀释水泵，停止供液体。继续通气吹扫干燥5min后再退枪。

（2）退枪前开启喷射层溶液排污阀放水，放空喷射层管路中的残余液体，以保持喷枪孔不形成积灰结块影响进退。

（3）喷枪退出运行时，运行人员应现场巡视，以确保喷枪已完全退位。

（4）定期（3个月）检查喷枪的喷孔是否有堵塞现象。

（5）如运行时发现喷枪或喷枪伸缩装置损坏，应先手动退出喷枪，关闭喷枪对应的尿素溶液或氨水入口阀门，保持通气10min，取出喷枪，待喷枪完全冷却后方能进行维修、更换。

三、SNCR脱硝系统检查和维护时需要注意的问题

（1）巡检时应确保人员安全，在维修、更换部件设备时应告知中控以及分管领导，在检修位置做出醒目的提示。在无法判断问题时，不能盲目拆卸，应及时与相关技术方沟通。

（2）系统中各个电动阀门均设有旁路，阀门异常时，开通旁路，电动阀门可以进行检修。连续运行泵送系统设置两台泵，一备一用，系统运行时当一台泵发生故障时，关闭故障泵前后阀门，启用备用泵，对故障泵进行检修。

（3）在定期的检查中，如果发现磨损加速情况，应该根据实际的磨损情况缩短维护的时间间隔。

（4）涉及电气方面的检修须由厂内电工完成。

四、岗位巡检员的主要职责

（1）启动前的设备检查：设备检修后是否恢复原位；现场是否清理；各阀门是否处在要求的开度；各仪表、泵是否处在待机状态等。

（2）启动前的现场条件准备：现场控制开关的切换（由机旁或现场操作位置转到中控位置）；电源开关的合闸；阀门的开关和调整；压缩空气进出口阀门的开关、压力的检查及底部放污等。

（3）启动过程对关键设备的现场监视：启动过程有无异常声响；启动后运转是否平稳，有无不正常的振动；各仪表指示是否正常。

（4）设备运行时的巡检：各部件设备的运行情况；仪表数据、阀门动作情况；系统脱硝效率、尿素溶液或氨水消耗、氨逃逸等指标记录。

（5）系统全线停机后的现场检查处理工作：电源开关拉闸，检修时应挂上断电标识牌；关断压缩空气进口阀门，并排放油水分离器的油水；检查喷枪、阀门、仪表等。

（6）记录设备运转状况，及时向值班长报告异常情况，提出设备检修保养建议。

总之，巡检员（辅助岗位工）是中控操作员的耳目，是开机条件的准备员，是开机过程和运转状态的辅助监视员，是停机后的检查处理员。巡检的目的是保证系统设备的安全运转，及时发现和处理问题，协助中控操作员，维护系统正常运行。

第八节　水泥窑SNCR系统的常见问题分析

一、SNCR烟气脱硝系统设备（仪器仪表）常见问题分析

SNCR系统在运行过程中如遇到一些问题和故障，这时就需要操作人员和巡检人员及时去做相应的处理来解决故障，保证系统的正常运行。根据相关工程设计建设经验总结了

SNCR 烟气脱硝系统一些常见故障分析和解决的措施与方法，见表9-3、表9-4。

表 9-3　尿素为还原剂 SNCR 系统中设备常见故障分析和解决的措施与方法

问题位置	故障现象	可能的原因或解决措施与方法	备　注
尿素溶液输送泵（溶解罐后）	无法启动	(1) 确认现场控制柜中电源开关已合闸； (2) 确认泵前后手动阀门已打开； (3) 控制箱"远程/就地"切换开关位置； (4) 检查泵内是否充满液体及泵上电机	
	泵出口压力过高或出口管道温度过高，泵体发热	(1) 确认泵前后手动阀门已完全打开； (2) 确认尿素溶解罐液位正常； (3) 确认过滤器是否被堵住	
尿素溶液输送泵（储罐后）	无法启动	(1) 确认尿素溶液储罐液位正常； (2) 确认尿素溶液储罐出口阀门工作正常； (3) 确认现场控制柜中电源开关已合闸； (4) 确认控制箱"远程/就地"切换开关位置； (5) 确认泵前手动阀门已打开； (6) 检查泵内是否充满液体及泵上电机	
	泵出口压力过高或出口管道温度过高，泵体发热	(1) 确认泵前后手动阀门已完全打开； (2) 确认尿素溶液储罐液位正常； (3) 确认过滤器是否被堵住	
稀释水泵	无法启动	(1) 确认稀释水罐液位正常； (2) 确认稀释水罐前总管阀门工作正常； (3) 确认现场控制柜中电源开关已合闸； (4) 控制箱"远程/就地"切换开关位置； (5) 确认泵前手动阀门已打开； (6) 检查泵内是否充满液体及泵上电机	
	泵出口压力过高或出口管道温度过高，泵体发热	(1) 确认泵前后手动阀门已完全打开； (2) 确认稀释水罐液位正常； (3) 确认过滤器是否被堵住	
尿素溶液喷射泵	无法启动	(1) 确认高位尿素溶液槽液位正常； (2) 确认高位尿素溶液槽出口阀门打开； (3) 确认现场控制柜中电源开关已合闸； (4) 控制箱"远程/就地"切换开关位置； (5) 确认泵前后手动阀门已打开； (6) 检查泵内是否充满液体及泵上电机	
	泵出口压力过高或出口管道温度过高，泵体发热	(1) 确认泵前后手动阀门已完全打开； (2) 确认高位尿素溶液槽液位正常； (3) 确认泵出口尿素溶液调节回流阀门按照要求打开； (4) 确认喷枪前所有手动阀是否打开； (5) 检查泵配套变频器	

续表

问题位置	故障现象	可能的原因或解决措施与方法	备　注
喷射系统	喷射系统流量不准	（1）检查喷嘴是否堵塞，若堵塞需取下喷嘴进行清洗； （2）检查进入喷枪的压缩空气压力是否大于 0.4MPa； （3）检查喷枪是否推进炉膛； （4）检查喷枪尿素溶液管路、阀门是否开启； （5）检查喷枪前流量计	
	喷枪进/退受阻不畅	（1）确认进入喷枪伸缩装置的压缩空气压力是否大于 0.4MPa （2）检查伸缩装置电磁阀运行是否正常； （3）检查伸缩装置是否被异物卡住； （4）检查喷枪伸缩装置电源及控制系统线路 （5）检查喷枪安装是否到位； （6）检查驱动气缸是否损坏	
控制系统	中控系统无法操作或喷枪系统远程控制系统失灵	（1）测试中控系统的命令输出是否正常； （2）检查控制电缆是否损坏； （3）检查控制箱"远程/就地"切换开关位置； （4）现场检查喷枪的进退，检查控制柜	
	中控信号故障	（1）运行中出现控制台中控信号故障，电脑呈死机状态时，立即检查现场所有设备运行状态，确认无异常后，可将电脑重启，系统重新开机并恢复； （2）若就地设备跳停，应检查并退出电源开关，关闭所有泵的出口手动阀门，手动退出喷枪，检查所有电器设备，停水、停气检查，直到故障排除	

表 9-4　氨水为还原剂 SNCR 系统中设备常见故障分析和解决的措施与方法

问题位置	故障现象	可能的原因或解决措施与方法	备　注
卸氨泵	无法启动	（1）确认现场控制柜中电源开关已合闸； （2）确认泵前后手动阀门已打开； （3）检查泵上电机	
	泵出口压力过高或出口管道温度过高，泵体发热	（1）确认泵前后手动阀门已完全打开； （2）确认氨水罐车及氨水储罐液位正常； （3）确认过滤器是否被堵住	
氨水输送泵	无法启动	（1）确认氨水储罐液位正常； （2）确认氨水储罐出口阀门工作正常； （3）确认现场控制柜中电源开关已合闸； （4）控制箱"远程/就地"切换开关位置； （5）确认泵前手动阀门已打开； （6）检查泵上电机	
	泵出口压力过高或出口管道温度过高，泵体发热	（1）确认泵前后手动阀门已完全打开； （2）确认氨水储罐液位正常； （3）确认过滤器是否被堵住	

问题位置	故障现象	可能的原因或解决措施与方法	备 注
喷射系统	喷射系统流量不准	（1）检查喷嘴是否堵塞，若堵塞需取下喷嘴进行清洗； （2）检查进入喷枪的压缩空气压力是否大于 0.4MPa； （3）检查喷枪是否推进炉腔； （4）检查喷枪氨水管路、阀门是否开启	
控制系统	中控系统上无法操作	（1）测试中控系统的命令输出是否正常； （2）检查控制电缆是否损坏； （3）检查控制箱"远程/就地"切换开关位置	
	中控信号故障	（1）运行中出现控制台中控信号故障，电脑呈死机状态时，立即检查现场所有设备运行状态，确认无异常后，可将电脑重启，系统重新开机并恢复； （2）若就地设备跳停，应检查并退出电源开关，关闭所有泵的出口手动阀门，手动退出喷枪，检查所有电器设备，停水、停气检查，直到故障排除	

二、SNCR 烟气脱硝系统运行问题

SNCR 烟气脱硝系统在运行过程中出现脱硝效率波动或脱硝率达不到设定指标、窑尾烟囱氨逃逸超标时应及时分析原因采取措施。SNCR 烟气脱硝系统效率偏低的原因分析和解决的措施与方法见表 9-5。

表 9-5　SNCR 烟气脱硝系统效率偏低的原因分析和解决的措施与方法

问　题	可能现象或原因	解决措施与方法	备 注
SNCR 烟气脱硝系统效率低	喷射系统运转在最大能力时，氨水供应还是不能满足系统要求	（1）检查氨水自动喷射控制系统运行是否正常； （2）确认供气和供氨水模块的压力和流量； （3）检查氨水泵后的手动阀门是否开启； （4）检查流量计及相关控制器是否正常工作	
	窑尾烟囱 NO_x 监测值超标	（1）检查氨水喷射量调节系统，或手动调节喷射量； （2）检查喷射点位温度是否在合适范围（850～1050℃）； （3）检查供气和供氨水模块； （4）窑系统工况是否超过脱硝系统设计范围	
	氨水分布不均匀	（1）重新调整喷射策略，尝试不同的喷枪组合方式； （2）检查氨水管路及阀门是否堵塞以及泵的运行状况； （3）检查压缩空气管路及阀门是否堵塞以及供气压力； （4）检查管路各个仪表是否准确； （5）窑系统运行是否正常	

续表

问　　题	可能现象或原因	解决措施与方法	备　注
窑尾烟囱处氨逃逸超标	氨逃逸超过 10mg/m³	(1) 降低喷入分解炉内的氨水浓度； (2) 采用两层喷枪同时工作的喷射策略模式； (3) 在满足 NO_x 排放要求的前提下减少氨水的喷射量，降低氨氮比； (4) 检查喷射点的温度； (5) 对氨逃逸检测仪进行校验	

第十章 低氮燃烧脱硝技术

由 NO_x 的形成条件可知，对 NO_x 的形成起决定作用的是燃烧区域的温度和过剩空气量。因此，低氮燃烧技术就是通过控制燃烧区域的温度和空气量，以达到阻止 NO_x 生成及降低其排放的目的。低氮燃烧技术是一类简单和经济的脱硝技术，其主要方法是采用改变燃烧气氛和调整燃烧温度及温度分布等手段，通过对燃烧过程的监控，如回转窑的过量空气系数和烟气温度等，优化燃烧过程降低热力型 NO_x 的生成，不需要加入还原剂，因此一次投资成本和运行成本较低。其缺点是：低氮燃烧技术的脱硝效果受到水泥熟料煅烧所需气氛制约，脱硝空间十分有限，脱硝效率一般为 $10\%\sim20\%$。低氮燃烧技术要点及存在的问题见表 10-1。

表 10-1 低氮燃烧技术要点及存在问题

燃烧方法		技术要点	存在的问题
二段燃烧法（空气分级燃烧）		燃烧器的空气为燃烧所需空气的 85%，其余空气通过布置在燃烧器上部的喷口送入炉内，使燃烧分阶段完成，降低 NO_x 生成量	二段空气量过大，会使不完全燃烧损失增大，一般二段空气比为 $15\%\sim20\%$，煤粉分解炉由于还原性气氛易结渣，或引起腐蚀
再燃烧（燃料分级燃烧）		将 $80\%\sim85\%$ 的燃料送入主燃区，在 $\alpha\geqslant1$ 条件下燃烧；其余 $15\%\sim20\%$ 在主燃烧器上部送入再燃区；在 $\alpha<1$ 条件下形成还原性气氛，将主燃区生成的 NO_x 还原为 N_2，可减少 80% 的 NO_x	为减少不完全燃烧损失，需加空气对再燃区的烟气进行三段燃烧
低 NO_x 燃烧器	混合促进型	改善燃料与空气的混合，缩短在高温区的停留时间，同时可降低空气剩余浓度	需要精心设计
	自身再循环型	利用空气抽力，将部分炉内烟气引入燃烧器，进行再循环	燃烧器结构复杂
	多股燃烧型	用多股小火焰代替大火焰，增大火焰散热面积，降低火焰温度，控制 NO_x 生成量	
	阶段燃烧型	让燃料先进行浓燃烧，然后送入余下的空气，由于燃烧偏离理论当量比，故可降低 NO_x 浓度	容易引起烟尘浓度增加
	喷水燃烧型	让油、水从同一喷嘴喷入燃烧区，降低火焰中心高温区温度，可减少 NO_x 浓度	喷水量过大时，将造成燃烧不完全

现代低氮燃烧技术将煤质、制粉系统、燃烧器、二次风及燃尽风等技术作为一个整体考虑，以低 NO_x 燃烧器与空气和燃料分级为核心，在炉内组织适宜的燃烧温度、气氛与停留时间，形成早期的、强烈的、煤粉快速着火的欠氧燃烧，利用燃烧过程产生的氨基中间产物来抑制或还原已经生成的 NO_x。

一、分级燃烧脱硝技术的原理

分级燃烧脱硝的基本原理是在烟室和分解炉之间建立还原燃烧区，将原分解炉用煤的一部分均布到该区域内，使其缺氧燃烧（第一级燃烧区域内空气过剩系数小于 1）以便产生 CO、CH_4、H_2、HCN 和固定碳等还原剂。这些还原剂与窑尾烟气中的 NO_x 发生反应，将 NO_x 还原成 N_2 等无污染的惰性气体。此外，煤粉在缺氧条件下燃烧也抑制了自身燃料型 NO_x 产生，从而实现水泥生产过程中的 NO_x 减排。其主要反应如下：

$$2CO + 2NO \longrightarrow N_2 + 2CO_2 \tag{10-1}$$

$$NH + NH \longrightarrow N_2 + H_2 \tag{10-2}$$

$$2H_2 + 2NO \longrightarrow N_2 + 2H_2O \tag{10-3}$$

分级燃烧脱硝技术具有以下优点：

1. 一次投资相对较小，有效降低的 NO_x 排放，可达到 5%～20% 的 NO_x 脱除率；

2. 无运行成本，且对水泥正常生产无不利影响；

3. 分级燃烧脱硝技术是一项清洁的技术，无二次污染，没有任何固体或液体的污染物或副产物生成；

分级燃烧脱硝技术缺点：需要适当停窑时实施改造，同时需要有经验的中控操作人员进行调整。

二、分级燃烧脱硝技术应用的影响因素

影响分级燃烧脱硝技术应用及效果的主要因素包括：原/燃料的情况、煤粉在脱硝区的停留时间、窑尾的氧含量等。

（1）严格控制原/燃料中的有害成分，生料中的 $Cl^- < 0.015\%$（0.02% max），$K_2O + Na_2O < 1\%$，硫碱比：0.6～1，燃料中的 $S < 1.5\%$，以保证系统的正常稳定；

（2）相对无烟煤而言，烟煤的高挥发分能够提供更多还原物质，提高分级燃烧的脱硝效率；

（3）窑尾烟室的氧含量越低（$O_2 < 0.8\%$），分级燃烧的脱硝效果越好。在窑尾氧含量高于 3.5% 时，分级燃烧难以取得明显效果；

（4）脱硝区空间需能够满足煤粉及还原性物质还原 NO_x 所需的停留时间。

三、分级燃烧脱硝系统

1. 分级燃烧四个阶段

分级燃烧是将燃料、燃烧空气及生料分别引入，以尽量减少 NO_x 形成并尽可能将 NO_x 还原成 N_2。分级燃烧涉及四个燃烧阶段：

（1）回转窑阶段，可优化水泥熟料煅烧；

（2）窑进料口，减少烧结过程中 NO_x 产生的条件；

（3）燃料进入分解炉内煅烧生料，形成还原气氛；

（4）引入三次风，完成剩余的煅烧过程。

2. 空气分级燃烧

空气分级燃烧技术是目前应用较为广泛的低 NO_x 燃烧技术，它的主要原理是将燃料的燃烧过程分段进行。该技术是将燃烧用风分为一、二次风，减少煤粉燃烧区域的空气量（一次风），提高燃烧区域的煤粉浓度，推迟一、二次风混合时间，这样煤粉进入炉膛时就形成了一个富燃料区，使燃料在富燃料区进行缺氧燃烧，充分利用燃烧初期产生的氨基中间产物，提高燃烧过程中的 NO_x 自还原能力，以降低燃料型 NO_x 的生成。缺氧燃烧产生的烟气再与二次风混合，使燃料完全燃烧。

该技术主要是通过减少燃烧高温区域的空气量，以降低 NO_x 的生成的技术。它的关键是风的分配。传统的燃烧器要求燃料和空气快速混合，并在过量空气状态下充分燃烧。从 NO_x 的形成机理可以知道，反应区内的空燃比对 NO_x 的形成影响极大，空气过剩量越多，NO_x 生成量越大。空气分级燃烧降低 NO_x 几乎可用于所有的燃烧方式，其基本的思路是希望避开温度过高和大过剩空气系数同时出现，从而降低 NO_x 的生成。

空气分级燃烧将分解炉燃烧用的空气分两阶段分级加入，先将一部分空气送入主燃烧区，使燃料在缺氧的条件下燃烧，燃烧速度低，生成 CO，且燃料中的 N 大部分分解为 HCN、HN、CN、CH_2 等，使 NO_x 分解，抑制陆内 NO_x 生成，同时 CO 可还原部分窑气的 NO_x。然后将燃烧用空气的剩下部分以分级风的方式送入分解炉，使燃料燃尽。燃烧区的氧浓度对各种类型的 NO_x 生成都有很大的影响。当过量空气空气系数 $\alpha < 1$，燃烧区处于"贫氧燃烧"状态时，抑制 NO_x 的生成有明显的效果。根据这一原理，把供给燃烧区的空气量减少到全部燃烧所需用空气量的 $70\% \sim 80\%$，降低燃烧区的氧浓度，也降低燃烧区的温度水平。因此，第一次燃烧区的主要作用就是抑制 NO_x 的生成，并将燃烧过程推迟。燃烧所需的其余空气则通过燃烧器上面的燃尽风喷口送入炉膛与第一级所产生的烟气混合，完成整个燃烧过程。

水泥新型干法生产线中分解炉内空气分级燃烧包括：空气分级将燃烧所需的空气分两部分送入分解炉。一部分为主三次风，占总三次风量的 $70\% \sim 90\%$；另一部分为燃尽风（OFA），占总三次风量的 $10\% \sim 30\%$。炉内的燃烧分为 3 个区域，即热解区、贫氧区和富氧区。空气分级燃烧是在与烟气流垂直的分解炉截面上组织分级燃烧的。空气分级燃烧存在的问题是二段空气量过大，会使不完全燃烧损失增大；分解炉会因还原性气氛而易结渣、腐蚀；由于燃烧区域的氧含量变化引起燃料的燃烧速度降低，在一定程度上会影响分解炉的总投煤量的最大值，也就是会影响分解炉的最大产量。

空气分级燃烧系统对分解炉调整如图 10-1 所示。

3. 燃料分级燃烧

燃料分级燃烧脱硝系统主要由煤粉输送系统和煤粉均布喷射系统组成。系统主要包含：三次风管调整和改造、脱硝风管配置、C4 筒下料调整、煤粉储存、输送系统、分解炉用煤粉燃烧器和相应的电器控制系统。

脱硝系统的用煤经煤粉秤精确计量后，由罗茨风机送到窑尾烟室的脱硝还原区，在脱硝还原区的合适位置均布着一套燃烧喷嘴，煤粉经燃烧喷嘴高速（具体速度与该处空间结构密切相关）进入还原区内并充分散开，一方面保证了分级燃烧的脱硝效率，另一方面减少了煤粉在壁面燃烧出现结皮的负面影响。此外，将部分 C4 下料分配到脱硝区，以控制脱硝区温度在合适范围内。根

图 10-1 预分解炉空气分级
燃烧改造示意图

据还原区操作温度、C1 出口 NO$_x$ 等系统参数，可及时调整脱硝用煤量。

在窑尾预分解炉建立专门的脱硝还原区，采用煤粉均布和生料温控技术，能够有效地控制脱硝区的用煤和脱硝区的温度。图 10-2 为煤粉分级燃烧流程。

图 10-2 煤粉分级燃烧流程

目前分级燃烧脱硝系统已应用于数十条新型干法水泥生产线。对投产厂的调试显示，采用燃烧技术后水泥窑氮氧化物排放量较之前有 10%～30% 左右的下降。另外实践证明：窑尾系统氧含量高低直接影响分级燃烧的脱硝效果。一般情况建议窑尾系统氧含量控制在 1% 以内。

4. 低氮燃烧器

采用新型的低氮燃烧器也是降低水泥窑氮氧化物的途径之一。研究表明，NO$_x$ 的最大形成速率发生在挥发分燃烧阶段，在需要空气量约 10% 过剩空气的条件下速率最高。因此，在燃烧过程中，采用最小的一次风量，对于减少两种 NO$_x$ 都是有利措施。影响 NO$_x$ 量的最主要参数是着火点喷射流中的氧含量。一次风量在 5%～7% 时最有利于降低 NO$_x$ 的形成。普通的燃烧器，一次风用量大多在 10% 以上，有的甚至高达 20%，不仅对降低燃料消耗、提高熟料质量、减少有害气体排放都有显著影响，而且影响到回转窑的优化操作和稳定安全运行。因此，采用先进低氮燃烧器对于降低氮氧化物生成有一定的抑制作用。

（1）低氮氧化物燃烧器的分类

① 阶段燃烧器

根据分级燃烧原理设计的阶段燃烧器，使燃料与空气分段混合燃烧，由于燃烧偏离理论当量比，形成局部的缺氧环境，故可降低 NO$_x$ 的生成。

② 自身再循环燃烧器

一种是利用助燃空气的压头，把部分燃烧烟气吸回，进入燃烧器，与空气混合燃烧。由于烟气再循环，燃烧烟气的热容量大，燃烧温度降低，NO_x 减少。另一种自身再循环燃烧器是把部分烟气直接在燃烧器内进入再循环，并加入燃烧过程，此种燃烧器有抑制氧化氮和节能的双重效果。

③ 浓淡型燃烧器

其原理是使一部分燃料作为浓燃烧，另一部分燃料作为淡燃烧，但整体上空气量保持不变。由于两部分都在偏离化学当量比下燃烧，因而 NO_x 都很低，这种燃烧又称为偏离燃烧或非化学当量燃烧。

④ 分割火焰型燃烧器

其原理是把一个火焰分成数个小火焰，由于小火焰散热面积大，火焰温度较低，使热反应 NO_x 有所下降。此外，火焰小，缩短了氧、氮等气体在火焰中的停留时间，对热反应 NO_x 和燃料 NO_x 都有明显的抑制作用。

⑤ 混合促进型燃烧器

烟气在高温区停留时间是影响 NO_x 生成量的主要因素之一，改善燃烧与空气的混合，能够使火焰面的厚度减薄，在燃烧负荷不变的情况下，烟气在火焰面即高温区内停留时间缩短，因而使 NO_x 的生成量降低。混合促进型燃烧器就是按照这种原理设计的。

⑥ 低 NO_x 预燃室燃烧器

预燃室是近 10 年来我国研发的一种高效率、低 NO_x 分级燃烧技术，预燃室一般由一次风（或二次风）和燃料喷射系统等组成，燃料和一次风快速混合，在预燃室内一次燃烧区形成富燃料混合物，由于缺氧，只是部分燃料进行燃烧，燃料在贫氧和火焰温度较低的一次火焰区内析出挥发分，因此减少了 NO_x 的生成。

（2）三种低氮型燃烧器简介

① 低 NO_x 型系列煤粉燃烧器

采用过低量空气燃烧（高风压、小风量），也就是利用低氮燃烧技术所描述的"缺氧燃烧、富氧燃尽"来降低 NO_x 的生成。在"缺氧燃烧"阶段，由于氧气浓度较低，燃料的燃烧速度和温度降低，抑制了热力型 NO_x 生成，氮燃料不能完全燃烧，中间产物如 HCN 和 NH_3 会将部分已生成的 NO_x 还原成 N_2，从而抑制了燃料 NO_x 的排放；然后再将燃烧所需空气的剩余部分以二次风形式送入，即"富氧燃尽"阶段，虽然空气量增多，但此阶段的温度已经降低，新生成的 NO_x 量十分有限，因此总体上 NO_x 的排放量明显减少，可降低 NO_x 排放 20%～30%。当氧系数含量<3%，产生的 CO 剧增，热效率会降低。如何合理选择助燃风量，在保证低过量空气燃烧的同时，必须考虑熟料产量不受影响，对低 NO_x 型燃烧器的调节范围，做到双重调节来满足需要（即风机变频调速和喷嘴出口面积调节）。对风量和风速的配备，在不同的工艺环境，不同的煤种燃料，合理选用各风道风速。传统的内外风供给，即靠一台风量大、压头低的风机来完成，用风碟阀分配内外风、中心风的风量，调节范围小，无明显调节效果，又无法找到平衡点，造成一次风过量使用，不但高能耗，同时又人为增加 NO_x 的生成。

为实现低过量空气极限燃烧，内外风、风机分道供风，在设计低 NO_x 型燃烧器时，采用了为拉法基、海德堡公司制造加工的新技术，以及完善的成功经验，以低氮燃烧器技术的特定要求，一次风采用一台风机单独供风，二台风机均配有变频调速电机。在海拔高度＜800m的情况下，其风机参数见表10-2。

表10-2　风机参数

产量 （t/d）	外净风机		内净风机		低过量极限用风量	
	风量 （m³/min）	风压 （kPa）	风量 （m³/min）	风压 （kPa）	风量 （m³/min）	风压 （kPa）
2500	35	49	45	29.4	60～80	50～70
5000	80	49	70	29.4	55～75	50～70

二台风机分别向指定的风道送风，使每个风道均能达到理想的出口风速，对火焰形状、长短、粗细真正能达到调节灵活，得心应手。低 NO_x 型系列煤粉燃烧器外形图如图10-3所示。

图10-3　低 NO_x 型系列煤粉燃烧器

低 NO_x 燃烧器采用了"二高二大二低一强"的设计理念。风速、风压对照表见表10-3。

"二高"是指端部净风喷嘴出口风速高，其包裹性能好，火焰四周更光滑，有效控制局部高温点和窑衬的使用寿命。内外净风压头高为高风速提供保障。

"二大"是指端部出口的集体风速与二次风速相比，速差大有利于动能和热能的交换，抗干扰气流，穿透性能推力大，火焰更强劲。

"二低"是指低过剩空气系数燃烧（占总风量的6%），低 NO_x 排放。

"一强"是指强旋流，强旋流产生强涡流，强涡流吸卷循环二次热风能量强，风煤混合更充分，有效缩短煤粉燃尽时间，对高硫高灰分煤和低挥发分、低热值煤的煅烧，与其他结构形式的燃烧器相比，能起到更好的效果。

表10-3　风速、风压对照表

各风道风 速、风压	外净风		煤风		内净风		中心风	
	风速 （m/s）	风压 （kPa）	风速 （m/s）	风压 （kPa）	风速 （m/s）	风压 （kPa）	风速 （m/s）	风压 （kPa）
单风机燃烧器	180～200	15～25	25～35	58～68	160～180	13～20	40～60	5～10
低 NO_x 双 风机燃烧器	250～340	35～45	25～35	58～68	200～280	25～35	60～100	10～15

② PYROJET 四风道燃烧器

PYROJET 四风道燃烧器可烧劣质褐煤，喷嘴中心装有点火用液体或气体燃料喷嘴，其外部第一环形风道鼓入 0.06MPa 低压风顶住回流风。而第二层环形风道出口装有螺旋风翅（相当于三风道喷嘴内旋流风），风量为 2.4%，风速为 160m/s。第三层环形风道是送煤粉风道，其风量 2.3%，风速 24m/s；最外环不是环形风道，而是一圈环状布置的 8~18 个独立喷嘴。由一台旋转活塞风机供以 0.1MPa 左右的高风压，通过这些喷嘴，喷出风速高达 440m/s，风量为 1.6%。喷出的高速射流，可将高温二次风卷吸到喷嘴中心，可加速煤粉燃烧。煤粉着火速度与喷射嘴数即与喷射风量有关。

一般三风道燃烧器，设计一次风量是燃烧空气总量的 10%~15%，而 PYROJET 设计一次风量是 6%~9%，大量降低了一次风量，可以增加高温二次风量和热回收率，有利于提高窑系统热效率和窑产量。

试验结果证实，采用 PYROJET 喷嘴的燃烧器，由于喷嘴外风高速喷射卷吸高温二次风进喷嘴中心，使煤粉着火速度加快，使氮和氧来不及化合，可以减少 NO_x 形成。根据试验可使窑尾废气 NO_x 含量降低 30%。在严格限制 NO_x 排放量的要求下，PYROJET 喷嘴是低排放 NO_x 的最好燃烧器，因而获得了广泛应用。

③ Duoflex 型燃烧器

1996 年推出的新型第三代回转窑用 Duoflex 燃烧器，利用煤风管的伸缩，改变一次风出口面积调节一次风量。该燃烧器具有以下特点：

a. 保证总的一次风量 6%~8%，选择恰当的一次风机风压，以获得要求的喷嘴出口风速，大幅度提高一次风压的冲量达 1700N·m/s 以上，强化燃料燃烧速率，能满足燃烧各种煤质的燃料。

b. 为降低因提高一次风喷出速度而引起风道阻力损失，在轴向风和涡流风道出口较大空间内使两者预混合，然后再由同一环形风道喷出。燃烧器喷嘴前端的缩口形状，使相混气流的轴向风具有趋向中心的流场，而涡旋风具有向内旋转力，有助于对高温二次风产生卷吸回流作用。

c. 将煤风管置于轴向风和漩涡风管之中，可以提高火焰中部煤粉浓度，使火焰根部 CO_2 浓度增加，O_2 减少，在不影响燃烧速度条件下维持较低温度水平，可以有效地抑制 NO_x 生成量。

d. 为了抵消高涡旋外部风在火焰根部产生剩余负压，防止未燃尽的煤粉被卷吸而压向喷嘴出口，造成回火，影响火焰稳定燃烧，在煤风管内增设中心风管，其中心风量约为一次总风量的 1%。在中心风管出口处设有多孔板，将中心风均匀地分散成许多风速较高的流束，防止煤粉回火，实为一个功能良好的火焰稳定器。此外，中心风管起保护和冷却点火油管的作用。

e. 煤风管通过手动涡轮驱动可前后伸缩，有精确刻度指示伸缩位置。只伸缩煤风管可维持轴向风和涡旋风比例不变，使调节一次风出口风道面积达 1:1/2，即一次风量调节范围为 50%~100%，且可以无级调节。这样可适应煤质变化，灵活调节火焰形状。除这种伸缩煤风管调节方式外，还有另一调节轴向风和涡旋风管闸门，在窑点火时，需要调节轴向风和涡旋风比例时才调节这两个阀门。正常运转时，该两阀门完全打开，只通过伸缩煤风管就能调节火焰形状以满足生产需求，既降低了一次风管道通风阻力，又简化了调节手续。

f. 煤风管伸缩处用膨胀节相连，确保密封性能良好，其伸缩距离约为 100mm，当其退缩至最后端位置时，喷嘴一次风出口面积最大，其风量也最大，这样喷嘴出口端形成长约 100mm 的拢焰罩，对火焰根部有聚束作用。相反煤风管伸至最前端，喷嘴一次风出口面积最小，其风量最小，拢焰罩长度等于零，一般生产情况下，拢焰罩长度居中以便前后调节。

g. 在燃烧器结构设计方面，加大各层风管直径，提高了喷煤管强度和刚度。风管后端用法兰连接，前端用定位凸块、恒压弹簧和定位钢珠，具有良好对中定位和锁定功能，保证各层风道同心度；加大了煤风管进口部位空间，可降低煤风速，减少了煤风进入角度，以及易磨损部分堆焊耐磨层可减小磨损；喷嘴用耐热合金钢制成，燃烧器使用寿命可达 15 年。

Duoflex 燃烧器一般为了达到低 NO_x 燃烧的目的，都采用低温燃烧或低氧燃烧技术，对燃料的适应性比较差，在我国优质煤产量降低价格过高的国情下，水泥生产企业对劣质煤、无烟煤的使用积极性很高。这些劣质煤要么就是热值较低，需要通过约束燃烧器火焰加速燃料的燃烧，要么需要高温高氧的条件来实现快速燃尽，对于水泥熟料的原料易烧性较差的生产系统而言，更需要通过加大一次风量提高火焰温度才能生产出合格的熟料，这使得低 NO_x 燃烧器的推广难度大大增加，也对此技术提出了更高的要求。

四、工程实例

1. 贵州西南水泥 2500t/d 水泥熟料生产线低氮燃烧技术改造

以贵州西南水泥 2500t/d 水泥熟料生产线低氮燃烧技术改造工程为例，图 10-4 为该项

图 10-4　改造后窑尾煤粉输送管道系统图

目改造后窑尾煤粉输送管道系统图。上层 2 个喷煤嘴为水泥窑原有喷煤嘴，下层新增 2 个喷煤嘴。另外，同时改造分解炉锥体，缩小锥体直径，从而提高烟气流速。本工程主要是对喷煤管道进行改造，先通过原有煤粉输送管道上的三通分料器，把原有管道一分为二，再通过每个支管上的三通分料器把原有管道一分为四，再把四条支管连接到分解炉的喷煤嘴套管上。在每个支管上设有管夹阀和刀型手动单向闸阀，以便对各条支管进行独立开关控制。悬空管道可由吊架固定在上层框架上。图 10-5 为该线低氮燃烧技术改造工程工艺施工图。图 10-6 为该线低氮燃烧技术改造工程实例。

图 10-5　低氮燃烧技术改造工程工艺施工图

图 10-6　低氮燃烧技术改造工程现场实例

2. 龙元建设安徽水泥有限公司脱氮管改造工程

龙元建设安徽水泥有限公司脱氮管改造工程是在三次风管和 40.070m 平台以上的分解炉区域之间加一节脱氮风管，脱氮风管的下端连接三次风管，上端连接进入分解炉中上部，从而实现将分解炉燃烧用的空气分两阶段分级加入。脱氮风管下方设有膨胀节，上方设有高温闸阀，在 40.070m 平台上的水平风管设有支撑；在竖直风管处设有支座。本项目改造内容包括：三次风管调整和改造、脱氮风管配置、高温闸阀控制系统、支撑和窑尾框架加固。图 10-7 为该项目脱氮风管改造工艺施工图。图 10-8 为该项目脱氮风管改造现场照片。

图 10-7 脱氮管改造工艺施工图

图 10-8 脱氮风管改造现场

239

第十一章 选择性催化还原法（SCR）烟气脱硝技术

第一节 SCR 烟气脱硝技术原理

SCR 烟气脱硝技术最早于 20 世纪 70 年代晚期在日本的工业锅炉和电厂机组上得到试验应用。近十多年来选择性催化还原烟气脱硝技术（以下简称 SCR）发展较快，在欧洲和日本得到了广泛的应用，近几年来国内也得到了大量应用。目前选择性催化还原烟气脱硝技术主要应用于燃煤、燃油电厂及玻璃制造等领域。SCR 技术的脱硝效率主要取决于反应温度、反应空气速度、NH_3/NO_x 比值和烟气、催化剂床层的停留时间以及气流分布。SCR 脱硝反应温度一般为 $300 \sim 450 ℃$，目前在有预热器的新型干法熟料水泥生产线上，该温度区间正好对应水泥窑尾预热器出口的烟气温度，合适的温度区间为水泥窑 SCR 烟气脱硝的应用提供了条件。

水泥窑 SCR 技术的工艺为在预热器出口的管道上将烟气（$300 \sim 400 ℃$）引入 SCR 反应器，在进入反应器前的管道上或预热器 C1 筒处加入还原剂氨，氮氧化物在催化剂作用下被氨还原为无害的氮气和水：

$$4NO + 4NH_3 + O_2 \longrightarrow 4N_2 + 6H_2O \tag{11-1}$$

$$4NH_3 + 2NO_2 + O_2 \longrightarrow 3N_2 + 6H_2O \tag{11-2}$$

$$NO_2 + NO + 2NH_3 \longrightarrow 2N_2 + 3H_2O \tag{11-3}$$

SCR 法具有较高反应效率，可以保证废气中 NO_x 浓度降到 $100 \sim 200 mg/Nm^3$，NO_x 的减排效果高达 80% 以上，但 SCR 需要使用和消耗价格昂贵的金属催化剂。与电力行业相比，由于水泥企业废气的粉尘浓度很高，碱金属含量较高，易使催化剂中毒和堵塞，一次性投资成本和运行成本均较高，且成熟的工程实例较少。

在水泥行业项目中，SCR 反应器可以有三种不同的安装位置，即高温/高尘、高温/中尘、低温/低尘。

1. 高温高尘布置：SCR 系统安装在窑尾预热器 C1 筒废气出口处，气体温度在 $300 \sim 360 ℃$，可以满足 SCR 所需要的反应温度窗口，但是 C1 筒出口处粉尘浓度高，有堵塞催化剂的风险，也会加快催化剂的磨损，烟气中含有碱金属、重金属，可导致催化剂中毒，影响 SCR 系统的效率，也可能影响水泥窑系统的稳定运行。

2. 高温中尘布置：在预热器后 SCR 反应器前安装一台高温电除尘，降低烟气中粉尘浓度，减轻了催化剂堵塞的风险，可采用常规催化剂，但相对于高尘布置，此布置的投资高，占地面积大。

3. 低温低尘布置：SCR 反应器布置在窑尾除尘器后，这时烟气中含尘浓度低，但烟气温度也降低，需要采用低温催化剂或采用热交换器对烟气进行二次加热，才能保证烟气温度满足催化剂的工作要求。目前该工艺主要问题在于低温催化剂的研发，若采用二次加热法投资大，工艺复杂。水泥窑烟气 SCR 脱硝的三种布置方案如图 11-1 所示。

图 11-1　水泥窑烟气 SCR 脱硝的三种布置方案

目前国内水泥窑还没 SCR 脱硝工程应用实例。在国外，水泥窑主流的 SCR 脱硝工艺布置是高温/高尘布置法，即反应器布置在窑尾预热器 C1 筒之后。此时烟气中的全部粉尘均会通过反应器，反应器的工作条件是在"原始"的高尘烟气中。由于这种布置方案的烟气温度在 300～360℃的范围内，适合于常规催化剂的反应温度，所以脱硝反应的效率很高，而且增加的设备较少，仅采取应对烟气高浓度粉尘的技术手段。

对 SCR 系统的限制因素因运行环境和工艺过程而变化。这些制约因素包括系统压降、烟道尺寸、窑尾空间、烟气微粒含量、逃逸氨浓度限制、SO_2/SO_3 氧化率、温度和 NO_x 浓度等，都影响催化剂寿命和系统的设计。从目前技术来看，要达到 NO_x 排放在 $200mg/m^3$ 以下水平时，SCR 工艺是相对经济高效的脱硝技术。

第二节　水泥窑 SCR 系统用催化剂

催化剂是 SCR 工艺的核心部件，其性能的优劣将直接影响到脱硝效率和运行寿命。催化剂的选取主要根据反应器的布置、入口烟气成分及其温度、烟气流速、NO_x 浓度、烟尘含量与粒度分布、脱硝效率、允许的氨逃逸率、SO_2/SO_3 转化率以及使用寿命等因素确定的。

由于水泥窑烟气中的烟尘含量高，在反应器的设计和催化剂的选择上应采取较低的催化剂通流速度，来平衡飞灰对催化剂的冲蚀磨损和防堵灰两方面的问题，通过对催化剂节距、孔径、体积的选择来满足催化剂通流速度、脱硝效率、运行寿命等方面的要求。

一、催化剂的选择

催化剂是 SCR 工艺的核心，投资较高，水泥窑 SCR 工艺应优先采用国产成熟技术的脱硝催化剂。为了使水泥窑系统安全、经济地运行，SCR 工艺使用的催化剂应达到下列要求：

（1）低温度时在较宽温度范围具有较高的活性；

（2）高选择性（SO_2 向 SO_3 转换率和其他方面作用低即副反应少）；

（3）对二氧化硫（SO_2）、卤族酸（HCl，HF）和碱金属（Na_2O、K_2O）和重金属（如As）具有化学稳定性；

（4）克服强烈温度波动的稳定性；

（5）对于烟道压力损失小；

（6）寿命长、成本低；

（7）较强的防堵灰能力。

二、催化剂的种类

SCR 脱硝普遍采用氧化钛基催化剂，根据外观形状可分为蜂窝式、板式与波纹式三种。这些催化剂的矿物组成比较接近，都是以 TiO_2（含量约 $80\%\sim90\%$）作为载体，以 V_2O_5（含量约 $1\%\sim2\%$）作为活性材料，以 WO_3 或 MoO_3（含量约占 $3\%\sim7\%$）作为辅助活性材料，具有相同的化学特性，但外观形状的不同导致物理特性存在较大差异。

（1）蜂窝式：世界范围内有许多家公司在生产这种催化剂。采取整体挤压成型，单位体积的催化剂活性高，相同脱硝效率下所用催化剂的体积较小。为增强催化剂迎风端的抗冲蚀磨损能力，上端部约 $10\sim20mm$ 长度采取硬化措施。

（2）板式：以金属板网为骨架，采取双侧挤压的方式将活性材料与金属板结合成型。开孔率较高，达到 $80\%\sim90\%$，防灰堵能力较强，适合于灰含量高的工作环境。但因其比表面积小（$280\sim350m^2/m^3$），要达到相同的脱硝效率，需要体积数较大。采用板式催化剂设计的 SCR 反应器装置，相对荷载大（体积大）。

（3）波纹式：它以玻璃纤维或者陶瓷纤维作为骨架，非常坚硬。孔径相对较小，单位体积的比表面积最高。此外，由于壁厚相对较小，单位体积的催化剂重量低于蜂窝式与板式。在脱硝效率相同的情况下，波纹式催化剂的所需体积最小，且由于比重较小，SCR 反应器体积与支撑荷载普遍较小。由于孔径较小，一般适用于低灰含量的烟气环境。

这三种类型催化剂的加工工艺不同，但其化学特性接近，都能够满足不同级别的脱硝效率要求，并有大量的应用业绩。为了加强不同类型催化剂的互换性及装卸的灵活性，均将催化剂单体组装成标准化模块尺寸（每个模块截面约 $1.9m\times0.96m$）。蜂窝式催化剂为了提高飞灰的抗冲蚀能力，通常将约 $20mm$ 高度的迎风端采取固化措施。各种形式的催化剂比较参见表 11-1。

表 11-1 不同形式催化剂比较

项 目	蜂窝式	板 式	波纹板式
结构形式			

续表

项　目	蜂窝式	板　式	波纹板式
基材	整体挤压成型	不锈钢网	纤维
加工工艺	均匀挤出式	涂覆式（钢架构支撑）	覆涂式（玻璃纤维架构支撑）
比表面积	1.5～1.8	1	1.27
同等条件下所需体积	1	1.4	1.2
开孔率	80%	87%	75%
抗堵性	强	强	中等
抗磨性	强	强	中等
压损	1.12	1	1.48
全球业绩	≈65%	≈33%	很少

蜂窝式催化剂由于具有较大的比表面积，因而在同等工程设计条件下，需要的体积量较小，从而可以减小反应器尺寸，降低建设 SCR 脱硝装置的初期投资成本。因此，根据水泥窑 SCR 工程的烟气参数，推荐使用蜂窝式催化剂。

三、水泥窑催化剂设计选型

水泥窑 SCR 催化剂上与传统的电厂锅炉、玻璃窑炉 SCR 催化剂在选型上有一定的区别。

催化剂的合理选型关系到整个 SCR 系统的性能，因此需对各项性能指标（例脱硝效率，SO_2/SO_3 转化率，抗磨性等）进行实验室测试，确保能适应现场工况运行要求。与一般的燃煤锅炉应用不同的是，水泥炉窑的飞灰含量很高，且存在大量的碱土金属 CaO，在 C1 出口（SCR 反应器入口）的飞灰浓度高达 $80\sim120g/Nm^3$，针对上述问题应采用特别的措施以确保系统的高效运行。

（1）合理选择催化剂类型。目前水泥窑 SCR 系统催化剂大多使用蜂窝式和板式催化剂。根据水泥炉窑的实际飞灰浓度，应选择节距大的蜂窝式催化剂，目前国外水泥窑 SCR 系统蜂窝式催化剂一般使用 13 孔催化剂，其节距高达 11.9mm，通流截面达 10mm×10mm。

（2）催化剂合理布置形式。蜂窝式催化剂是一种陶制品，具有表面粗糙、微孔多及易碎特点。受烟气及水泥炉窑的高浓度飞灰的影响，催化剂活性随运行时间逐渐降低：运行初期，惰化速率最快；超过 2000h 后，惰化速率趋缓。为了充分发挥每层催化剂的残余活性，最大限度地利用现有催化剂，应采用"$X+1$"或"$X+2$"模式布置催化剂，初装 X 层。需要强调指出，为了 SCR 运行的经济性，在催化剂选型时宜考虑选择壁厚不小于 0.8mm 的催化剂，以便将来采用再生技术，延长催化剂的使用寿命。

（3）完善的均流、混合和整流措施，在第一层催化剂上表面的速度分布偏差控制在 10% 以内，角度偏差控制在 5° 以内，减少飞灰对催化剂表面的冲刷；

（4）催化剂前端采用表面硬化处理，防止烟气中粉尘冲刷；

（5）CaO 中毒机理的深入研究和抗 CaO 催化剂配方的设计；

（6）采用声波+压缩空气联合吹灰方式，防止催化剂表面粉尘堆积；

（7）催化剂内增加防止大颗粒丝网、导灰锥和防尘罩等的特殊设计。

四、水泥窑烟气 SCR 催化剂防中毒措施

（1）催化剂孔隙的堵塞

极小的颗粒灰会沉积在催化剂的孔隙中，并且阻拦 NO_x、NH_3 和氧进入催化剂内部反应，从而引起催化剂的失活。由细小飞灰引起的催化剂失活是正常的，设计催化剂的体积时，已经考虑到此因素。

（2）水、硫的酸性物质和硫酸氢氨的凝结

凝结在催化剂上的水会将飞灰中的有毒物（碱金属、钙、镁）转移到催化剂上，从而导致催化剂失活，飞灰硬化并阻塞催化剂，使吹清灰能力下降。

停机时，温度的波动也会引起水蒸气的凝结，所以保持温度在烟气露点以上是非常重要的。在低于露点温度运行时，含硫的酸性物质会凝聚在催化剂上，从而导致催化剂失活。由于不会发生长期低于露点温度下连续运行的情况，且可限制在露点温度下的启动次数，所以不会由于硫酸引起明显的催化剂失活。

（3）未燃烟气与催化剂的接触

未燃烟气与催化剂接触时，会严重降低催化剂的活性，而且破坏催化剂内部的物理结构。因此水泥窑运行时，尽量减少不完全燃烧，特别是水泥窑启停时注意防止此类情况发生。

（4）CaO 等碱性物质引起催化剂毒化

CaO 造成 SCR 催化剂中毒的几种可能原因是：CaO 造成微孔的堵塞。飞灰中 CaO 和 SO_3 反应，吸附在催化剂表面，并形成 $CaSO_4$，会阻塞催化剂的微孔，减小了催化剂的比表面积，抑制了反应物向催化剂表面的扩散，从而影响催化剂的活性。

以上的问题，除了设计催化剂时，在化学成分、总体积、流速、孔径、表面处理等方面进行专门的设计、制造工艺处理以外，都可以充分利用吹灰器的有效运行来消除、减弱这些负面因素对催化剂带来的影响。

五、水泥窑烟气 SCR 催化剂防堵塞和防磨损措施

1. 防止催化剂表面堵塞的技术措施

（1）催化剂的堵塞主要是由于氨盐及飞灰的小颗粒沉积在催化剂小孔中，阻碍 NO_x、NH_3、O_2 到达催化剂活性表面，引起催化剂钝化。造成催化剂堵塞的原因一般如下：

① 催化剂选型有误，孔径选取过小，造成大颗粒灰在催化剂孔内搭桥，形成严重堵灰；

② 吹灰系统设计不合理，不能及时进行吹扫，造成飞灰和氨盐的沉积；

③ 系统设计不合理，反应器内部流场不均匀，局部存在涡流区，使得部分位置出现逆向流动，长时间运行后，催化剂孔内挂灰得不到烟气的冲刷，造成堵灰；

（2）针对上述造成堵灰的原因，将采取下列措施，保证系统安全运行：

① 催化剂孔径将根据水泥窑烟气参数进行选取，并留有一定安全裕量。

② 设置有效合理的吹灰系统，定期对催化剂孔内的浮灰进行吹扫。

③ 通过设计催化剂表面的正确流量分布，能够将飞灰沉积的问题最小化。此项工作通过正确的 SCR 系统烟道设计、计算流体动力学（CFD）和建立实物流场模型实验来完成。确保催化剂入口前流场均匀，减少死角造成的积灰。

④ 催化剂上部密封装置设置成屋脊型，避免催化剂模块间、催化剂模块与反应器间的积灰。

⑤ 氨盐沉积的问题可以通过合理的设计和运行 SCR 系统来解决。氨盐形成的原理是，NH_3 与 SO_3 在一定的低温下形成黏性杂质覆盖催化剂表面导致其失效。因此首先要设计合适的催化剂体积，避免 NH_3 的逃逸，同时设计合理的催化剂配方，降低 SO_2 到 SO_3 转化率，再加上合理的系统的设计，特别是混合装置的设计，使催化剂表面烟气浓度达到均布。运行上，注意停止喷氨的温度，使 SCR 运行温度在氨盐形成之上，同时选择合适的 NH_3/NO_x 摩尔比，就能避免氨盐沉积的问题。

2. 防止催化剂表面磨损的技术措施

催化剂的磨蚀主要是由于飞灰撞击在催化剂表面形成的。磨蚀强度与气流速度、飞灰特性、撞击角度及催化剂本身特性有关。

经验已经表明，当系统设计正确、催化剂材料耐久性适宜和催化剂边缘硬化后，不会发生明显的腐蚀。催化剂入口处较差的流型和飞灰分布是大多数问题的起因，该问题在 SCR 整个发展历史中已经得到了很大改进。在使用流量模型（CFD）的时候，一定要注意安装冷流整流格栅以便使流向催化剂的烟气以直线进入催化剂。由于大多数的催化剂腐蚀是发生在直接暴露在尘粒冲击的催化剂边缘，所以，催化剂在入口部分或许应该加以硬化以提供更进一步的保护。为了保证催化剂在水泥窑烟气工况下的抗磨损能力，所采用的催化剂采用了表面特殊涂层处理和前端硬化处理来提高耐磨和防堵灰措施。如图 11-2 和图 11-3 所示。

图 11-2　表面没有涂层的催化剂和表面有涂层的催化剂

六、水泥窑烟气 SCR 催化剂失效后的处理方式

（1）蜂窝式催化剂由原材料混合、挤压、成型、干燥、塑造。由于蜂窝式催化剂的本体内外全部是催化剂材料制成，因此即使催化剂表面遭到灰分等的破坏磨损，仍然能维持原有的催化性能，因此蜂窝式催化剂可以再生。催化剂的再生可以分为在线和离线两种再生技术（图 11-4 和图 11-5）。

图 11-3　边缘硬化的催化剂

（2）催化剂再生的步骤：

① 首先在实验室对失活的催化剂进行测试。

② 对同类失活的催化剂进行再生。

③ 对再生后的催化剂进行活性测试。

④ 通过比较找出最好的再生方法。

⑤ 根据现场的实际情况选择是现场再生还是离线再生。

图 11-4　催化剂的在线再生技术

图 11-5　催化剂的离线再生技术

再生后的催化剂催化性能可以恢复到最初性能的 60%～80%。催化剂再生的成本一般是新催化剂的 30%～50%（在线方法）或者 40%～60%（离线方法）。

（3）废弃催化剂的处置

失活的催化剂若不想再利用，则按照固体废弃物相关的标准进行处置。

七、水泥窑 SCR 催化剂清灰

我国水泥窑排放的烟气中灰分含量普遍较高，进入 SCR 系统反应过程中，对催化剂的活性和寿命都产生了不利的影响，为了预防灰粉堆积在催化剂表面，需要选择适当的吹灰器。根据 SCR 反应器内的烟气成分和催化剂的性质，目前普遍应用的是声波吹灰器、蒸汽吹灰器和压缩空气吹灰器。

1. 工作原理

（1）声波吹灰器工作原理

声波吹灰器（膜片式）是利用金属膜片在压缩空气的作用下产生声波，高响度声波对积灰产生高加速度剥离作用和振动疲劳破碎作用，积灰产生松动并落下。它的基本原理是通过声波发生器将压缩空气调制成声波，将压缩空气的能量转化为声能（声波）。声波在弹性介质（反应器内空间）里传播，声波循环往复的作用在催化剂表面的积灰上，对灰粒之间及灰粒和催化剂壁之间的结合力起到减弱和破坏的作用，声波持续工作，那种结合力必然会减弱，当它减弱到一定程度之后，由于灰粒本身的重量或烟气的冲刷力，灰粒会掉下来并被烟气带走。

（2）蒸汽吹灰器工作原理

蒸汽吹灰器是利用高压蒸汽的射流冲击力清除设备表面上的积灰。

（3）压缩空气吹灰器工作原理

压缩空气吹灰器则是利用一定压力和一定流量的压缩空气，从吹灰器喷口高速喷出，对积灰面进行吹扫，以达到清除积灰的目的。

2. 机理比较

声波吹灰技术是利用声波发声器，把调制高压气流而产生的强声波，馈入反应器空间内。由于声波的全方位传播和空气质点高速周期性振荡，可以使表面上的灰垢微粒脱离催化剂，而处于悬浮状态，以便随烟气流带走。声波除灰的机理是"波及"，吹灰器输出的能量载体是"声波"，通过声场与催化剂表面的积灰进行能量交换，从而达到清除灰渣的效果，作用力为"交流"量。而传统的高压蒸汽/压缩空气吹灰器，是"触及"的方法，输出的能量载体是"蒸汽/压缩空气射流"，靠"蒸汽/压缩空气射流"的动量直接打击催化剂表面上的灰尘，使之脱落，作用力为"直流"量。就"直流"与"交流"对比而言，"交变"的作用力应更容易使灰渣脱落。

3. 在 SCR 应用技术特点分析

（1）对催化活性影响

声波吹灰器是预防性的吹灰方式，阻止灰粉在催化剂表面形成堆积，而蒸汽/压缩空气吹灰是待灰形成一定的厚度后，再进行吹扫清除。声波吹灰器能够保持催化剂的连续清洁，最大限度、最好地利用催化剂对脱硝反应的催化活性。

（2）对催化剂的寿命影响

经试验和现场测试证明声波吹灰器对催化剂没有任何的毒副作用，蒸汽吹灰方式由于湿度的影响，长期的运行对催化剂的失效影响很大，有对催化剂发生腐蚀和堵塞的危险。另外，通过国外部分案例分析表明，在高 CaO 烟气中采用蒸汽吹灰器比采用声波吹灰器更容易发生催化剂钙中毒现象。

声波吹灰器对催化剂没有磨损，延长催化剂使用寿命，是非接触式的清灰方式，降低SCR 的维护成本。蒸汽/压缩空气吹灰方式依靠机械的蒸汽/压缩空气的冲击力来实现清灰，高速的蒸汽/压缩空气流夹杂着粉尘，对催化剂的表面磨损非常厉害，导致催化剂的使用寿命缩短，维护成本变高。

（3）吹灰覆盖范围

声波吹灰器不存在清灰死角问题，声波吹灰器由于是依靠非接触式的声波，实现灰尘从结构表面脱落而被烟气带走，声波在结构的表面能来回地反射及衍射，从而不存在死角，清灰非常彻底。蒸汽/压缩空气吹灰方式依靠的是机械的蒸汽/压缩空气的冲击力来实现清灰，在蒸汽/压缩空气流的末端，蒸汽/压缩空气的冲击力衰减大，吹灰效果很差，导致局部积灰严重，存在清灰死角。

（4）声波吹灰系统对 SCR 系统的设计、安装、调试带来的便利

声波吹灰器结构简单，重量轻，安装简便；没有复杂的控制系统、运动机构，也不需要大功率耗电；在 SCR 反应器设计中，可以大量减少平台及平台支撑钢结构的设备，节省大量的钢材；声波吹灰器的平台只需要 1.5～2m，而同样布置的蒸汽/压缩空气吹灰器需要 6～7m 的平台。

简化了管路的设计，而蒸汽/压缩空气吹灰器的管路设计复杂。

简化了控制系统的设计，只需要一个 DO 信号就可以控制声波吹灰器的运行，而蒸汽/压缩空气吹灰器吹灰的电路众多且复杂。

声波吹灰器安装简单，3 个工人每天就可以安装 4～5 台，可以节约大量的施工周期。而蒸汽/压缩空气吹灰器结构众多，安装时间长。

声波吹灰器的调试简单，由于每个声波吹灰器都是标准化产品，在出厂前已经对其声学性能进行了调试，现场调试只要声波能正常发声就可以。蒸汽/压缩空气吹灰器的调试就非常麻烦，先要进行冷态调试，再进行热态调试，调试时间长，且有很多不确定性因素。

压缩空气吹灰和声波吹灰的优缺点比较参见表 11-2。

表 11-2　蒸汽/压缩空气吹灰和声波吹灰方式比较

吹灰方式	蒸汽/压缩空气吹灰	声波吹灰
优点	（1）吹灰能量大； （2）对结渣性较强，灰熔点低和较黏的灰有较明显效果	（1）能量衰减慢； （2）无死区； （3）无副作用，对催化剂无损害； （4）结构紧凑，故障率极低，维护成本低； （5）价格低廉，安装简单，不需要大型安装平台，节约安装费用； （6）耗气量小，运行成本低
缺点	（1）死区； （2）采用半伸缩结构，活动部件多，故障率高，机械、电气维护和检修量大； （3）蒸汽/压缩空气耗量大，运行成本高； （4）压缩空气需要加热	（1）仅对松散结灰有效果； （2）能量较小，对严重堵灰以及坚硬的灰垢无法清除； （3）作用距离有要求

根据水泥窑烟气中粉尘的特性，推荐采用声波吹灰器＋压缩空气吹灰器联合的方式，正常运行时采用声波吹灰器，减少粉尘沉积，定期采用压缩空气吹灰器，吹除积灰。

第三节　水泥窑采用 SCR 与 SNCR 的比较

SNCR 就是不采用催化剂的情况下，用氨或尿素与烟气中的 NO_x 反应脱硝的技术。和 SCR 相比，其特点是：

1. 不使用催化剂。

2. 参加反应的还原剂除了可以使用氨水以外，还可以用尿素溶液。而 SCR 烟气温度比较低，尿素必须制成氨气后才能喷入烟气中。

3. 因为没有催化剂，因此脱硝还原反应的温度比较高，比如脱硝剂为氨时，反应温度窗为 $800\sim1050℃$。当烟气温度大于 $1100℃$ 时，氨就会开始被氧化成 NO_x，到 $1200℃$，氧化速度会明显加快，一方面，降低了脱硝效率，另外一方面，增加了还原剂的用量和成本。当烟气温度低于 $780℃$ 时，脱硝的反应速度大幅降低，氨逃逸增大。

4. 为了满足反应温度的要求，喷氨控制的要求很高。喷氨控制成了 SNCR 的技术关键，也是限制 SNCR 脱硝效率和运行的稳定性、可靠性的最大障碍。

5. 氨逃逸率一般控制在 $5\sim10ppm$，而 SCR 控制在 $2\sim5ppm$。

6. 由于反应温度窗以及漏氨的限制，脱硝效率较一般为 $40\%\sim70\%$。而 SCR 的脱硝效率在技术上几乎没有上限，只是从性价比上考虑，国外一般性能保证值为 90%。

7. SCR 在催化剂的作用下，部分 SO_2 会转化成 SO_3，而 SNCR 没有这个问题。总之，SNCR 技术是成熟的经济的烟气脱硝技术。它与 SCR 技术相比，具有投资少、运行费用低、周期短的优点。如能结合低 NO_x 燃烧技术联合使用，运行费用则更低。

下面是两种脱硝工艺从不同角度进行比较。

一、技术指标比较

就 SCR 法脱硝与 SNCR 法脱硝这两种技术本身而言，SCR 法脱硝效率更高，从国外运行的几个 SCR 工程实例看，脱硝效率可达 90% 以上。

二、稳定性比较

由于水泥炉窑灰尘含量高达 $80\sim120g/m^3$，易造成催化剂孔隙堵塞，使系统压降迅速增加，从而给引风机正常运行产生严重威胁，从而影响水泥窑生产线长期稳定运行。水泥窑烟气中钠、钾等水溶性碱金属化合物易与催化剂中 V_2O_5 反应导致催化剂中毒，降低其活性。另外烟气中高浓度 CaO，与经催化剂氧化而成的 SO_3 生成 $CaSO_4$，覆盖在催化剂表面，降低其活性。一旦发生催化剂磨损严重，活性下降偏离其设计值，氨逃逸迅速上升，需要停运 SCR 系统，进行催化剂的更换。在未设反应器旁路时，停运 SCR 意味着停运整条新型干法熟料水泥生产线。相比之下，SNCR 系统简单许多，关键设备还原剂喷枪通常在分解炉或烟道上分层多点布置，当某个喷枪需检修，其余喷枪亦可正常工作，对于生产线的连续运行不产生任何影响。

水泥炉窑 SCR 法烟气脱硝和 SNCR 法烟气脱硝技术指标比较见表 11-3。

表 11-3　水泥炉窑 SCR 法烟气脱硝和 SNCR 法烟气脱硝技术指标比较

技术指标	SCR 法	SNCR 法
脱硝效率（%）	$80\sim90$	$40\sim70$
净烟气中 NO_x 浓度（mg/m^3）	<150	<400，最佳可达到 200
氨氮摩尔比	$1.0\sim1.1$	$1.2\sim1.8$
系统阻力（Pa）	1000	无
氨逃逸（mg/m^3）	<5	<10

三、SCR 和 SNCR 对其余污染物浓度的影响

目前，研究证明 SCR 法所使用的催化剂对烟气中 NO_x 进行脱除的同时，对其余污染物，如汞、二恶英/呋喃、N_2O、CO、PM、VOCs 等多种污染物也产生一定的影响，部分污染物经 SCR 反应器，被协调脱除，部分污染物如 CO，由于 CO 的燃尽与脱硝反应同为需氧的竞争性反应，导致 CO 有所上升。关于两种脱硝方法对污染物的影响见表 11-4。

表 11-4　两种脱硝方法对污染物的影响

污染物	SCR	SNCR	备 注
氨逃逸	微量增加	轻微增加	SNCR 比 SCR 高
N_2O	增加		
CO	增加		
CO_2	增加		
PMO	增加	增加	氨逃逸生成铵盐
Hg	减少	减少	HgO 被部分氧化成水溶性较好的 Hg^{2+}
VOCs	减少		催化剂对其有一定脱除效果
二恶英/呋喃类	减少		催化剂对其有一定脱除效果

四、经济指标比较

建设投资成本方面：还原剂储罐、还原剂输送系统、还原剂稀释混合模块、喷射系统和控制系统等为 SCR 法和 SNCR 法共同需增加的设施。SCR 法需额外增加 SCR 反应器及连接烟道等钢材及其辅助材料、支撑烟道及反应器的钢结构、催化剂。对于高尘布置 SCR，尚需增加清洁催化剂的吹灰装置；对于低尘 SCR，则需增加换热器对烟气进行再加热。对于已有新型干法熟料水泥生产线，SCR 引起整个烟道系统压降增加，需对现有引风机进行扩容改造。SNCR 法则仅需在合适位置开口，将喷枪安装固定即可，工程量较之 SCR 法少很多。运行成本方面：还原剂消耗费用、泵送单位电耗、燃料额外消耗量、劳动力成本和脱硝系统的日常维护费用等为 SCR 法和 SNCR 法共同耗费。SCR 法多出催化剂更换维护费用，高尘 SCR 另多出吹灰系统的电耗和吹灰介质的消耗；低尘 SCR 则需额外能量/热量对烟气进行再加热，使其升至催化剂活性温度窗口。

第四节　水泥窑采用 SCR 应用实例

目前水泥窑 SCR 系统在国内还没有工程应用案例，现有的工程应用案例基本在欧美国家。截至 2013 年底世界上采用 SCR 工艺进行脱硝系统的新型干法熟料水泥生产线一共有 7 条，分别是：

（1）德国 Solnhofen 水泥厂，SCR 系统采用高温高尘布置工艺，于 2001 建设并投入试验运行，2005 年停止使用。

（2）意大利 Cemenleria dl Monselice 水泥厂，SCR 系统采用高温高尘布置工艺，于 2006 投运，一直正常运行至今。

（3）意大利 Cementena di Sarche 水泥厂，SCR 系统采用高温半尘布置工艺，于 2007 年

投运，该生产线为立波尔窑。

（4）德国 Schwenk Mergelstetten 水泥厂，SCR 系统采用高温高尘布置工艺，2010 年 4 月建成投运。

（5）德国 Rohrdorf Zement 水泥厂，SCR 系统采用尾部低尘布置工艺，于 2011 年 3 月建成投运。

（6）奥地利拉法基 Mannersdorf 水泥厂，SCR 系统采用高温半尘布置工艺，于 2012 年 4 月投运。

（7）美国 Joppa 水泥厂，SCR 系统采用高温半尘布置工艺，于 2013 年 3 月投运，该生产线为干法长窑。

另外意大利 Renato ltalcementl 水泥厂、德国 Kollenbach 水泥厂正在进行水泥窑 SCR 脱硝系统的设计，计划建设相应的水泥窑 SCR 脱硝系统。

这些国外成功案例说明 SCR 技术可以应用在水泥窑脱硝上，并且 SCR 脱硝系统用于水泥窑的尾气排放控制具有自身的优势，可以提供 90% 以上的 NO_x 净化效率，以及稳定在 $200mg/m^3$ 以下的 NO_x 排放浓度。实践证明 SCR 系统也可以用于具有很高灰分量的烟气处理。

一、SCR 工程案例一

1. 概述

Solnhofer Portland-Zementwerke（以下简称 Solnhofer）水泥厂位于德国，拥有一条 1800t/d 新型干法熟料水泥生产线，由于德国的水泥需求量减少，当时产量为 1100t/d。该水泥厂使用废旧轮胎等替代燃料，用量有时会超过燃料总量的 50%，故一般时候执行 $500mg/m^3$，在替代燃料超过 50% 时执行 $200mg/m^3$ 的氮氧化物排放标准。厂方从 1997 年开始研究脱硝相关措施，2000 年左右安装了 SNCR 脱硝系统，并于 2001 年开始运行 SCR 的脱硝系统，但 SNCR 和 SCR 系统不同时使用。

这是第一个全面可控 SCR 示范装置，在德国政府的资助下建成。这个工厂从 2001 年投入运行。Solnhofer 决定采用高尘 SCR 系统的原因如下：

（1）与 SNCR 相比，较低的 NH_3 消耗量产生较低的运行成本。

（2）在四级预热器顶部，废气温度为 320～350℃，这个温度适合 SCR 技术并且不需要再加热（对于袋收尘和烟囱之间的配置），因此降低能源成本和压力损失。

Solnhofer 的 SCR 反应器允许安装 6 层催化元素，但只有三层在使用。每层包含 6 个模块，每个模块有 72 块催化单元。每个催化单元的尺寸为 15cm×15cm×90cm，梳状结构，基于 TiO_2 和 V_2O_5 的特殊组成，为避免堵塞选用 13mm 的螺距（中间层螺距为 10mm）。综合吹灰系统用预热的高压空气去除催化剂表面的附着灰尘。空气喷嘴不断地在每个催化层移动，因此不需要去除催化剂上的灰尘。通过优化除尘系统，每吨水泥熟料的高压空气消耗量从最初的 $100m^3$ 降低到 $18m^3$，这使得每吨水泥熟料的催化剂运行的能源成本大约是 0.098 欧元。

Solnhofen SCR 工厂的 SCR 工艺见图 11-6。

为了保证 SCR 反应器的最长寿命，它被设计用来进行上层操作或者下层操作，如图11-6所示。因此，综合除尘系统可以从每个催化剂层的上表面或者下表面吹走附着的灰尘。由于 Solnhofen 的长期经验并没有证明上层操作的期望的优势，所以没必要转换气流方向。因此

图 11-6　德国 SCR 实例工厂流程图（Solnhofer Portland-Zementwerke）

未来实现高尘 SCR 技术可只设计下层操作，这可以减少投资成本。

2. 环境效益和运行数据

Solnhofen 的 SCR 装置对 NO_x 的减排效率通常是 $59\%\sim67\%$。在不寻常的操作条件下，原始气体浓度达到 $3000mg/Nm^3$ 甚至更高，NO_x 减排效率会超过 80%。在常规操作的情况下，SCR 对 NO_x 的减排效率从原始气体浓度 $1000\sim1600mg/Nm^3$ 降至 $400\sim550mg/Nm^3$。必须指出，Solnhofen 工厂设计为满足 NO_x 排放浓度 $500mg/Nm^3$ 的规定，但有时相应的运行排放限值超过 $500mg/Nm^3$。在一次试验中，根据目标 NO_x 排放浓度 $200mg/Nm^3$ 增加了 NH_3 的剂量。在该试验中，实现了大约 $300mg/Nm^3$ 的排放浓度。这些结果能表明该技术的潜力，特别是只用三个催化层，残余的 NH_3 排放浓度仍然只有大约 $1mg/Nm^3$。

还原剂是 25% NH_3 的水溶液，根据废气流量、初始氮氧化物浓度和目标值，以摩尔比为 $0.8\sim0.9$ 的化学计量需求加入到顶级预热器废气中。摩尔比为 $0.8\sim0.9$ 时，NH_3 消耗量明显低于应用 SNCR 的。必须指出，来自原料的 NH_3 也作为反应器中的还原剂，因此残余的 NH_3 排放浓度非常低。在 Solnhofen 工厂，SCR 导致的 NH_3 排放通常低于 $1mg/Nm^3$。

SCR 装置唯一的负面效应是电能消耗有小幅度增加，这是因为 SCR 反应器的综合吹灰系统和额外的压力损失。

3. 经济数据

Solnhofen SCR 装置的总投资成本大约 350 万欧元，包括关于发展原因的额外支出能力，例如，6 层催化剂的容量，上层或下层模式的运行能力。基于 Solnhofen 经验，一个

SCR 反应器新装备的投资成本估计约 220 万欧元，包括约 25 万欧元的催化剂，必须每 5～6 年计算重置成本。这个数字不包括氨储存和管道系统的成本，因为这些因地而异。德国联邦环境机构估算了 SCR、SNCR 的 NO_x 减排成本，基于 Solnhofen 工厂的实际经验，窑产量为 1500t/d，NO_x 减排从 1000mg/Nm^3 降至 500mg/Nm^3，见表 11-5 后面两列，是对 NO_x 减排至 200mg/Nm^3 的成本估算。

由于德国 UBA 的计算，SNCR 和 SCR 的运行成本包括催化剂的重置成本，对于目标 NO_x 排放浓度 500mg/Nm^3 来说成本大致相同，但是 SCR 的总特定成本比 SNCR 大约高 50％。对于目标 NO_x 排放浓度 200mg/Nm^3，SCR 在运行成本上似乎更有效，但是总特定成本与 SNCR 仍在相同级别。当比较这些数据时，必须指出，SNCR 和 SCR 都不能保证在长期的检测中 NO_x 排放浓度 200mg/Nm^3。对于 SNCR，还必须考虑较高的 NH_3 排放。表 11-6 为德国 UBA 提供一工厂关于 SNCR 和 SCR 系统 NO_x 减排技术成本对比。

表 11-5 德国 Solnhofen 工厂 SCR 装备的基本参数

基本参数	单 位	数 值
熟料产量	t/yr	480000
熟料产量	t/d	1500
操作时间	h/yr	7680
废气流量	Nm^3/t	2300
初始 NO_x 水平	mg/Nm^3	1000
初始 NO_x 水平	kg/t	2.3
NH_3 成本（25％溶液）	EUR/t	90
催化剂成本	EUR/Nm^3	7500
催化剂使用寿命	h	40000
投资的使用寿命	yr	20
通货膨胀率	％	3.0

资料来源：[76，德国，2006]

表 11-6 德国 UBA 提供一工厂关于 SNCR 和 SCR 的 NO_x 减排技术成本对比

SNCR 与 SCR 的成本对比					
参数	单位	SNCR	SCR	SNCR	SCR
NO_x 目标值	mg/Nm^3	500	500	200	200
NH_3 等效	kg/t	0.44	0.44	0.71	0.71
化学计量系数		1.7	0.8	2.5	1
NH_3（25％）消耗量	kg/t	3.02	1.42	7.11	2.84
NH_3（25％）消耗量	kg/d	4.55	2.15	10.65	4.25
催化层的数量			3		4

续表

参数	单位	SNCR	SCR	SNCR	SCR
运行成本					
NH₃ 消耗量	EUR/t	0.27	0.13	0.64	0.26
电耗	EUR/t	0.03	0.1	0.06	0.11
催化剂替代成本	EUR/t		0.1		0.13
合计	EUR/t	0.3	0.33	0.7	0.5
投资成本					
氨系统	EUR	600000	250000	1000000	35000
SCR 反应器（除催化剂）	EUR		1950000		2350000
合计	EUR	600000	2200000	1000000	2700000
特定投资成本[1]	EUR/t	0.08	0.3	0.14	0.37
总特定成本[2]	EUR/t	0.38	0.62	0.83	0.87
NOₓ 减排成本	EUR/t	330	540	450	470

(1) 专用性投资

(2) 总运行成本和特定投资成本

资料来源：［76，德国，2006］

德国工程师协会（VDZ）开展对德国水泥行业的成本计算，这个成本包括关于 SCR 技术成本的详细计算方法。除了投资成本、还要考虑整个运营成本，包括氨水成本、净化催化剂的压缩空气的能耗成本、催化剂本身产生的压力损失、水泥厂的其他典型的经济评估数据。这些数据显示，如果以欧洲能源和 NH₃ 价格作为主要依据，SNCR 的成本总是低于 SCR。理论上，如果 NH₃ 价格大幅度上升，能源价格降低，在非常高的还原率下，SCR 会比 SNCR 成本更低。然而这种情况似乎不适用于欧洲地区，因为氨和能源成本不是互相对立的，他们同时趋于上升和下降。这也表明，氨价格很大程度上影响这些成本，所以通过主要技术来努力减排 NOₓ，SNCR 具有更好的经济性。

SCR 结果显示，根据工厂规模和 NOₓ 减排效率要求，每吨熟料的成本范围是 1.25～2.00 欧元。与 SNCR 相比，SCR 投资成本是 SNCR 系统的 4～9 倍。此外，能源消耗本质上是由于压力损失和催化剂的净化空气。SCR 系统最近的具体数字反映了这个技术的发展。一个早期 VDZ 研究表示，SCR 的具体成本是每吨熟料 3 欧元，但是 2006 年这个值降到每吨熟料大约 1.75 欧元（76，德国，2006）。

VDZ 对窑产量 1500t/d 熟料的整体安装成本进行计算，最初的排放为 1200mg/Nm³，最终的浓度为 200mg/Nm³、500mg/Nm³、800mg/Nm³，见表 11-7。

表 11-7　德国 1500t/d 水泥厂应用 SCR 减排 NOₓ 成本计算

技　术	窑系统适用性	减排率	报告成本	
			投资成本（EUR 百万）	运行成本（EUR）
SCR	所有的都可能	85%～95%	3.2～4.2	0.54～0.94

资料来源：［76，德国，2006］

　　在 SCR 没有长期使用或损失不大时，第一组催化剂运行 40000 小时。后来的平板式催化剂试验表明会导致一定的机械磨损和意想不到的损失。为了确保全天排放限值（ELV）合规，2006 年 Solnhofen 工厂配备 SNCR 备份操作系统。

　　4. 总结

　　通过连续运行后发现，由于大量使用替代燃料，水泥窑氮氧化物初始排放浓度相对较低，水泥厂使用 SNCR 脱硝可以和 SCR 系统达到相同的氮氧化物排放水平。该水泥厂替代废弃燃料占总燃料输入的 40％。使用这些废弃燃料和低 NO_x 燃烧器导致约 40％的基准 NO_x 排放量的减少（不使用任何 SCR 或 SNCR 系统）。当同时使用低 NO_x 燃烧器、废弃燃料和 SNCR 或 SCR，NO_x 可以额外减少约 50％。NO_x 总排放量相对于制定基准排放量大约减少 70％。因此，在 Solnhofen 水泥厂，SNCR 系统可以和 SCR 系统一样有效地控制 NO_x。

　　Solnhofen 目前没有使用 SCR 系统，只采用 SNCR 系统，生产线的氮氧化物排放即可以达到标准要求控制水平。经过长期运行，水泥厂比较了 SNCR 和 SCR 操作成本，厂方表

示在同时都能达到排放标准要求的前提下，SCR 系统运行成本比 SNCR 系统高。厂方希望能进一步改进催化剂。根据 Solnhofen 工厂所提供的所有信息可以得出，当时 Solnhofen 的 SCR 技术仍然处于发展阶段，厂内 SCR 系统还存在需要完善的地方，厂方一直尝试不同的催化剂设计，采用了很多方法来解决堵塞问题，测试了各种催化剂清灰方式，为催化剂连续清灰设施最终确定了自己的特定系统。当时是采用蜂窝式催化剂，但厂方仍希望能找到可以取代蜂窝式催化剂的耐腐蚀的板式催化剂。因此，虽然从 2001 年以来该设施已全面使用 SCR，它一直在进行改善，还没有确定最终设计配置。由于使用替代燃料时使用 SNCR 系统可达到氮氧化物排放标准要求，同时，SCR 系统的成本明显高于 SNCR 系统的成本，所以目前该厂停止使用 SCR 系统。图 11-7 为德国 Solnhofen 水泥厂 SCR 脱硝反应器现场照片。

图 11-7　Solnhofen 水泥厂
SCR 脱硝反应器

二、工程案例二

　　意大利帕多省 Monselice 水泥厂建成的高尘 SCR 脱硝系统是最早成功商业运行的水泥窑 SCR 脱硝案例。这一系统可以将氮氧化物的排放量控制在低于 $200mg/m^3$ 范围内，相当于氮氧化物含量小于 0.5lb/t 熟料。

　　该厂 SCR 为高温高尘布置，图 11-8 为工艺布置示意图，图 11-9 为现场反应器照片。

　　2006 年，在意大利的 Cementeria di Monselice 成功安装并运行了高尘 SCR 设备，表 11-8 给出了该厂 SCR 脱硝系统运行最初六周的运行结果。从表 11-8 中，我们可以知道该 SCR 系统具有高达 95％的 NO_x 去除率，烟道排放气中的 NO_x 浓度可以低至 $75mg/Nm^3$，每吨水泥的 NO_x 产率低于 0.2lb，系统的压力降小于 500Pa，NH_3 的逃逸小于 $1mg/Nm^3$。在该 SCR 系统中，催化剂床层采用五备一用设计，催化剂为 V_2O_5/TiO_2 整体蜂窝，蜂窝孔道直径为 11.9mm，NO_x 催化净化反应空速约为 1000 h^{-1}。

图 11-8　SCR 反应器布置示意图　　　　　图 11-9　Monselice 水泥厂
　　　　　　　　　　　　　　　　　　　　　　　　　SCR 反应器

表 11-8　**Monselice 水泥窑 SCR 系统运行参数和结果（2006 年）**

运行参数	单　位	设计值	实际值	
窑产量	tpd	2400	1800	
烟气流量	Nm³/h, wet	160,000	110,000	
NO$_x$ 初始浓度	mg/Nm³, dry	2260	1530	1071
氨氮比	NH$_3$/NO$_x$	0.905	0.89	0.20
脱硝后 NO$_x$ 浓度	mg/Nm³	232	75	612
NO$_x$ stack	mg/Nm³	200	50	408
NO$_x$ removal	%	90%	95%	43%
氨逃逸	mg/Nm³	<5	<1	<1
O$_2$ reactor	%	2.5%	2.7%	
O$_2$ stack	%	5.0%	7.1%	
反应器阻力	Pa	1500	<500	
NH$_4$OH	25% solution, kg/h	445	204	34

三、工程案例三

德国 Mergelstetten 水泥厂拥有一条 3400t/d 回转窑生产线，包括一台篦冷机和一台 4 级悬浮预热器，未采用任何预分解煅烧技术。该生产线 100% 使用替代燃料，按照德国排放标准，明确 NO$_x$ 排放限值为 200mg/m³，所以，2008 年，Mergelstetten 水泥厂新建一套 SCR 脱硝系统。

在新建 SCR 系统之前，生产线安装了一套 SNCR 脱硝系统，但 SNCR 工艺未能实现低于 350mg/m³ 的 NO$_x$ 排放限值，新建的 SCR 反应器为高温高尘布置方式。SCR 系统还原剂的喷嘴装在预热器塔的 C1 筒上，确保了氨和废气流到达 SCR 反应器之前充分混合。SCR 反应器布置了4层可用的催化剂层。SCR系统投运后氮氧化物排放稳定的控制在200mg/m³以内。

图11-10为Mergelstetten水泥厂新建的SCR系统，在预热器塔和SCR反应器之间安装一台电梯，用于各层催化剂模块的上下运输。图11-11为德国Mergelstette水泥厂SCR反应器现场照片。

图11-10 德国Mergelstette脱硝工艺示意图

SCR系统的运行成本分为三个主要部分：还原剂的消耗成本；耗电量的成本；更换催化剂的成本。

自2011年12月以来，除了维护期间停止运行外，投运SCR脱硝系统，还原剂采用25%氨水溶液，仅为3.5kg/t熟料。与SNCR联合运行相比较。还原剂节省40%；与传统的SNCR单独运行相比较，还原剂节省50%以上。表11-9为SCR系统耗电量统计。

表11-9 德国Mergelstette水泥厂SCR系统耗电量

项 目	耗电量	
单位	kW	kW·h/t熟料
压缩空气	260	2.6
SCR排风机增加电耗	200	2.0
其他[1]	40	0.4
TOTAL 总数	500	5.0

注：1) 系统漏风、粉尘运输等。

自SCR系统初次运行以来，厂方已经对不同外形尺寸的催化剂进行了试验，也尝试用再生催化剂来替代失活催化剂，基于上述原因通过三年的运行，能预测到催化剂的成本。在

Mergelstetten 水泥厂，预计将需要每年更换一层催化剂，这相当于催化剂成本为 0.30 欧元/t 熟料。

图 11-11　德国 Mergelstette
水泥厂 SCR 反应器

图 11-12　Mannersdorf 厂
SCR 反应器

四、工程案例四

奥地利 Mannersdorf 水泥厂拥有一条 2500t/d 的干法回转窑，2012 年 4 月启动高温半尘 SCR（选择性催化还原），即在预热器烟气进入 SCR 反应器前设置一台高温静电除尘器，先对烟气进行除尘。第一年运行期间 NO_x 的去除效率良好；SCR 系统投运后 NO_x 的排放就达到了 200mg/Nm³ 以内。由于采取的中毒预防措施很有效率，第一年几乎没有催化剂失活现象发生。图 11-12 为奥地利 Mannersdorf 水泥厂 SCR 反应器现场照片。

2012 年 4 月 SCR 顺利启动，自启动以来 NO_x 去除能力良好。用于 SCR 的尿素喷射在预热器顶旋风筒的气体入口，SCR 和分解炉内的 SNCR 可以联合运行。在初始 NO_x 浓度低于 1000mg/Nm³ 的情况下，SNCR 不运行，仅靠 SCR 系统即可达到氮氧化物浓度在 200mg/Nm³ 以下的排放指标。目前，SNCR 仅仅在 SCR 无法正常工作，打开系统旁路时使用。SCR 系统运行时，还原剂与氮氧化物的氨氮比实际基本上为 1。

通过一年的使用，催化剂的性能良好，没有明显的失活现象。图 11-13 为 SCR 系统运行数据曲线图。图 11-14 为催化剂活性测量图。

五、总结

根据目前国外应用情况，一般来讲，SCR 脱硝技术可保证水泥窑 NO_x 排放浓度降到 100～200mg/Nm³，NO_x 减排效果高达 85％～95％，而且其减排性能不会像 SNCR 那样受到水泥窑规格大型化的影响。但是，SCR 需要使用价格较贵的催化剂，水泥窑废气的粉尘浓度很高，碱金属含量较高，易使催化剂中毒和堵塞。目前，我国虽然在水泥 SCR 脱硝方面做了一些研究和试验，但还没有工程案例，我国迫切需要开展相关的工程性研究，取得 SCR 技术在水泥窑脱硝工程上的经验，提高我国水泥窑 NO_x 排放控制水平。

图 11-13 SCR 系统运行数据曲线

图 11-14 催化剂活性测量

第十二章 工程应用实例

第一节 德全汪清公司 5000t/d 生产线 SNCR 脱硝工程应用

一、工程概况

德全汪清水泥有限公司坐落在吉林省延吉市汪清县庙岭镇。公司现拥有一条设计生产规模 5000t/d 熟料新型干法生产线，于 2009 年 7 月投产。目前水泥窑实际熟料产量为 6200t/d，窑尾预热器出口标况烟气量为 $3.5 \times 10^5 Nm^3/h$（标况），预热器出口温度 320℃。厂内原已采用低氮燃烧技术（LNB），烟气中 NO_x 浓度为 800mg/Nm^3（标态、标况、10%O_2、以 NO_2 计），在原 NO_x 排放浓度基础上，采用选择性非催化还原法（SNCR）脱硝工艺，还原剂为 25%的氨水。脱硝后净烟气的 NO_x 浓度不超过 400mg/Nm^3（标态、标况、10% O_2、以 NO_2 计），设计脱硝效率不低于 60%。

二、设计参数

根据厂方提供的氮氧化物排放情况，在窑系统正常工况稳定的情况下 NO_x 的排放浓度在 780mg/Nm^3 左右，但在窑系统在投料初期和煤质有变化的状态下，氮氧化物排放浓度有一定波动，脱硝系统按照最大负荷条件 800mg/Nm^3 进行设计。国家工业信息研究部 2010 年底发布的《水泥行业准入条件》中明确指出新建或改扩建水泥（熟料）生产线项目须配置脱除 NO_x 效率不低于 60%的烟气脱硝装置，因此本项目设计脱硝效率不低于 60%。相关设计参数和指标参数见表 12-1。

表 12-1 脱硝系统设计及指标参数

序号	设计参数	项目	单位	数值	备注
1	脱硝工程设计基础参数	预热器烟气流量（标况）	Nm^3/h	约 350000	估算数据
2		预热器出口温度	℃	约 900	
3		烟气温度（C1 筒出口）	℃	约 320	
4		C1 出口烟气中 O_2	%	0.5~2	
5		C1 筒出口静压	Pa	约－6000	
6		原始烟气 NO_x 浓度（以 NO_2 计，标况，10%O_2）	mg/Nm^3	800	
7		窑系统年运转时间	h	8000	
8	脱硝工程指标参数	脱硝后烟气 NO_x 浓度（以 NO_2 计，标况，10%O_2）	mg/Nm^3	<400	
9		总脱硝效率	%	>60	
10		低氮燃烧部分脱硝效率	%	20	
11		SNCR 部分脱硝效率	%	50	
12		NH_3 逃逸	mg/Nm^3	<8	

续表

序号	设计参数	项目	单位	数值	备注
13	脱硝工程指标参数	脱硝系统年运转率	%	>98	
14		NO_x 削减量	t/a	约 1120	
15		氨耗量（折 100%）	kg/h	<192	
16		氨水耗量（25%）	kg/h	<770	
17		压缩空气耗量	Nm^3/h	<240	
18		电耗	kW·h/h	20	
19		工艺水耗量	t/h	<0.2	

三、SNCR 工艺系统及布置

德全汪清水泥有限公司 5000t/d 水泥生产线 SNCR 脱硝工程采用了两段式的脱硝工艺，主要目的是将还原剂输送和喷射两个过程分开，将还原剂从氨水储区分两步喷入分解炉反应区，即在还原剂储区设置输送模块，在窑尾框架上专门设置高位还原剂缓冲罐，先将还原剂一级泵送至窑尾框架上离喷射点位较近的高位还原剂缓冲罐，再通过窑尾框架平台上的喷射泵将还原剂输送到分解炉反应区喷枪处，这样喷射泵离喷射点位近，可根据炉内 NO_x 的变化，及时、精确地将还原剂喷入炉内，其中按照流量计的计量及时调节泵电机频率或回流电动调节阀，来达到控制量的目的，且该过程是连续运行的。从工程实际对比来看，采用二级泵送流程比一级泵送流程在还原剂流量精确控制一项上可较大幅度减少还原剂的用量。

本项目总体布置分为氨水储存区和窑尾分解炉喷射区两个区域。

氨水储存区占地面积 $164m^2$，布置在水泥厂内冷却水塔附近，工艺用水可就近取得。氨水储存区由氨水的卸载储存及氨水的对外输送两个部分组成。设置氨水储罐 2 个，共 $120m^3$，可供脱硝装置正常运行时 7d 的使用量。储存区域内设置卸氨模块（卸氨泵 2 台，1 用 1 备）、氨水储罐 2 个（1 用 1 备）、氨水输送模块（氨水输送泵 2 台，1 用 1 备）、稀释水输送模块（稀释水输送泵 2 台，1 用 1 备）、稀释水箱等设备。考虑到氨水挥发问题，还在氨水储存区设置氨逃逸报警仪和冷却水喷淋系统，罐区四周设置排水沟，室外设置事故池。

窑尾分解炉喷射区的相关设备布置在窑尾标高为 65.150m 的预热器平台上。此区域包含的设备包括：高位缓冲槽、中继喷射模块、氨水/压缩空气计量分配模块和氨水喷射模块（喷枪为自动伸缩式，12 支），同时在窑尾烟囱布置氨逃逸监测仪，NO_x 等气体分析仪利用厂内原有设施。

由于项目地处东北吉林省，冬季极端温度可达到 −35℃，考虑到氨水的凝固及仪器仪表的使用温度范围（一般为 −20℃ 以上）问题，氨水储区厂房设置为砖混结构密闭式，屋内设置暖气片，冬季低温时打开暖气保持室内温度在 5℃ 以上。考虑到氨水易挥发特点，屋内设置了轴流风机和活动式推拉窗，当屋内氨气浓度过高（氨气泄漏报警仪响起）时，可启动水喷淋装置，人工打开推拉窗。德全汪清水泥有限公司现场相关图片见图12-1～图 12-10。

图 12-1　卸氨现场

图 12-2　卸氨模块

图 12-3　存贮模块

图 12-4　氨水输送及控制模块

图 12-5　喷射控制及计量分配模块之一

图 12-6　喷射控制及计量分配模块之二

图 12-7　喷射控制及计量分配模块之三

图 12-8　喷射控制及计量分配模块之四

图 12-9　喷射模块　　　　　图 12-10　氨逃逸激光在线监测仪

四、系统性能指标

根据德全汪清水泥有限公司烟气污染物排放的实际情况,脱硝装置在生产线正常运行时投入使用。脱硝效率不低于 60%,脱硝装置年运行率不低于 98%,氨逃逸小于 8mg/m³。

水泥窑生产线运行时,脱硝装置对水泥窑运行不产生影响。调试时,也没有对生产线运行带来任何影响。在设备的冲洗和清扫过程中产生的废水收集至事故池内再次重复使用,做到废水零排放。脱硝装置的给水主要包括工艺水和稀释水。

脱硝喷枪冷却雾化所需的压缩空气直接从窑尾原有压缩空气管道中引出。由于原厂内压缩空气管道压力为 0.5~0.8MPa,脱硝装置压缩空气耗量约 3m³/min,耗量较小,因此直接采用厂区原有压缩空气。

五、调试运行情况

完整的水泥窑 SNCR 系统调试包括单体调试、分部试运行、冷态调试、整体热态调试和整个系统 72h 满负荷运行几个过程。调试工作的任务是:通过调试使设备、系统达到设计最优运行状态,装置各参数、指标达到设计保证值。

本工程于 2012 年 10 月 5 日开始进行脱硝热态调试,2012 年 10 月 16 日脱硝系统正式连续投运。期间水泥窑炉负荷稳定,平均日产熟料量 5893t,分解炉出口的烟气温度为 880~920℃,基本在最佳脱硝反应温度窗口,分解炉出口烟气中 NO_x 浓度(干态、10%O_2)为 710~780mg/Nm³,脱硝后窑尾烟囱出口的 NO_x 平均浓度为 184mg/Nm³,氨水消耗量平均值为 0.553m³/h,窑尾烟囱出口的氨逃逸平均值为 4.76mg/Nm³,且数据比较稳定。调试期间主要运行数据见表 12-2。

表 12-2　调试期间的主要运行数据

时间	实际烟气量 (m³/h)	出口 NO_2 (mg/Nm³)	烟气温度 (℃)	氨水量 (m³/h)	NH_3 (mg/Nm³)
10 月 16 日	784500	59	140	0.55	1.63
10 月 17 日	783400	160	140	0.57	1.47
10 月 18 日	781600	280	139	0.58	2.03
10 月 19 日	782700	186	139	0.49	5.67
10 月 20 日	783700	184	140	0.50	8.12

时间	实际烟气量 (m³/h)	出口 NO₂ (mg/Nm³)	烟气温度 (℃)	氨水量 (m³/h)	NH₃ (mg/Nm³)
10 月 21 日	782400	184	140	0.62	6.54
10 月 22 日	790400	181	135	0.64	5.44
10 月 23 日	779400	175	137	0.48	3.22
10 月 24 日	795000	173	137	0.55	4.90
10 月 25 日	785200	157	135	0.51	7.56
10 月 26 日	785500	166	135	0.60	8.16
10 月 27 日	775700	165	131	0.57	5.63
10 月 28 日	784400	172	135	0.49	4.47
10 月 29 日	778300	30	137	0.62	7.03
10 月 30 日	775500	113	137	0.60	6.67
11 月 1 日	689100	166	144	0.53	3.12
11 月 2 日	690800	195	138	0.60	4.54
11 月 3 日	692900	203	138	0.58	2.44
11 月 4 日	692100	216	146	0.63	1.22
11 月 5 日	690700	220	137	0.53	2.90
11 月 6 日	700900	215	147	0.61	4.56
11 月 7 日	683800	176	138	0.64	1.16
11 月 8 日	695100	164	142	0.62	1.69
11 月 9 日	695700	172	138	0.64	1.87
11 月 10 日	694300	210	139	0.59	2.93
11 月 11 日	697700	152	138	0.61	5.37
11 月 12 日	699200	65	137	0.59	8.92
11 月 13 日	728600	181	139	0.60	6.84
11 月 16 日	740100	178	139	0.54	5.04
11 月 18 日	733800	273	136	0.60	3.72
11 月 19 日	744100	280	135	0.63	4.10
11 月 20 日	733500	189	139	0.61	7.96
11 月 21 日	768400	253	140	0.63	8.46
11 月 22 日	726600	231	141	0.55	5.83
11 月 23 日	773400	234	138	0.52	4.17
11 月 24 日	766900	230	139	0.52	7.93
11 月 25 日	769300	278	138	0.53	6.37
11 月 26 日	741200	294	137	0.50	3.92

时间	实际烟气量 （m³/h）	出口 NO₂ （mg/Nm³）	烟气温度 （℃）	氨水量 （m³/h）	NH₃ （mg/Nm³）
11 月 27 日	739000	245	137	0.60	4.44
11 月 30 日	751500	261	138	0.57	2.84
12 月 3 日	755400	277	139	0.53	1.92
12 月 4 日	762500	259	140	0.52	2.50
12 月 5 日	728000	277	141	0.51	4.86
12 月 6 日	753800	259	142	0.55	1.96
12 月 7 日	757800	61	141	0.51	5.82
12 月 8 日	721200	149	139	0.50	6.00
12 月 9 日	750000	179	138	0.59	4.77
12 月 10 日	707500	186	137	0.52	5.18
12 月 11 日	745500	175	137	0.47	3.99
12 月 12 日	723300	178	138	0.49	6.49
12 月 13 日	752800	153	140	0.44	6.82
12 月 14 日	754700	102	141	0.56	3.19
12 月 15 日	709700	58	142	0.50	5.98
12 月 16 日	757100	80	142	0.52	7.38
12 月 17 日	755100	139	141	0.54	5.90
12 月 18 日	717900	158	140	0.56	6.49
12 月 19 日	745700	172	139	0.49	3.85
12 月 20 日	779600	190	144	0.48	2.90
12 月 21 日	776600	184	136	0.45	5.51
12 月 22 日	781800	181	137	0.56	3.87
12 月 23 日	754900	175	138	0.57	3.90
12 月 24 日	745200	174	138	0.55	6.57
12 月 26 日	771900	187	137	0.52	2.87
平均	745942	184	138	0.553	4.76

注：本表中烟气量状态指干态、真实氧量；NO₂ 出口浓度指干基、10％氧量状态。

六、效果评价

从该厂的实际调试和运行结果来看，SNCR 工艺系统运行稳定可靠，操作方便，跟 SCR 脱硝技术相比，其投资低、运行成本较低，特别适合水泥厂脱硝改造的使用。目前，国内大部分水泥厂的脱硝均采用 SNCR 脱硝技术，其在国内的使用越来越成熟可靠。同时 SNCR 还可以与 SCR 技术或与低氮燃烧技术（LNB）联合使用，以达到更高的脱硝效率。企业可根据环保要求进行选择。

第二节 天瑞集团郑州公司12000t/d生产线SNCR脱硝工程应用

一、项目概况

天瑞集团郑州水泥有限公司地处河南省省会郑州市荥阳，公司现有一条12000t/d熟料的新型干法水泥生产线，设计年产熟料300万t，是目前世界上单线生产能力最大、技术最先进的水泥生产线，于2009年7月竣工投产，2009年11月份达产达标。与水泥生产线配套的18MW纯低温余热发电机组2009年9月开工建设，2010年7月并网发电，是目前国内单机容量最大的余热发电机组。

天瑞集团郑州水泥有限公司12000t/d新型干法熟料水泥生产线目前氮氧化物排放浓度约为760mg/Nm³，不能满足国家新发布的《水泥厂大气污染物排放标准》。公司于2013年10月委托合肥水泥研究设计院进行脱硝改造，改造于2013年底完成。脱硝装置于2013年11月调试运行至今，稳定运行，效果良好。

二、设计参数

天瑞集团郑州水泥有限公司12000t/d熟料生产线采用新型窑外预分解新工艺，技术成熟，运用可靠的φ6.2m×92m回转窑含带五级双系列低压旋风预热器和φ8.8m×46m分解炉、可控气流高效箅冷机、DGS计算机中央控制系统、高效除尘器等先进设备。公司脱硝工程采用SNCR选择性非催化还原法，还原剂采用25%浓度的氨水。

根据厂方提供的氮氧化物排放情况，在窑系统正常工况稳定的情况下NO$_x$的排放浓度在720mg/Nm³左右，但在窑系统在投料初期和煤质有变化的状态下，氮氧化物排放浓度有一定波动，脱硝系统应按照最大负荷条件来设计，设计初始值取760mg/Nm³。本烟气脱硝项目设计参数见表12-3。

表12-3　12000t/d水泥生产线SNCR脱硝系统设计参数

序号	设计参数	项目	单位	数值	备注
1	脱硝工程设计基础参数	窑尾烟囱烟气流量（标况）	Nm³/h	约875000	估算数据
2		窑尾烟囱烟气温度	℃	约100	
3		预热器出口温度	℃	约900	
4		烟气温度（C1筒出口）	℃	约330	
5		C1出口烟气中O₂	%	0.5～2	
6		C1筒出口静压	Pa	约−6000	
7		原始烟气NO$_x$浓度（以NO₂计，标况，10%O₂）	mg/Nm³	760	
8		窑系统年运转时间	h	8000	
9	脱硝工程指标参数	脱硝后烟气NO$_x$浓度（以NO₂计，标况，10%O₂）	mg/Nm³	<300	
10		综合脱硝效率	%	>70	
11		NH₃逃逸	mg/Nm³	<10	

续表

序号	设计参数	项目	单位	数值	备注
12		脱硝系统年运转率	%	>98	
13		NO$_x$ 削减量	t/a	约 3220	
14	脱硝工程指标参数	氨耗量（折 100%）	kg/h	<200	NRS=1.5
15		氨水耗量（25%）	kg/h	<800	NRS=1.5
16		压缩空气耗量（标态）	m³/h	<250	
17		电耗	kW·h/h	15	
18		工艺水耗量	t/h	<0.2	

三、脱硝系统特点介绍

天瑞集团郑州水泥有限公司 12000t/d 水泥生产线 SNCR 脱硝工程总体布置分为氨水储存区和窑尾分解炉喷射区两个区域。

本脱硝系统特点如下：

（1）项目场地位于河南省荥阳市，荥阳市地处低纬度地区，属暖温带季风半干旱气候，冷暖气团交替频繁，常年少雨，四季分明。春季冷暖无常，少雨多风；夏季天热多雨、水热同期；秋季凉爽，光照充足，间有连阴雨天出现；冬季寒冷干燥，风多雪少。年平均气温 14.4℃，极端最低气温 −17.7℃。鉴于此，项目氨水储存区域采用敞开式布置，罐区上方设有挡棚，四周敞开。罐区四周设有约 1m 高的混凝土围堰及排水沟，室外设置事故池，以便氨水泄漏时及时用清水冲清后经排水沟排入室外事故池中。罐房内设置氨气泄漏报警仪，当氨气浓度偏高，储罐内温度过高时，可启动储罐顶部安装的水喷淋管线及喷嘴，对储罐进行喷淋降温。

（2）项目采用了"两段式"的 SNCR 脱硝工艺。由于该项目分解炉直径较大，达 8.8m，项目喷枪设置于分解炉鹅颈管及其出口处标高为 83.080m，此处直径为 7.7m，要求喷射覆盖面较大。因此，为保证还原剂的穿透力，需保证喷射泵的扬程和输送能力。

"两段式"脱硝工艺能将还原剂输送和喷射两个过程分开，将还原剂从氨水储区分两步喷入分解炉反应区，即先将还原剂一级泵送至窑尾框架上离喷射点位较近的高位还原剂缓冲罐，再通过窑尾框架平台上的喷射泵将还原剂输送到分解炉反应区喷枪处。这样喷射泵离喷射点位近，可根据炉内 NO$_x$ 的变化，及时、精确地将还原剂喷入炉内，其中按照流量计的计量及时调节电动回流调节阀，来达到控制量的目的。该种工艺可避免泵由于扬程或其他问题使喷射量不够稳定的问题。从工程实际对比来看，采用二级泵送流程比一级泵送流程在还原剂流量精确控制一项上可较多减少还原剂的浪费。

（3）为保证还原剂喷射覆盖面，本工程喷射系统由 2 层喷枪，每层 8 支喷枪，一共 16 支喷枪组成。两层喷枪均布置在鹅颈管 81.880m 平台处，分别在烟气上行和下行管道上，开孔位置在该平台上方 1.200m，即 83.080m 处。每支喷枪最大流量为 160kg/h，由喷枪本体、喷嘴座、雾化头、喷嘴罩四部分组成，喷枪采用手动推进和退出。

（4）根据本项目的实际需要，本系统利用窑尾原有压缩空气气源作为雾化介质，到喷枪前的压力为 0.4~0.6MPa。该脱硝项目现场相关图片见图 12-11~图 12-16。

图 12-11　氨水储罐区

图 12-12　氨水缓冲罐

图 12-13　氨水喷射泵

图 12-14　项目用喷枪

图 12-15　项目用喷嘴

12-16　喷枪雾化效果

四、脱硝指标

　　根据《河南省环境保护"十二五"规划》中关于"十二五"大气污染物总量减排重点工程中要求：水泥企业——新型干法窑推行低氮燃烧技术和开展烟气脱硝示范工程建设，规模大于4000t/d熟料的新型干法水泥窑综合脱硝效率达到70%。因此，本项目设计时，按照综合脱硝效率大于70%进行设计。根据厂方提供的氮氧化物排放情况，脱硝系统按照最大负荷条件来设计，设计初始值取 760mg/Nm³。则按照70%的脱硝效率计算，则脱硝后的 NO_x 排放浓度需在 250mg/Nm³ 以下。同时保证氨逃逸在 10mg/Nm³ 以下。由于脱硝效率要求高，且分解炉直径大，在喷枪设置部位（鹅颈管及烟气出口位置）达 7.7m。因此，为保证还原剂与烟气充分混合以及完全覆盖喷射截面，喷嘴的选择非常关键。要求喷嘴能够把液体雾化成微小的液滴，并且使液滴按要求分布在一定的雾化角度的横截面上，因此喷嘴的结构设计首先应保证使氨水具有良好的雾化效果；其次雾化的粒径必须保证足够的动量，以满足与烟气的充分混合；第三应考虑喷嘴本身处于高温高尘部位，应具有良好的耐高温、耐磨损、耐腐蚀性能，不易损坏。本项目选择的喷嘴如图 12-15 所示，出水孔达到 8 个，远远多出一般的脱硝项目的喷嘴出水孔（一般为 1~2 个），且孔径较小，在雾化介质压缩空气的作用下，高速喷出的还原剂充分与烟气混合（图 12-16），达到脱硝效果。实际数据也表明，脱硝效果良好。

五、调试运行及相关监测数据

脱硝装置于 2013 年 11 月调试运行至今，稳定运行，效果良好。项目调试过程中相关数据见表 12-4。

表 12-4 调试期间相关数据

时间	上层喷枪流量（m³/h）	下层喷枪流量（m³/h）	NO_x浓度（m³/Nm³）	NO_x折算浓度（m³/Nm³）	NH_3（mg/Nm³）	上层压缩空气压力（MPa）	下层压缩空气压力（MPa）
2013.11.18 9：23	0	0	472	626	0	0.14	0.15
2013.11.18 15：16	1.02	0	410	544	1.6	0.45	0.44
2013.11.18 15：36	1.7	0	120	159	1.5	0.48	0.48
2013.11.19 11：55	0	0	470	624	0	0.14	0.15
2013.11.19 12：10	1.14	0.93	246	327	1.5	0.36	0.36
2013.11.19 12：15	1.07	1.16	266	353	1.5	0.35	0.35
2013.11.19 12：29	1.54	1.65	198	263	1.6	0.36	0.36
2013.12.10 13：43	0	0	413	548	0	0.14	0.15
2013.12.10 13：55	2.06	2.06	88	117	1.3	0.38	0.38
2013.12.10 13：56	2.06	2.06	87	116	1.3	0.37	0.38
2013.12.10 13：58	1.86	1.67	85	115	4	0.36	0.36
2013.12.10 14：03	1.32	1.46	66	87	5	0.36	0.36

由表中可以看出，NO_x 初始浓度 470mg/Nm³ 左右，要满足 70% 以上的脱硝效率，要求脱硝后 NO_x 浓度低于 141mg/Nm³ 左右。为达到这一目的，氨水喷射量至少要喷射至

3.0m³/h（开一层或两层喷枪同时开的总流量），消耗量比正常5000t/d水泥生产线达到60％脱硝效率时的小时耗量（0.8m³/h）要高出一倍多。在喷射量达到4.0m³/h时，脱硝后的NO_x浓度低于120mg/Nm³以下。喷枪雾化空气直接使用厂内原有的，气压在0.4MPa左右满足要求。总体脱硝效果良好。

由于喷入的氨水量很大，首先，如果长期喷射，运行费用非常高；其次对水泥窑的煤耗影响较大。

六、对水泥生产能耗的影响

已知数据：厂内燃煤发热量为6053kcal/kg，折算得25423kJ/kg。窑系统每小时燃煤消耗量为60t/h。25％浓度的氨水使用量达到3.0m³/h，25％氨水密度$0.91×10^3$kg/m³。

假设在分解炉顶部喷射区氨水的压力为95kPa，查得20℃下水的汽化热为2446.3kJ/kg。水蒸气在20～900℃时的平均定压比热容为2.0233kJ/（kg·℃）。不计还原剂中NH_3的化学反应热（NO、NO_2与NH_3反应均为放热反应），则计算得表12-5。

表12-5　脱硝系统对水泥生产能耗的影响数据表

项　　目	计算结果
小时喷入25％氨水量（kg/h）	$2.73×10^3$kg/h
小时喷入水量（kg/h）	$2.0×10^3$kg/h
小时喷入纯氨量（kg/h）	682.5kg/h
窑系统每小时燃料燃烧带入的热量 Q1（kJ/h）	$1.525×10^9$kJ/h
喷入的水从初始温度（以20℃计）被加热至分解窑内烟气 对应温度（以900℃计）消耗热值 Q2	$8.5×10^6$kJ/h
小时喷入水量对窑系统排烟热损失（厂内窑尾除尘器出口烟囱排气温度约为110℃）Q3	$5.27×10^6$kJ/h
SNCR系统喷入水蒸发耗热与水泥窑总输入热值的比值 Q2/Q1	0.6％
SNCR系统喷入水对窑系统排烟热损失与水泥窑总输入热值的比值 Q3/Q1	0.35％
排烟热损失折合厂用煤（kg煤/h）	207kg煤/h
排烟热损失折合厂用煤（kg煤/h）	180kg标煤/h

由表中可看出，SNCR系统喷入水蒸发耗热与水泥窑总输入热值的比值约为0.60％。SNCR系统喷入水对窑系统排烟热损失与水泥窑总输入热值的比值约为0.35％。根据厂内燃料热值比较排烟热损失折合燃料成本为207kg煤/h。该厂脱硝具有特殊性。

七、结论

由于该厂对脱硝效率要求高达70％以上，因此氨水消耗量较大，小时喷氨量达3.0m³/h。通过设置相应的喷枪数量和使用特制的喷嘴情况下，脱硝效果能达到70％以上。计算得出，SNCR系统喷入水蒸发耗热与水泥窑总输入热值的比值约为0.60％，SNCR系统喷入水对窑系统排烟热损失与水泥窑总输入热值的比值约为0.35％。根据厂内燃料热值比较排烟热损失折合燃料成本为207kg煤/h，折合180kg标煤/h。

由于该厂脱硝项目有一定的特殊性：脱硝前NO_x浓度本身不高，同时要求脱硝效率高于70％，因此喷入的还原剂量较大，导致脱硝系统带入分解炉的水对系统热平衡有一定影响，但总体而言对熟料煅烧段烟气温度影响有限，不会对熟料产量及品质产生影响。

第三节 安徽大江公司 4500t/d 生产线 SNCR 脱硝工程应用

一、项目概况

安徽大江水泥有限公司坐落在安徽省庐江县，是中央企业中国建材下属南方水泥有限公司的子公司，企业通过 ISO9001 质量体系认证、产品认证、一级计量确认、"C"标志确认、标准化良好行为考核，是安徽省明星企业、守合同重信用单位、巢湖市工业企业二十强，每年均获市县"纳税大户"称号。

安徽大江水泥有限公司二期建有一条 4500t/d 熟料新型干法水泥生产线，年生产水泥 200 万 t，该生产线脱硝工程于 2012 年 10 月委托合肥水泥研究设计院建设，于 2012 年 12 月建成，至今运行。

二、设计参数

相关设计参数见表 12-6。

表 12-6 安徽大江股份有限公司 4500t/d 生产线 SNCR 脱硝（氨水）系统设计参数和性能指标

序号	设计参数	项目	单位	数值	备注
1	脱硝工程设计基础参数	窑尾烟囱烟气流量（标况）（最大值）	Nm^3/h	420000	4500t/d 生产线（考虑提产因素）
2		窑尾烟囱烟气温度	℃	约 110	
3		预热器出口温度	℃	约 900	
4		烟气温度（C1 筒出口）	℃	约 330	
5		C1 出口烟气中 O_2	%	0.5~3	
6		C1 筒出口静压	Pa	约 −6700	
7		原始烟气 NO_x 浓度（最大值）（以 NO_2 计，标况，10% O_2）	mg/Nm^3	800	5000t/d 生产线
8		窑系统年运转时间	h	8000	按年运行 330 天计
9	脱硝工程指标参数	脱硝后烟气 NO_x 浓度	mg/Nm^3	<300	（以 NO_2 计，标况，10% O_2）
10		最大脱硝效率	%	>60	
11		NH_3 逃逸	ppm	<10	尾排烟囱
				<15	氨水储区
12		脱硝系统年运转率	%	100	与窑系统同步检修
13		氨最大耗量（折 100%氨）	kg/h	<215	5000t/d 生产线 NRS=1.5
14		25%氨水（质量分数）最大耗量	kg/h	<860	5000t/d 生产线 NRS=1.5
15		压缩空气耗量	Nm^3/h	<240	喷枪耗气量以及仪表耗气量
16		电耗	kW·h/h	20	装机功率

三、系统配置及流程

整个 SNCR 脱硝系统主要设备均按模块化进行设计，主要包括氨水卸载、储存、输送模块；软水输送模块；混合分配模块；氨水/压缩空气计量分配模块；炉前喷射模块；集中控制模块等。

在水泥分解窑和预热器合适的位置设置喷枪，保证喷入的氨水在 SNCR 的反应温度窗口内，保证还原剂足够的停留时间以及烟气与氨水的有效混合，烟气中生成的 NO_x 与氨水充分反应，达到高效去除 NO_x 的目的。本工程设置 2 层喷枪；采用自动伸缩式喷枪。上层喷枪设置在分解炉出口（喷枪处直径 4.3m），下层喷枪设置在分解炉本体处（喷枪处直径 6.3m）。

由于项目地处安徽合肥市庐江县，属北亚热带湿润季风气候，气候温和，雨量适中，光照充足，无霜期长，四季特征分明，多年平均气温 15.7℃，极端最高气温 41℃，最低气温 —20.6℃；因此，氨水罐房采用敞开式布置。氨水储区约 120m²，基础均采用现浇钢筋混凝土基础，天然地基。罐区域搭建雨棚，四周敞开。罐区四周设有约 80cm 高的混凝土围堰及排水沟，以防止氨水泄漏时向罐区四周厂区溢流扩散。氨水储罐顶部设有冷却水喷淋系统。脱硝系统相关布置见图 12-17～图 12-26。

图 12-17　敞开式氨水罐房

图 12-18　卸氨模块

图 12-19　氨水输送模块

图 12-20　软化水输送模块

图 12-21 稀释水箱

图 12-22 高位缓冲罐

图 12-23 中继输送模块

图 12-24 氨水/压缩空气计量模块

图 12-25 氨水/压缩空气分配环管及喷枪

图 12-26 伸缩式喷枪

四、对水泥生产能耗的影响

理论上，水泥炉窑 SNCR 技术在分解窑喷入氨水后，由于氨水中氨的自身氧化反应和氨水中水分的蒸发会吸收一定的热量，另一方面，氨水中蒸发出的 NH_3 与烟气中的 NO_x（主要为 NO）进行氧化还原反应会放出一定的热量。现对设计能力为 4500t/d 熟料生产线脱硝的热平衡为例进行说明。

（1）基本数据

厂内燃煤发热量为：25100kJ/kg

窑系统每小时燃煤消耗量为 35t/h

窑尾烟囱处 NO_x 排放浓度由 800mg/Nm³（标态、标况、10％O_2、以 NO_2 计）降至

320mg/Nm³（标态、标况、10％O₂、以 NO₂ 计），约需消耗质量浓度为 25％氨水 860kg（0.91L/h），引入软水作为稀释水为 160kg/h；液体总量为 1020kg/h，其中 H₂O 约为 805kg，不计还原剂中 NH₃ 的化学反应热。

（2）喷入水量对窑系统热平衡计算

SNCR 系统每小时带入的 H₂O 从初始温度（以 20℃计）被加热至分解窑内烟气对应温度（以 900℃计），需消耗热值约为 $3.40×10^6$ kJ；窑系统每小时燃料燃烧带入的热量约为 $8.72×10^8$ kJ。由此，SNCR 系统喷入水蒸发耗热与水泥窑总输入热值的比值约为 0.40％。

（3）喷入水量对窑系统排烟热损失计算

厂内窑尾除尘器出口烟囱排气温度约为 110℃，可得每小时喷入水量对窑系统排烟热损失为 $2.13×10^6$ kJ，由此，SNCR 系统喷入水对窑系统排烟热损失与水泥窑总输入热值的比值约为 0.24％。根据厂内燃料热值比较排烟热损失折合燃料成本为 110kg 煤/h。

总体而言，脱硝系统带入分解炉的水对系统热平衡有一定影响，但如果考虑 NH₃ 的反应热则影响非常小，对熟料煅烧段烟气温度影响有限，进而不会对熟料产量及品质产生影响。

五、调试数据

安徽大江股份有限公司 4500t/d 熟料生产线烟气脱硝工程，于 2012 年 11 月 18 日正式投运，系统连续稳定运行超过 72h。经环保局鉴定，脱硝前 NOₓ 浓度为 879mg/Nm³，脱硝后 NOₓ 排放浓度为 166mg/Nm³，系统脱硝效率已达 80％以上，满足国家标准对 NOₓ 排放要求规定。上层喷枪设置在分解炉出口（喷枪处直径 4.3m），下层喷枪设置在分解炉本体处（喷枪处直径 6.3m）。相关调试数据见表 12-7。

表 12-7　安徽大江股份有限公司 4500t/d 生产线 SNCR 脱硝（氨水）系统调试数据

序号	上层喷枪流量（m³/h）	下层喷枪流量（m³/h）	上层喷枪压力（MPa）	下层喷枪压力（MPa）	C1 筒出口 NO 浓度（m³/h）	C1 筒出口氨逃逸浓度（ppm）	烟囱氨逃逸浓度（ppm）
1	0	0	0.15	0.15	935	0.57	0.49
2	0.73	0	0.33	0.15	208	0.79	0.42
3	0.70	0	0.34	0.14	236	0.37	0.93
4	0.65	0	0.34	0.15	262	0.32	0.58
5	0.47	0	0.34	0.15	404	0.17	0.66
6	0	0.65	0.15	0.34	473	0.58	0.75
7	0	0.78	0.15	0.33	418	0.55	0.68
8	0	0.88	0.15	0.34	321	0.65	0.78

从以上表格可以看出，在相同的喷射流量情况下，上层喷枪（分解炉出口直径 4.3m 处）的喷射效果比下层喷枪（分解炉本体喷枪处直径 6.3m 处）的效果要好，分析可能是由于上层喷枪布置位置截面小，在相同喷枪数量的情况下，喷射出来的还原剂覆盖面大，与烟气混合效果好，因此，喷射效果好。同时，达到相同的喷射效果情况下，上层喷枪还原剂使用量约 0.65m³/h，此时脱硝效率达 75％，而同样的还原剂流量下，下层喷枪效果为 50％左右，在达到 0.88m³/h 的喷量情况下脱硝效果达到 65％。正常情况下，只开上层喷枪，且流量保持在 0.45～0.5m³/h 时，NOₓ 浓度能降低到 400mg/m³ 以下，这其中，氨逃逸均控制在 8ppm 以下，且对 C1 负压和燃煤用量影响不大。压缩空气压力在 0.35 左右能满足雾化要求。

六、结论

采用"二段式"脱硝工艺时，该厂 5000t/d 水泥生产线以氨水为还原剂的脱硝系统正常运行时，氨水消耗量在 $0.65\sim0.85m^3/h$ 左右，脱硝系统带入分解炉的水对系统热平衡有一定影响，但影响微小，不会对熟料产量及品质产生影响。

第四节　湖州槐坎南方水泥以尿素为还原剂的 SNCR 脱硝工程应用

一、项目概况和设计参数

湖州槐坎南方水泥有限公司坐落在浙江省长兴县槐坎乡，公司建有二条 5000t/d 新型干法水泥熟料生产线，主要热工设备包括：$\phi4.8m\times72m$ 回转窑（1 号）、$\phi4.8m\times74m$ 回转窑（1 号、2 号）五级旋风预热器和 TDF 喷腾分解炉（1 号）、RF 喷腾分解炉（2 号）。分解炉直径分别为 $\phi7400mm$（1 号）、$\phi7500mm$（2 号）。熟料线设计年产量超 400 万 t。脱硝采用 SNCR 技术。由于该公司地处湖州市长兴市合溪水库上游，为防止污染水库水资源，故要求脱硝还原剂不得采用污染性大的氨水而需采用污染性少的尿素作为还原剂。脱硝系统设计参数和指标见表 12-8。

表 12-8　5000t/d 水泥熟料生产线 SNCR 烟气脱硝系统设计参数（单线，尿素为还原剂）

序号	设计参数	项目	单位	数值	备注
1	脱硝工程设计基础参数	窑尾烟囱烟气流量（标况）（最大值）	Nm^3/h	350000	5000t/d 生产线（考虑提产因素）
2		窑尾烟囱烟气温度	℃	约 100	
3		分解炉出口温度	℃	约 900	
4		烟气温度（C1 筒出口）	℃	约 330	
5		C1 出口烟气中 O_2	%	$0.5\sim3$	
6		C1 筒出口静压	Pa	约 -6700	
7		原始烟气 NO_x 浓度（最大值）（以 NO_2 计，标况，$10\%O_2$）	mg/Nm^3	800	（以 NO_2 计，标况，$10\%O_2$）
8		窑系统年运转时间	h	8000	按年运行 330 天计
9	脱硝工程指标参数	脱硝后烟气 NO_x 浓度	mg/Nm^3	<350	（以 NO_2 计，标况，$10\%O_2$）
10		最大脱硝效率	%	>60	
11		NH_3 逃逸	ppm	<8	尾排烟囱处
12		脱硝系统年运转率	%	100	满足窑系统年连续运转时间，检修时间除外
13		尿素颗粒最大耗量	kg/h	<360	
14					
15		压缩空气耗量	Nm^3/h	<240	喷枪耗气量以及仪表耗气量
16		电耗	$kW\cdot h$	<20	
17		工艺水耗量	t/h	<1.6	含管路反冲洗
18		低压蒸汽消耗量	t/d	<1.0	平均消耗量

二、以尿素为还原剂的 SNCR 脱硝系统工艺流程及设备配置

以尿素溶液为还原剂的 SNCR 烟气脱硝系统整套工程核心设备均按模块化进行设计，主要由尿素储存区、尿素行车、尿素提升机、溶解和储存罐、除盐水罐、转存模块、尿素溶液稀释系统、中继输送系统、计量及分配系统、喷雾系统、烟气监测系统及控制系统等组成。主要设备参数见表 12-9。

表 12-9　以尿素为还原剂的脱硝系统主要设备参数

设备名称	设备详细规格和附件	单位	数量
电动单轨起重行车	起重量 2t	台	1
提升机	$31m^3/h$，$H=7.5m$	台	1
尿素溶解罐	带搅拌器和蒸汽盘管，不锈钢，$25m^3$	座	1
尿素溶液转存泵	不锈钢，流量：$45m^3/h$，5.5kW	台	2
尿素储存罐	带蒸汽盘管，不锈钢，$50m^3$	座	2
除盐水储罐	不锈钢，$15m^3$	座	1
除盐水输送泵	流量：$8m^3/h$，5.5kW	台	1
尿素溶液输送泵	流量：$8m^3/h$，5.5kW	台	2
尿素溶液缓冲罐	不锈钢，$6m^3$	座	1×2
尿素溶液喷射泵	流量：$4m^3/h$，2.2kW	台	2×2
伸缩式喷枪	双流体喷枪，材质：316，压缩空气压力：0.4～0.6MPa，带气缸和行程开关	只	12×2

整个脱硝系统控制过程为：

（1）袋装尿素由汽车运送至现场后行车卸下，储存于尿素房尿素堆放区。以余热锅炉除盐水作为软化水，用作尿素溶解用水和冲洗水，接自厂区的软化水输送管道分两路分别输送至尿素溶解罐和除盐水储罐内，二者之间由电动开关阀切换。

（2）根据配制所需尿素溶液浓度要求，先打开水路上进尿素溶解罐电动开关阀，将工艺水放入溶解罐内，达到配比所需的水量后，关闭此阀。用行车将尿素从储存区输送至提升机下料口，经人工破包后输送至尿素溶解罐内。配比所需尿素量由人工统计加料总包数实现，达到所需尿素量后停止加料。然后就地或中控人工开动搅拌器按钮进行搅拌，搅拌半小时左右，待尿素完全溶解后人工停机。溶解罐内部设有蒸汽加热盘管，其加热过程控制由罐内温度计和电动开关阀组成的闭环回路来实现。要求保持尿素溶解过程中罐内液体温度在 30℃以上，保证尿素溶解速度。当水温低于 30℃时自动打开进溶解罐内蒸汽管路上电动开关阀，加热罐内工艺水至 60℃后自动关阀。系统夏天工作时，蒸汽盘管可不工作；冬天时为防止尿素结晶，配制时需打开蒸汽加热盘管。则整个尿素溶液的配制过程为：溶解罐内加水至所

需量→人工加入尿素→打开蒸汽加热盘管→开启搅拌器→完成配制过程。

（3）配制好一罐20%或40%浓度尿素溶液后，经溶解罐出口管道由尿素溶液输送模块将此溶液送入二尿素溶液储存罐储存。储罐内同样设置蒸汽加热盘管。来自储存罐内的40%浓度尿素溶液和稀释水，经尿素溶液稀释计量输送模块，稀释混合成20%浓度尿素溶液，并经电动开关阀切换，分别输送至1号线或2号线高位槽内。也可不使用稀释水稀释，直接配制成20%浓度尿素溶液进储罐储存，此时软化水输送模块不工作。直接将尿素溶液输送至1号线或2号线高位槽。当整个脱硝系统停止运行较长时间，可利用稀释水输送泵通道冲洗尿素溶液输送泵及其管道系统。为了保证稀释水对SNCR系统管路没有腐蚀性并且减少结垢堵塞管路，作为稀释水最好应是具有软化水质量的纯水。

（4）从高位缓冲槽出来的尿素溶液经中继输送模块（设置在尿素溶液喷入点位置的平台上，其作用是作为尿素溶液输送过程中缓冲过渡，以保证喷射系统稳定可靠以及更灵敏地调节尿素溶液喷射量）输送，再经计量和分配装置控制预分解窑每个喷射区的尿素溶液，均匀分配至喷射模块的每支喷枪喷射至分解炉内。

从地面尿素溶液稀释计量输送模块至窑尾楼层高位槽之间管线设有蒸汽管伴热，蒸汽管同时进入槽内加热，冬季溶液温度低于10℃时可现场人工开启蒸汽手动阀门通入蒸汽，以保证冬季沿程及槽内尿素溶液有合适的温度。

（5）喷枪为伸缩式喷枪。为提高脱硝反应的效率，喷枪布置在分解炉或鹅颈管适宜位置，根据筒体的直径共布置两层，每层6支喷枪，一共12支喷枪，所有喷枪围绕筒体周围，对称均布。喷枪带有伸缩机构，可以伸进和退出分解炉，喷枪退出分解炉后调小压缩空气喷射量，但仍需保持一定量的压缩空气喷吹，防止粉尘堵塞喷枪，同时起到保护喷枪的冷却作用。喷枪能适应尿素溶液的不同流量，在流量变化幅度较大时也能保持优良的雾化效果。结合不同的工况可控制投入喷射的喷枪层数，也可控制每层喷枪的使用量。不使用的喷枪可退出分解炉，延长喷枪寿命。

（6）利用厂内原有窑尾烟囱处设置的在线烟气连续监测装置，将两处取得NO_x的实时浓度数据采集到脱硝PLC控制柜，并进入中控上位机显示。再参考窑尾排风机风量和含氧量等指标来修正NO_x的原始参数，反馈到中控上位机，由中控操作人员手动或自动调节还原剂喷射量。同时窑尾烟囱设置氨逃逸监测仪，对氨逃逸进行监测。以上测量信号通过硬接线进PLC控制柜，经专用光缆线入中控室，在上位机上进行监测和控制。

本项目总体布置分为尿素储存区和窑尾分解炉喷射区两个区域。

尿素储存区占地面积约250m^2，布置在水泥厂内冷却水塔附近，工艺水可就近取得。储区内设置尿素储存区、尿素行车、尿素提升机、溶解罐、储存罐、除盐水罐以及相应的尿素/除盐水输送模块等。罐区四周设置排水沟。其中，尿素的卸载采用行车卸料，同时人工通过行车将固体袋装尿素送至提升机入料斗中，通过提升机将固体尿素输送至尿素溶解罐中，提升机和尿素溶解罐采用地上布置。经过摸索，得出20%浓度的尿素溶液在脱硝过程中效果最好，因此本项目运行时直接将尿素配制成20%浓度的溶液储存和使用。考虑到尿素溶液的吸热和析晶问题，在尿素溶解罐和尿素溶液储罐内均设置有蒸汽加热盘管，当罐内液体温度低于一定程度时开启加热盘管，同时去窑尾喷射区的尿素溶液输送管道采用蒸汽管道伴热，即1根尿素溶液管道伴随一根蒸汽输送管道，将两者设置于同一保温岩棉中，防止尿素溶液的析晶，导致管道堵塞等。图12-27～图12-34为项目相关现场图片：

图 12-27 尿素溶液制备房

图 12-28 袋装尿素储存间

图 12-29 提升机下料斗

图 12-30 提升机入料斗

图 12-31 尿素溶液溶解罐

图 12-32 尿素溶液储存罐

图 12-33 尿素溶液输送模块

图 12-34 尿素溶液缓冲罐

三、调试运行情况

本脱硝工程于 2013 年 7 月 30 日安装完成，8 月 1 日开始调试，完成设备单体调试、系统联动和运行优化试验。168h 试运行自 2013 年 9 月 16 日上午 8:00 始，2013 年 9 月 23 日上午 8:00 结束，系统连续稳定运行。脱硝系统设备在连续运行状态下未发生设备故障，整体运行平稳。脱硝效果明显，各项技术数据指标均符合浙江省环保厅的相关文件要求。氮氧化物浓度与窑况有着紧密的联系，连续运行的前两天时间里，由于槐坎南方水泥有限公司 1号线建设较早，窑况相对复杂，氮氧化物浓度波动相对较大，但是总体排放标准仍在环保部门要求的排放最高值以下。从连续运行的中期开始，氮氧化物排放量以及排放稳定度随着 1号线窑况稳定性的提升而趋于平稳。2 号线建设相对较晚，水泥生产工艺较 1 号线有较大改进，2 号线窑况相对稳定，氮氧化物排放波动幅度较小，一直处于平稳状态。相关数据见表12-10 和表 12-11。

表 12-10　槐坎南方 1 号线环保部门监测 168h 连续运行记录

监测时间	NO_x 折算浓度（mg/m³）	NH_3 逃逸量（mg/m³）
2013-09-23	285.51	2.08
2013-09-22	254.93	5.98
2013-09-21	257.78	2.23
2013-09-20	249.66	2.36
2013-09-19	268.88	1.63
2013-09-18	278.42	0.9
2013-09-17	287.39	1.2
2013-09-16	269.96	4.03
平均	269.07	2.55

注：监测前 NO_x 浓度 760mg/m³。

表 12-11　槐坎南方 2 号线环保部门监测 168h 连续运行记录

监测时间	NO_x 折算浓度（mg/m³）	NH_3 逃逸量（mg/m³）
2013-09-23	290.33	1.65

监测时间	NO_x 折算浓度（mg/m^3）	NH_3 逃逸量（mg/m^3）
2013-09-22	283.83	2.8
2013-09-21	287.56	2.5
2013-09-20	287.93	2.32
2013-09-19	284.93	3.55
2013-09-18	292.67	5.46
2013-09-17	301.7	5.93
2013-09-16	304.71	4.03
平均	291.71	3.53

注：监测前 NO_x 浓度 $740mg/m^3$。

结果显示，经过一个多月试运行和连续 168h 运行考核，窑尾烟囱氮氧化物有了明显下降，中央控制室显示的 1 号线氮氧化物浓度由原来 $620\sim900mg/m^3$，降至 $260\sim320mg/m^3$ 范围内；2 号线氮氧化物浓度由原来 $500\sim750mg/m^3$，降至 $240\sim320mg/m^3$ 范围内。氨逃逸平均控制在 $6mg/m^3$ 以下。NO_x 和 NH_3 排放浓度等各项经济技术指标均达到浙江省环保厅的相关文件要求和合同所规定技术指标，脱硝效率可达 60% 以上。

四、实施效果

尿素作为还原剂与氨水作为还原剂相比，工艺系统更加复杂，反应温度窗口更高，投资运行费用也较高，但尿素作为还原剂其安全性要比氨水好得多。

可根据企业实际情况进行选择使用何种还原剂。如该厂，地处饮用水库上游的水泥企业，由于禁止在饮用水保护区内建设与水源保护无关的项目及可能污染水源的项目，禁止贮存、堆放可能造成水体污染的固体废物和其他污染物等。同时氨水作还原剂存在氨泄漏污染饮用水源的危险性。因此，此处需要采用尿素为还原剂。

第五节　广德洪山南方水泥 5000t/d 生产线 SNCR 脱硝工程应用

一、工程概况

广德洪山南方水泥有限公司坐落在安徽省广德县新杭镇。公司现拥有一条设计生产规模 5000t/d 熟料新型干法生产线，目前水泥窑实际熟料产量为 6000t/d，窑尾预热器出口标况烟气量为 $3.5\times10^5 Nm^3/h$（标况），预热器出口温度 320℃。厂内原已采用低氮燃烧技术（LNB），烟气中 NO_x 浓度为 $800mg/Nm^3$（标态、标况、10% O_2、以 NO_2 计），在原 NO_x 排放浓度基础上，采用选择性非催化还原法（SNCR）脱硝工艺，还原剂为 25% 的氨水。脱硝后净烟气的 NO_x 浓度不超过 $400mg/Nm^3$（标态、标况、10% O_2、以 NO_2 计），设计脱硝效率不低于 60%。

二、设计参数

根据厂方提供的氮氧化物排放情况，在窑系统正常工况稳定的情况下 NO_x 的排放浓度在 700 mg/Nm³ 左右，但在窑系统在投料初期和煤质有变化的状态下，氮氧化物排放浓度有一定波动，脱硝系统按照最大负荷条件 800mg/Nm³ 进行设计。国家工业信息研究部 2010年底发布的《水泥行业准入条件》中明确指出新建或改扩建水泥（熟料）生产线项目须配置脱除 NO_x 效率不低于 60% 的烟气脱硝装置，因此本项目设计脱硝效率不低于 60%。相关设计参数和指标参数见表 12-12 所示。

表 12-12 脱硝系统设计及指标参数

序号	设计参数	项目	单位	数值	备注
1	脱硝工程设计基础参数	预热器烟气流量（标况）	Nm³/h	约 330000	
2		预热器出口温度	℃	约 900	
3		烟气温度（C1 筒出口）	℃	320	
4		C1 出口烟气中 O_2	%	0.5～2	
5		C1 筒出口静压	Pa	约 −6000	
6		原始烟气 NO_x 浓度（以 NO_2 计，标况，10%O_2）	mg/Nm³	800	
7		窑系统年运转时间	h	8000	
8	脱硝工程指标参数	脱硝后烟气 NO_x 浓度（以 NO_2 计，标况，10%O_2）	mg/Nm³	<300	
9		SNCR 部分最大脱硝效率	%	>70	
10		NH_3 逃逸	mg/Nm³	8	
11		脱硝系统年运转率	%	>98	
12		NO_x 削减量	t/a	约 1320	
13		氨耗量（折 100%）	kg/h	<192	
14		氨水耗量（25%）	kg/h	<770	
15		压缩空气耗量	Nm³/h	<240	
16		电耗	kW·h/h	20	
17		工艺水耗量	t/h	<0.2	

本工程于 2013 年 2 月 28 日开始进行脱硝热态调试，2013 年 4 月 24 日脱硝系统正式连续投运。期间水泥窑炉负荷稳定，平均日产水泥量 5800t/d，分解炉出口的烟气温度为 880～900℃，基本在最佳脱硝反应温度窗口，分解炉出口烟气中 NO_x 浓度（干态、10%O_2）为 700～780mg/Nm³，且数据比较稳定。

三、SNCR 工艺系统及布置

广德洪山南方水泥有限公司 5000t/d 水泥生产线 SNCR 脱硝工程采用了两段式的脱硝工艺，主要目的是将还原剂输送和喷射两个过程分开，将还原剂从氨水储区分两步喷入分解炉反应区，即在还原剂储区设置输送模块，在窑尾框架上专门设置高位还原剂缓冲罐，先将还原剂一级泵送至窑尾框架上离喷射点位较近的高位还原剂缓冲罐，再通过窑尾框架平台上的喷射泵将还原剂输送到分解炉反应区喷枪处，这样喷射泵离喷射点位近，可根据炉内 NO_x 的变化，及时、精确地将还原剂喷入炉内，其中按照流量计的计量及时调节电动回流调节阀，来达到控制量的目的。且该过程是连续运行的。从工程实际对比来看，采用二级泵送流程比一级泵送流程在还原剂流量精确控制一项上可大幅减少还原剂的浪费。

本项目总体布置分为氨水储存区和窑尾分解炉喷射区两个区域。

氨水储存区占地面积 164m²，布置在水泥厂内冷却水塔附近，工业水可就近取得。氨水储存区由氨水的卸载以及氨水的对外输送两个部分组成。共设置氨水储罐 2 个，共 120m³，可供脱硝装置正常运行时 7d 的使用量。储存区域内设置卸氨模块（卸氨泵 2 台，一用一备）、氨水储罐 2 个（1 用 1 备）、氨水输送模块（加压泵 2 台，1 用 1 备）、氨水输送泵、稀释水输送模块（加压泵 2 台，1 用 1 备）、稀释水箱等设备。考虑到氨水挥发问题，还在氨水储存区设置氨逃逸报警仪和冷却水喷淋系统，罐区四周设置排水沟。室外设置事故池。

窑尾分解炉喷射区的相关设备布置在窑尾标高为 52.550m 和 63.050m 的预热器平台上。此区域包含的设备包括：高位缓冲槽、中继喷射模块、氨水/压缩空气计量分配模块和氨水喷射模块（喷枪为自动伸缩式，12 支），同时在窑尾烟囱布置氨逃逸监测仪，NO_x 浓度仪采用厂区原有。

由于项目地处于安徽省广德县，夏季温度较高，该厂区氨水储区设置敞开式，在氨罐顶部设置喷淋设施，夏季高温时打开喷淋设备，对氨罐进行降温，防止罐内的氨水温度过高而挥发。现场相关图片见图 12-35～图 12-43。

图 12-35　氨房全景

图 12-36　卸氨模块

图 12-37　存贮模块

图 12-38　氨水输送及控制模块

图 12-39 喷射控制及计量分配模块之一

图 12-40 喷枪调试

图 12-41 喷射控制及计量分配模块之二

图 12-42 氨逃逸检测仪

图 12-43 中控操作画面（系统运行）

四、系统性能指标

根据广德洪山南方水泥厂烟气污染物排放的实际情况，脱硝装置在生产线正常运行时投入使用。脱硝效率不低于 70%，脱硝装置年运行率不低于 98%，氨逃逸小于 8mg/m³。

水泥窑生产线运行时，脱硝装置对水泥窑运行不产生影响。调试时，也没有对生产线运行带来任何影响。在设备的冲洗和清扫过程中产生的废水收集至事故池内再次重复使用，做到废水零排放。脱硝装置的给水主要包括工业水和稀释水。

脱硝喷枪冷却雾化所需的压缩空气直接从窑尾原有压缩空气管道中引出。由于原厂内压缩空气压力为 0.5～0.8MPa，脱硝装置压缩空气耗量约 $3m^3/min$，耗量较小，因此直接采用厂区原有压缩空气。

五、调试运行情况

水泥窑 SNCR 脱硝系统技术指标见表 12-13。连续运行指标验收表见表 12-14。

表 12-13　水泥窑 SNCR 脱硝系统技术指标

序号	项　目	保证指标	备　注
1	脱硝效率	70%	脱硝效率为性能参考指标，以最终窑尾烟囱 NO_x 排放浓度为考核指标
2	窑尾烟囱 NO_x 排放浓度	≤300mg/Nm³	标况、10%O_2、以 NO_2 计
3	窑尾烟囱氨逃逸	≤8mg/Nm³	

表 12-14　连续运行指标验收表

序号	指标名称	环保部门检测结果（mg/m³）	备　注
1	装置投入使用前烟囱出口 NO_x 浓度均值	758	
2	装置投入使用后烟囱出口 NO_x 浓度均值	268	
3	装置投入使用前烟囱出口 NH_3 浓度均值	0.46	
4	装置投入使用后烟囱出口 NH_3 浓度均值	0.76	

验收结论：

安徽广德洪山南方水泥有限公司脱硝工程于 2013 年 4 月 24 日正式投运，经鉴定，NO_x 排放浓度满足国家标准，脱硝效率可达 70% 以上。

验收单位	安徽广德洪山南方水泥有限公司
检测单位	宣城市环境监测站
设计单位	合肥水泥研究设计院

该脱硝系统从 2013 年 5 月 1 日投运至今，已稳定运行，总体运行状况良好。

六、效果评价

从该厂的实际调试和运行结果来看，SNCR 工艺系统运行稳定可靠，操作方便，其投资低、运行成本较低，特别适合水泥厂脱硝改造的使用。目前，国内大部分水泥厂的脱硝均采用 SNCR 脱硝技术，其在国内的使用越来越成熟可靠。同时 SNCR 还可以与 SCR 技术或与低氮燃烧技术（LNB）联合使用，以达到更高的脱硝效率。企业可根据环保要求进行选择。

第六节 江西永丰南方水泥 5000t/d 生产线 LNB+SNCR 脱硝工程应用

一、工程概况

江西永丰南方水泥有限公司坐落在江西省永丰县藤田镇陶唐乡。公司现拥有一条设计生产规模 5000t/d 熟料新型干法生产线，目前水泥窑实际熟料产量为 5600t/d，窑尾预热器出口标况烟气量为 $4.2×10^5$ Nm^3/h（标况），预热器出口温度约 900℃。烟气中 NO_x 浓度为 800mg/Nm^3（标态、标况、10%O_2、以 NO_2 计），在原 NO_x 排放浓度基础上，采用低氮燃烧和选择性非催化还原法（SNCR）脱硝联合工艺，还原剂为 20% 的氨水或尿素溶液。脱硝后净烟气的 NO_x 浓度不超过 320mg/Nm^3（标态、标况、10% O_2、以 NO_2 计），设计脱硝效率不低于 60%。

二、设计参数

根据厂方提供的氮氧化物排放情况，在窑系统正常工况稳定的情况下 NO_x 的排放浓度在 760mg/Nm^3 左右，但在窑系统在投料初期和煤质有变化的状态下，氮氧化物排放浓度有一定波动，脱硝系统按照最大负荷条件 800mg/Nm^3 进行设计。国家工业信息研究部 2010 年底发布的《水泥行业准入条件》中明确指出新建或改扩建水泥（熟料）生产线项目须配置脱除 NO_x 效率不低于 60% 的烟气脱硝装置，因此本项目设计脱硝效率不低于 60%。相关设计参数和指标参数见表 12-15 所示。

表 12-15 脱硝系统设计及指标参数

序号	设计参数	项目	单位	数值	备注
1		窑尾烟囱烟气流量（标况）	Nm^3/h	420000	
2		窑尾烟囱烟气温度	℃	约 120	
3		预热器出口温度	℃	约 900	
4	脱硝工程设计基础参数	烟气温度（C1 筒出口）	℃	约 340	
5		C1 出口烟气中 O_2	%	0.5~2	
6		C1 筒出口静压	Pa	约 −6000	
7		原始烟气 NO_x 浓度（以 NO_2 计，标况，10%O_2）	mg/Nm^3	800	
8		窑系统年运转时间	h	8000	
9		脱硝后烟气 NO_x 浓度（以 NO_2 计，标况，10%O_2）	mg/Nm^3	<320	
10		综合脱硝效率	%	>60	
11		NH_3 逃逸	mg/Nm^3	<8	
12		脱硝系统年运转率	%	>98	
13	脱硝工程指标参数	NO_x 削减量	t/a	约 1613	
14		氨耗量（折 100%）	kg/h	<181	NRS=1.5
15		氨水耗量（25%）	kg/h	<720	NRS=1.5
16		压缩空气耗量	Nm^3/h	<240	
17		电耗	kW·h/h	20	
18		工艺水耗量	t/h	<0.2	

三、脱硝工艺方案选择

工艺选择：采用低氮燃烧系统与选择性非催化还原法（SNCR）脱硝联合工艺。

本工程于 2013 年 6 月 30 日开始进行脱硝热态调试，2013 年 7 月 10 日脱硝系统正式连续投运。期间水泥窑炉负荷稳定，平均日产水泥量 5600t/d，分解炉出口的烟气温度为 880～940℃，基本在最佳脱硝反应温度窗口，分解炉出口烟气中 NO_x 浓度（干态、10% O_2）为 700～780mg/Nm³，且数据比较稳定。

四、低氮燃烧技术应用

低氮燃烧技术是一项简单和经济的脱硝技术，其主要方法是采用改变燃烧气氛和调整燃烧温度及温度分布等手段，通过对燃烧过程的监控，如回转窑的过量空气系数和烟气温度等，优化燃烧过程降低热力型 NO_x 的生成，不需要加入还原剂，因此一次投资成本和运行成本较低。其缺点是：低氮燃烧技术的脱硝效果受到水泥熟料煅烧所需气氛制约，脱硝空间十分有限，脱硝效率一般为 10%～20%。

低氮燃烧技术主要有以下几种：分级燃烧；采用低氮燃烧器。本项目采用的是空气分级燃烧脱硝技术。

水泥窑空气分级燃烧脱硝技术的基本原理是：将分解炉燃烧用的空气分两阶段加入，先将一部分空气送入主燃区，使第一级燃烧区内空气过剩系数在 1 左右，使燃料在缺氧的条件下燃烧，燃烧速度低，生产 CO 等还原性气体，且燃烧中的 N 大部分为 HCN、HN、CN、CH_4 等，使 NO_x 分解，抑制炉内 NO_x 生成，同时 CO 可还原部分窑气的 NO_x。然后将燃烧用空气的剩下部分以分级风的方式送入分解炉，使燃料燃尽。该项目水泥窑空气分级燃烧改造方案为：从原有三次分管上加装一根脱氮风管，将部分三次风引入分解炉合适位置。改造内容包括：三次分管调整和改造、脱硝风管配置、高温闸阀控制系统，支撑和窑尾框架加固。低氮燃烧系统（脱氮管）主要设备参数见表 12-16。现场脱氮系统照片见图 12-44。该脱氮管已与 2013 年 5 月 30 日调试，6 月 10 日正式投入运行，目前从运行反馈数据来看，平均脱硝效率约为 7%～11%，但还不足以满足国家新标准要求，需配合 SNCR 联合脱硝。

表 12-16　低氮燃烧系统（脱氮管）主要设备参数

序号	设备名称	技术规格参数	单位	数量
1	高温闸阀	规格：ϕ1500mm。有效内径：ϕ1100mm。材质：阀体 Q235 浇铸耐温隔热层，板：0Cr25Ni20。阀轴：0Cr25Ni20	个	1
2	高温波纹膨胀节	规格：ϕ1500mm。有效内径：ϕ1100mm	个	1
3	脱氮管	规格：ϕ1500mm。有效内径：ϕ1100mm。钢板厚度：6mm	节	15
4	耐碱浇注料	工作温度：1100℃	m³	29
5	浇注料扒钉		t	0.8
6	其他配套设备		套	1

五、SNCR 脱硝技术应用

（一）SNCR 脱硝设备布置

选择性非催化还原法（SNCR）脱硝装置的布置主要由卸氨系统、罐区、氨水输送稀释系统、计量及分配系统、喷雾系统、烟气监测系统及控制系统等组成。

本工程同时设计了一套尿素备用系统，包括尿素存储区，尿素计量、溶解以及尿素溶液储存罐。而尿素溶液输送稀释系统、计量及分配系统、喷雾系统与氨水共用一套设备。本项目总体布置分为氨水（尿素）储存区和窑尾分解炉喷射区两个区域。氨水（尿素）储存区占地面积164m²，布置在水泥厂内冷却水塔附近，除盐水已接到现场。氨水储存区由氨水的卸载及氨水的对外输送两个部分组成。共设置氨水储罐2个，共120m²，可供脱硝装置正常运行时7d的使用量。储存区域内设置卸氨模块（卸氨泵2台，一用一备）、氨水储罐2个（1用1备）、氨水输送模块（加压泵2台，1用1备）、氨水输送泵、稀释水输送模块（加压泵2台，1用1备）、稀释水箱等设备。考虑到氨水挥发问题，还在氨水储存区设置氨逃逸报警仪和冷却水喷淋系统，罐区四周设置排水沟。室外设置事故池。窑尾分解炉喷射区相关设备布置在窑

图12-44 现场脱氮管照片

尾标高为79m和91m的预热器平台上，此区域包含的设备包括：高位缓冲罐、喷射计量模块、氨水/压缩空气计量分配模块和氨水喷射模块（喷枪为自动伸缩式，12支），12支喷枪共分为两层布置，第一层6支自动伸缩喷枪安装在标高为79m分解炉出口位置，围绕着分解炉均匀分布；第二层6支自动伸缩喷枪安装在标高为91m鹅颈管位置，围绕着分解炉均匀分布。12支喷枪将20%浓度的氨水或者20%浓度的尿素溶液通过雾化系统直接喷入分解炉合适温度区域（850~1050℃），氨水或尿素溶液雾化后，其中的氨与分解炉烟气中的NO_x（NO、NO_2等混合物）进行选择性非催化还原反应，将NO_x转化成无污染的N_2和H_2O，从而达到降低NO_x排放的目的。现场图片见图12-45~图12-53。

图12-45 氨房全景

图12-46 卸氨模块

图12-47 氨水储存罐

图12-48 氨水、软水输送及控制模块

图 12-49　高位氨水槽和喷射混合控制模块

图 12-50　计量及分配模块

图 12-51　空气炮对喷枪进行吹扫

图 12-52　喷枪安装图

图 12-53　氨逃逸在线检测仪

（二）脱硝工艺及控制

该工程 SNCR 工艺系统将槽罐车中 20％浓度的氨水通过卸氨模块，卸到氨罐中储存，后经过氨水输送泵送至窑尾高位氨水槽，经过计量以及分配模块，进入水泥窑各层的喷枪喷入窑内，与烟气进行化学反应去除 NO_x。

江西永丰南方水泥有限公司 SNCR 烟气脱硝工程采用 PLC 控制，本脱硝系统设一套 PLC 及上位机控制系统，PLC 柜布置在窑尾配电室，上位机布置在中央控制室。操作员通过 PC 机画面可同时监视和控制脱硝装置的运行。控制站主要由 CPU、通讯模块、I/O 模块、电源模块组成。CPU 处理能力预留有 20％～25％的容量。控制站和操作站之间采用

100M 光纤工业以太网连接，传输速度快，可靠性高。

六、系统性能指标

根据江西永丰南方水泥厂烟气污染物排放的实际情况，脱硝装置在生产线正常运行时投入使用。脱硝效率不低于 70%，脱硝装置年运行率不低于 98%，氨逃逸小于 8mg/m³。

水泥窑生产线运行时，脱硝装置对水泥窑运行不产生影响。调试时，也没有对生产线运行带来任何影响。在设备的冲洗和清扫过程中产生的废水收集至事故池内再次重复使用，做到废水零排放。脱硝装置的给水主要包括工业水和稀释水。

脱硝喷枪冷却雾化所需的压缩空气直接从窑尾原有压缩空气管道中引出。由于原厂内压缩空气压力为 0.5～0.8MPa，脱硝装置压缩空气耗量约 4m³/min，耗量较小，因此直接采用厂区原有压缩空气。

七、调试运行情况

该脱硝系统从 2013 年 7 月 1 日投运至今，已稳定运行，总体运行状况良好。水泥窑 SNCR 脱硝系统技术指标见表 12-17。

表 12-17 水泥窑 SNCR 脱硝系统技术指标

序号	项目	保证指标	备注
1	脱硝效率	70%	脱硝效率为性能参考指标，以最终窑尾烟囱 NO_x 排放浓度为考核指标
2	窑尾烟囱 NO_x 排放浓度	≤300mg/Nm³	标况、10%O_2、以 NO_2 计
3	窑尾烟囱氨逃逸	≤8mg/Nm³	

八、效果评价

从该厂的实际调试和运行结果来看，SNCR 工艺与低氮燃烧联合脱硝系统运行稳定可靠，操作方便，其投资低、运行成本较低，特别适合水泥厂脱硝改造的使用。

第七节 中铁物资巢湖铁道 4500t/d 生产线 SNCR 脱硝工程应用

一、生产线概况

中铁物资巢湖铁道水泥有限公司 4500t/d 干法水泥熟料生产线使用 KDS 在线双喷腾式分解炉、KP 型五级双系列 F5Y/50 旋风预热器、充气梁控制流篦式冷却机、3150DIBB50 窑尾高温风机。水泥生产线主要设计参数如表 12-18，煤质分析见表 12-19。

表 12-18 中铁物资巢湖铁道水泥有限公司 4500t/d 干法水泥熟料生产线主要设计参数

设备名称	参数	单位	规格
水泥	型式	台	4.8×72m
	熟料台时产量	t/d	240
窑	预热器出口烟气量	t/h	
	预热器出口烟气量	Nm³/h	
	预热器出口烟气温度	℃	320～335
	计算耗煤量（设计煤种）	t/h	34（烟煤，原煤）

续表

设备名称	参 数	单 位	规 格
预热器	型式		双系列 F5Y/50 旋风预热器
	级数	级	5
	漏风率	%	
预分解炉	型号		KDS 在线双喷腾式分解炉
	直径		7.3m
	高度		45m
高温风机	风机型号		3150DIBB50
	工况风量	m³/s	860000
	风压	Pa	7500
	进口烟温	℃	310～330
	电动机功率	kW	2500
	工况风量	m³/s	920000
	风压	Pa	2400
	进口烟温	℃	100～120
	电动机功率	kW	900

表 12-19 煤的工业分析

M_{ad}	A_{ad}	V_{ad}	FC_{ad}	$Q_{net,ad}$
1.28	30.75	28.67	39.11	21273.74

二、SNCR 工程总体介绍和设计参数

1. 主要性能参数

根据厂方提供的氮氧化物排放情况，在窑系统正常工况稳定的情况下 NO_x 的排放浓度在 780mg/Nm³ 左右，但在窑系统在投料初期和煤质有变化的状态下，氮氧化物排放浓度有一定波动，脱硝系统按照最大负荷条件 800mg/Nm³ 进行设计。国家工业信息研究部 2010 年底发布的《水泥行业准入条件》中明确指出新建或改扩建水泥（熟料）生产线项目须配置脱除 NO_x 效率不低于 60% 的烟气脱硝装置，因此本项目设计脱硝效率不低于 60%。相关设计参数和指标参数见表 12-20。

表 12-20 脱硝系统设计及指标参数

序号	设计参数	项目	单位	数值	备注
1	脱硝工程设计基础参数	预热器烟气流量（标况）	Nm³/h	350000	
3		烟气温度（C1 筒出口）	℃	310～330	
4		C1 出口烟气中 O_2	%	9～13	
5		C1 筒出口静压	Pa	-6000	
6		原始烟气 NO_x 浓度（以 NO_2 计，标况，10%O_2）	mg/Nm³	800	
7		窑系统年运转时间	h	8000	

续表

序号	设计参数	项目	单位	数值	备注
8		脱硝后烟气 NO_x 浓度（以 NO_2 计，标况，10% O_2）	mg/Nm³	＜320	
9		总脱硝效率	％	＞60	
10		NH_3 逃逸	mg/Nm³	8	
11	脱硝工程指标参数	脱硝系统年运转率	％	＞98	
12		NO_x 削减量	t/a	1344	
13		氨耗量（折100%）	kg/h	＜192	
14		氨水耗量（25%）	kg/h	＜770	
15		压缩空气耗量	Nm³/h	＜240	
16		电耗	kW·h/h	20	
17		工艺水耗量	t/h	＜0.2	

2. SNCR 工艺系统布置

中铁物资巢湖铁道水泥有限公司 4500t/d 干法水泥熟料生产线水泥窑脱硝项目采用一段式脱硝工艺，即氨水从氨水罐直接输送至窑尾分解炉内，不设高位还原剂缓冲罐。本工程脱硝系统分为两个主要系统：氨水储存、输送系统和炉前喷射、计量系统。

氨水储存区占地面积 164m²，布置在水泥厂内生料均化库附近。氨罐房墙体下有高500mm 的围堰，围堰上方用钢架支撑钢结构顶棚。氨水储存区由氨水的卸载以及氨水的对外输送两个部分组成。共设置氨水储罐 2 个，共120m³，可供脱硝装置正常运行时 7 天的使用量。储存区域内设置卸氨模块（卸氨泵 1 台）、氨水储罐 2 个（1 用 1 备）、氨水输送模块（加压泵 1 台）、软化水箱等设备。考虑到氨水挥发问题，还在氨水储存区设置氨逃逸报警仪和冷却水喷淋系统，罐区四周设置排水沟。室外设置事故池。

窑尾分解炉喷射区的相关设备布置在窑尾标高为 64.600m 的预热器平台上。此区域包含的设备包括：计量分配模块和还原剂喷射模块（喷枪为自动伸缩式，12 支），同时在窑尾烟囱布置氨逃逸监测仪，NO_x 浓度仪采用厂区原有。

三、系统性能指标

根据中铁物资巢湖铁道水泥厂烟气污染物排放的实际情况，脱硝装置在生产线正常运行时投入使用。脱硝效率不低于60%，脱硝装置年运行率不低于98%，氨逃逸小于8mg/m³。

水泥窑生产线运行时，脱硝装置对水泥窑运行不产生影响，调试时，也没有对生产线运行带来任何影响。在设备的冲洗和清扫过程中产生的废水收集至事故池内再次重复使用，做到废水零排放。脱硝装置的给水主要包括工业水和稀释水。

脱硝喷枪冷却雾化所需的压缩空气直接从窑尾原有压缩空气管道中引出。由于原厂内压缩空气压力为 0.5~0.8MPa，脱硝装置压缩空气耗量约 3m³/min，耗量较小，因此直接采用厂区原有压缩空气。

四、调试运行情况

完整的水泥窑 SNCR 系统调试包括单体调试、分部试运行、冷态调试、整体热态调试和整个系统 72 小时满负荷运行几个过程。调试工作的任务是：通过调试使设备、系统达到设计最优运行状态，装置各参数、指标达到设计保证值。

本工程于2013年7月21日开始进行脱硝热态调试，2012年8月1日脱硝系统正式连续投运。期间水泥窑炉负荷稳定，分解炉出口的烟气温度为880～920℃，基本在最佳脱硝反应温度窗口，分解炉出口烟气中NO_x浓度（干态、10％O_2）为215mg/Nm^3，且数据比较稳定，调试期间其他运行数据参见表12-21。

表 12-21　调试期间的运行参数

时间 （2013 年）	烟气量 （Nm^3/h）	出口 NO_2 （mg/Nm^3）	烟气温度 （℃）	氨水量 （m^3/h）	NH_3 （mg/Nm^3）
7.21　9：00	312676	212	92	0.65	1.692
7.21　10：00	317480	213	98	0.66	1.768
7.21　11：00	309852	212	97	0.65	1.713
7.21　12：00	295856	201	105	0.66	1.715
7.21　13：00	325051	202	98	0.64	1.721
7.21　14：00	314546	205	97	0.65	1.693
7.21　15：00	304528	215	92	0.66	1.721
7.21　16：00	321451	223	91	0.65	1.702
7.21　17：00	301215	235	99	0.65	1.715
7.22　9：00	301254	238	90	0.64	1.751
7.22　10：00	301516	208	98	0.65	1.712
7.22　11：00	312527	221	97	0.65	1.734
7.22　12：00	312526	205	96	0.64	1.712
7.22　13：00	301457	208	95	0.65	1.711
7.22　14：00	301526	225	99	0.66	1.708
7.22　15：00	312589	217	103	0.65	1.703
7.22　16：00	314756	240	102	0.64	1.721
7.22　17：00	321002	231	95	0.66	1.721
7.23　9：00	312028	225	98	0.64	1.711
7.23　10：00	312503	221	91	0.65	1.712
7.23　11：00	301987	221	90	0.64	1.721
7.23　12：00	301215	215	99	0.64	1.715
7.23　13：00	297886	218	90	0.65	1.712
7.23　14：00	298789	219	98	0.65	1.708
7.23　15：00	301258	218	97	0.64	1.712
7.23　16：00	311215	208	92	0.65	1.701
7.23　17：00	301006	209	91	0.64	1.714
7.24　9：00	315874	208	99	0.65	1.712
7.24　10：00	312526	207	97	0.65	1.708
7.24　11：00	301003	218	95	0.64	1.712

续表

时间	烟气量	出口 NO₂	烟气温度	氨水量	NH₃
7.24 12：00	312010	226	92	0.66	1.714
7.24 13：00	301985	223	98	0.65	1.715
7.24 14：00	301874	225	97	0.65	1.714
7.24 15：00	301456	226	99	0.64	1.721
7.24 16：00	301526	214	101	0.65	1.725

注：本表中烟气量状态指干态、真实氧量；NO₂ 出口浓度指干基、10％氧量状态。

五、效果评价

该脱硝系统从 2013 年 8 月 1 日投运至今，已稳定运行了近 8 个月，总体运行状况良好。

第八节　资阳西南水泥有限公司以氨水为还原剂的 SNCR 脱硝工程案例

一、项目概况

资阳西南水泥有限公司坐落在资阳市雁江区，公司建有一条 2500t/d 新型干法水泥熟料生产线，目前水泥窑实际熟料产量为 3000t/d，窑尾预热器出口标况烟气量为 $2.0 \times 10^5 \text{Nm}^3/\text{h}$（标况），预热器出口温度 330℃。烟气中 NO_x 浓度为 800mg/Nm³（标态、标况、10％O_2、以 NO_2 计），在原 NO_x 排放浓度基础上，采用选择性非催化还原法（SNCR）脱硝工艺，还原剂为 25％的氨水。脱硝后净烟气的 NO_x 浓度不超过 320mg/Nm³（标态、标况、10％ O_2、以 NO_2 计），设计脱硝效率不低于 60％。

二、设计参数

根据厂方提供的氮氧化物排放情况，在窑系统正常工况稳定的情况下 NO_x 的排放浓度在 750mg/Nm³ 左右，但在窑系统在投料初期和煤质有变化的状态下，氮氧化物排放浓度有一定波动，脱硝系统按照最大负荷条件 800mg/Nm³ 进行设计。相关设计脱硝系统设计参数和指标见表 12-22。

表 12-22　2500t/d 水泥熟料生产线 SNCR 烟气脱硝系统设计参数（氨水为还原剂）

序号	设计参数	项目	单位	数值	备注
1	脱硝工程设计基础参数	窑尾烟囱烟气流量（标况）（最大值）	Nm³/h	200000	2500t/d 生产线（考虑提产因素）
2		窑尾烟囱烟气温度	℃	约 100	
3		分解炉出口温度	℃	约 900	
4		烟气温度（C1 筒出口）	℃	约 330	
5		C1 出口烟气中 O_2	％	0.5～3	
6		C1 筒出口静压	Pa	约－6700	
7		原始烟气 NO_x 浓度（最大值）（以 NO_2 计，标况，10％O_2）	mg/Nm³	800	
28		窑系统年运转时间	h	8000	按年运行 330 天计

续表

序号	设计参数	项目	单位	数值	备注
9	脱硝工程指标参数	脱硝后烟气 NO$_x$ 浓度	mg/Nm^3	<320	（以 NO$_2$ 计，标况，10%O$_2$）
10		最大脱硝效率	%	>60	
11		NH$_3$ 逃逸	ppm	<8	尾排烟囱处
12		脱硝系统年运转率	%	100	满足窑系统年连续运转时间，检修时间除外
13		NO$_x$ 削减量	t/a	768	NO$_x$ 削减量
14		氨水最大耗量	kg/h	<500	按照 3000 熟料生产线
15					
16		压缩空气耗量	Nm^3/h	<150	喷枪耗气量以及仪表耗气量
17					
18		电耗	kW·h/h	<10	
		工艺水耗量	t/h	<0.2	含管路反冲洗

三、SNCR 工艺系统及布置

SNCR 氨水系统主要设备均按模块化进行设计，主要包括氨水卸载、储存、输送模块；软水输送模块；氨水软水稀释、混合分配模块；还原剂计量模块；喷氨模块；集中控制模块。脱硝系统主要设备表见表 12-23。

表 12-23　脱硝系统主要部件表

项目	序号	名称		数量	备注
SNCR 氨水烟气脱硝系统	1	卸氨模块	卸氨泵	1 台	流量 25m^3/h，扬程 20m
			阀门管路	1 套	
	2	还原剂储存模块	氨水储罐	1 台	卧式，DN3200×6400，单台容积：50m^3，材质：304
			氨水输送管路系统	1 套	含管道、阀门以及过滤器等
			储罐仪表	1 套	液位计、真空阀、安全阀等
			紧急喷淋装置	1 套	
			氨水储罐辅助设施	1 套	操作平台、雨棚及扶梯等
	3	纯水模块	纯水制备系统	1 套	
			纯水储罐	1 只	兼作 NH$_3$ 吸收罐
			纯水输送系统	1 套	含输送泵、纯水储存模块、纯水计量仪表以及相应的管路阀门等
	4	氨水输送控制模块	氨水输送泵	2 台	一备一用。流量设计富余量不小于 10%，压头设计余量不小于 20%
			氨水输送管路	1 套	含氨水计量装置、阀门、仪表及管路
			回流控制系统	1 套	
	5	计量分配模块	计量分配模块	1 套	含控制盘、电动调节阀、电磁流量计等。

项　目	序号	名称		数量	备　注
SNCR 氨水烟气脱硝系统	6	还原剂喷射模块	喷枪	1套	采用一层喷枪设置（喷枪不带自动伸缩）
			压缩空气制备系统	1套	根据喷枪系统确定供气量
			压缩空气管路	1套	
			还原剂均分装置	1套	
烟气监测系统	7	烟气监测系统		1套	NOₓ 及氨逃逸监测仪
自动控制系统	8	脱硝控制系统		1套	
电线电缆	9	电线电缆		1套	含控制电缆和动力电缆
其他辅助材料	10	辅助材料		1套	

　　资阳西南水泥有限公司 2500t/d 水泥生产线 SNCR 脱硝工程采用了一段式的脱硝工艺，主要包括氨水卸载、储存、输送模块；软水输送模块；还原剂计量模块；喷氨模块；集中控制模块。一段式主要目的是简化流程，降低投资。一段式没有高位槽，氨水直接打到分解炉，氨水输送高度较高，输送距离较远，氨水喷入分解炉流量相对不稳定。从工程实际对比来看，采用一级泵送流程（一段式）比二级泵送流程（二段式）在还原剂流量精确控制上相对差点，每 t 熟料氨水消耗量也较高些。

　　本项目总体布置分为氨水储存区和窑尾分解炉喷射区两个区域。

　　氨水储存区占地面积约 100m²，布置在水泥厂内窑尾框架附近，工艺用水可就近取得。氨水储存区由氨水的卸载储存及氨水的对外输送两个部分组成。设置氨水储罐 1 个，50m³，可供脱硝装置正常运行时 3～5d 的使用量。储存区域内设置卸氨模块（卸氨泵 2 台，1 用 1 备）、氨水输送模块（氨水输送泵 2 台，1 用 1 备）、稀释水输送模块（稀释水输送泵 1 台）、稀释水箱等设备。考虑到氨水挥发问题，还在氨水储存区设置氨逃逸报警仪和冷却水喷淋系统，罐区四周设置排水沟。室外设置事故池。

　　窑尾分解炉喷射区的相关设备布置在窑尾预热器平台上。此区域包含的设备包括：氨水/压缩空气计量分配模块和氨水喷射模块（喷枪为固定式，6 支），同时在窑尾烟囱布置氨逃逸监测仪，NOₓ 等气体分析仪利用厂内原有设施。

　　由于项目地处四川盆地，冬季温度较高（不低于零下 15 度），由于氨水的凝固及仪器仪表的使用温度范围一般可达－20℃以上，故氨水储区厂房设置为敞开式。氨罐房内设置氨气泄漏报警仪，当屋内氨气浓度过高（氨气泄漏报警仪响起时）时，可启动水喷淋装置，同时厂里启动应急机制。资阳西南水泥有限公司现场相关图片见图 12-54～图 12-59。

图 12-54　氨罐房

图 12-55　软水箱

图 12-56　氨水输送模块　　　　　　图 12-57、喷射系统（喷枪）

图 12-58　烟气脱硝系统中控画面　　　　图 12-59　应急预案及警示牌

四、系统性能指标

根据资阳西南水泥有限公司烟气污染物排放的实际情况，脱硝装置在生产线正常运行时投入使用。脱硝效率不低于 60％，脱硝装置年运行率不低于 98％，氨逃逸小于 8mg/m³。

水泥窑生产线运行时，脱硝装置对水泥窑运行不产生影响。调试时，对生产线运行带来的影响几乎没有。在设备的冲洗和清扫过程中产生的废水收集至事故池内再次重复使用，做到废水零排放。脱硝装置的给水主要包括工艺水和稀释水。

脱硝喷枪冷却雾化所需的压缩空气直接从窑尾原有压缩空气管道中引出。由于原厂内压缩空气管道压力为 0.5～0.7MPa，脱硝装置压缩空气耗量约 2.5m³/min，耗量较小，因此直接采用厂区原有压缩空气。

五、调试运行情况

本工程于 2013 年 11 月 21 日开始进行脱硝热态调试，2013 年 11 月 25 日脱硝系统正式连续投运。期间水泥窑炉负荷稳定，平均日产熟料量 3000t/d，分解炉出口的烟气温度为880～920℃，基本在最佳脱硝反应温度窗口，分解炉出口烟气中 NO_x 浓度（干态、10% O_2）为 600～750mg/Nm³（标态），脱硝后窑尾烟囱出口的 NO_x 平均浓度为 278mg/Nm³，氨水消耗量平均值为 0.45m³/h，窑尾烟囱出口的氨逃逸平均值为 3.82mg/Nm³，且数据比较稳定。调试期间主要运行数据见表 12-24。

表 12-24 调试期间的主要运行数据

时间	烟气量 (Nm³/h)	出口 NO₂ (mg/Nm³)	烟气温度 (℃)	氨水量 (m³/h)	NH₃ (mg/Nm³)
11 月 26 日	205800	279	110	0.45	3.85
11 月 27 日	206100	287	112	0.46	3.80
11 月 28 日	205100	269	109	0.44	3.81
平均	205667	278	110	0.45	3.82

注：本表中烟气量状态指干态、真实氧量；NO₂ 出口浓度指干基、10％氧量状态。

六、效果评价

从该厂的实际调试和运行结果来看，SNCR 工艺系统运行稳定可靠，操作方便，跟 SNCR（两段式）脱硝技术相比，其投资低，运行成本相对较高。

参 考 文 献

[1] DL/T 5480—2013,《火力发电厂烟气脱硝设计技术规程》

[2] 姚宣,沈滨,郑鹏,郑伟. 烟气脱硝用尿素水解装置性能分析[J]. 中国电机工程学报. 2013(14):38-42.

[3] 段传和,夏怀祥等. 选择性非催化还原法(SNCR)烟气脱硝[M]. 北京:中国电力出版社,2011.12.

[4] 王凤春. 浅谈尿素合成塔的腐蚀和防护[J]. 2004年全国石化装备国产化暨设备管理技术交流会会议论文集:131-133.

[5] 胡振广,张晨,延宗昳. SNCR脱硝技术中水冷壁腐蚀问题的研究及对策[J]. 中国新技术新产品. 2010(2):127-128.

[6] 周英贵,金保昇. 尿素水溶液雾化热分解特性的建模及模拟研究[J]. 中国电机工程学报. 2012(26):37-41.

[7] 吕洪坤,杨卫娟,周俊虎等. 尿素溶液高温热分解特性的实验研究[J]. 中国电机工程学报. 2010(17):35-40.

[8] 喻小伟,李宇春,蒋娅等. 尿素热解研究及其在脱硝中的应用[J]. 热力发电. 2012(1).

[9] 胡浩毅. 以尿素为还原剂的SNCR脱硝技术在电厂的应用[J]. 电力技术. 2009(3).

[10] 曹建民. 喷雾学[M]. 北京机械工业出版社,2005.5.

[11] 侯凌云,侯晓春. 喷雾技术手册[M]. 北京:北京石化出版社,2002.

[12] 秦裕琨. 燃油燃气锅炉实用技术[M]. 北京:中国电力出版社,2001.

[13] 李习臣. 大型水煤浆喷嘴的开发与雾化机理研究[D]. 浙江大学硕士学位论文,2004.3

[14] 岑可法等. 煤浆燃烧、流动、传热和气化的理论与应用技术[M]. 杭州:浙江大学出版社,1995.

[15] 周俊龙,周林华,杨卫娟等. 新型扇形雾化喷嘴的实验研究[J]. 过程工程学报. 2008(8):652-655.

[16] 秦军,陈谋志,李玮锋等. 双通道气流式喷嘴加压雾化的实验研究[J]. 燃烧科学与技术. 2005,11(4):384-387.

[17] 崔彦栋. 气力式喷嘴雾化机理研究及水煤浆气化喷嘴的开发[D]. 机械与能源工程学院,2006,浙江大学硕士学位论文:杭州.

[18] 刘海峰,李伟锋,陈谋志. 大液气质量流量比双通道气流式喷嘴雾化滴径[J]. 化工学报. 2005,56(8):1462-1466.

[19] 崔彦栋,黄镇宇等. 两通道气力式喷嘴雾化特定的研究[J]. 电站系统工程,2006,22(5):8-11.

[20] 龚景松,傅维镳等. 旋转型气-液雾化喷嘴流量特性的实验研究[J]. 热能与动力工程,2006,21(6):632-639.

[21] 杨学军,严荷荣,周海燕等. 扇形雾喷嘴的试验研究[J]. 中国农机化,2004,1:39-42.

[22] 周林华. SNCR气力式雾化喷嘴雾化特性的实验研究[D]. 机械与能源工程学院. 2007,浙江大学硕士学位论文:杭州

[23] 常捷,蔡顺华等. 水泥窑烟气脱硝技术[M]. 北京:化学工业出版社.

[24] 邢国梁,宋正华,杨正平. SNCR法脱硝工艺影响因素的初步探讨[C]. 中国硅酸盐学会环境保护分会学术年会论文集,2009.

[25] 侯祥松,张海,李金晶等. 影响选择性非催化还原脱硝效率的因素分析[J]. 动力工程. 2005(25增

刊).

[26] 贾世昌. 水泥窑炉 SNCR 脱硝技术探析[J]. 环境科技, 2012(2): 34-37.

[27] 陈学功, 耿桂淦, 段学锋. SNCR 烟气脱硝技术在水泥行业的应用[J]. 中国水泥, 2012(3).

[28] 秦岭. 水泥分解炉内 SNCR 脱硝过程的模拟与优化[D]. 材料科学与工程学院. 2011, 武汉理工大学硕士论文, 武汉.

[29] 周永康, 吴振山, 曹伟. 水泥工业脱硝工程的热工计算[J]. 水泥. 2013(6): 51-53.

[30] 孙克勤, 火电厂烟气脱硝技术及工程应用[M]. 北京: 化学工业出版社. 2006.

[31] 中国石化集团上海工程有限公司. 化学工艺设计手册(第四版上册)[M], 化学工业出版社. 2009: 常见液体的物性参数. p1074.

[32] 解永刚, 程慧. 火电厂 SCR 脱硝还原剂的选择与比较[J]. 电力科技与环保. 2010(5): 32-33.

[33] 陆生宽. 脱硝还原剂选用纯氨和尿素的技术经济探讨[J]. 应用能源技术, 2012(1): 9-12.

[34] 周荣, 韦彦斐, 张玉根. 氨水应用于水泥脱硝的安全性研究与实践[J]. 水泥. 2013(9): 55-57.

[35] 张利勇. 选择性非催化还原脱硝技术的应用及其运行控制策略[D]. 北京: 华北电力大学, 2008

[36] 钟秦. 燃煤烟气脱硫脱硝技术及工程实例. 北京: 化学工业出版社, 2002.

[37] 卢伟. 水泥 SNCR 脱硝还原剂的选择[J]. 水泥. 2012(5): 11-13.

[38] 欧盟水泥 BAT _ 2009 年修订草稿

[39] Sulivan J A, Keane O. A combination of NO_x trapping materials and urea-SCR catalysts for use in the remova of NO_x from mobile diesel engines[J]. Applied Catalysis B: Environmental, 2007, 70(1-4): 205-214.

[40] Gentemann A M, Caton J A. Decomposition and oxidation of a urea-water solution an used in selective non-catalytic removal (SNCR)processes[A]. Proceedings of the 2nd Joint Meeting of the United States Section: The Combustion Institute[C]. Oakland, 2001.

[41] Koebel M, Elsener M. Determination of urea and its thermal decomposition products by high-performance liquid chromatography[J]. Journal of Chromatography A, 1995, 689(1): 164-169.

[42] Sarantuyaa Z, Renatog. Nitrogen oxides from waste incineration: con-trol by selective noncatalytic reduction[J]. Chemosphere, 2001(42): 491-497.

[43] RotaR, Dorotaa. Experimental and modeling analysis of the NO_xOUT process[J]. Chemical Engineering Science, 2002(57): 27-38.

[44] FurrerJ Deuber H Balance of NH_3 And behavior of polychlorinated Dioxins and furans in the course of the selectivenon-catalytic reduction of Nitric oxide at the TAMARA waste incineration plant[J]. WasteManage-ment, 1998(18)417-422.

[45] Miroslay R Reduction of Nitrogen oxides in flue gases[J]. Environ-mental Pollution, 1998, 102(s1): 685-689.

[46] Rizk N K, Lefebvre A H. Spray Characteristics of Plain-jet Air-blast Atomizers[J]. Trans ASME J Eng Gas Turbines Power, 1984, 106(3): 634-638.

[47] Lefebvre A H. Energy Considerations in twin-fluid atomization[J]. Engineer for Gas Turbines and Power, 1992, 114(1): 89-96.